"十三五"国家重点出版物出版规划项目·重大出版工程

高超声速出版工程

飞机飞行原理

——对飞机飞行物理原理的一种描述

（原书第四版）

〔英〕R. H. 巴纳德（R. H. Barnard）
〔英〕D. R. 菲尔波特（D. R. Philpott）　著

黄伟　颜力　张天天　沈洋　译

科学出版社

北京

图字：01-2021-1785

内 容 简 介

本书是飞行器总体设计领域的经典著作，内容通俗易懂，第一版出版于1989年，迄今已更新到第四版，主要面向航空航天教育。本书从影响飞行器性能的各个因素出发，通过大量案例详细介绍了飞行的物理原理，侧重每个因素的物理机制，而没有冗长的数学推导。本书涵盖目前最新的飞行器概念，如超声速飞行器、高超声速飞行器、低轨航天器等，对于了解和掌握新概念飞行器的飞行原理具有重要意义。

本书可作为飞行器总体设计专业高年级本科生和研究生的教材，也可作为从事飞行器总体设计研究人员的参考书。

图书在版编目（CIP）数据

飞机飞行原理：对飞机飞行物理原理的一种描述：原书第四版／（英）R.H.巴纳德（R. H. Barnard），（英）D.R.菲尔波特（D. R. Philpott）著；黄伟等译. —北京：科学出版社，2021.6

书名原文：Aircraft Flight: A description of the physical principles of aircraft flight (fourth edition)

（高超声速出版工程）

"十三五"国家重点出版物出版规划项目·重大出版工程

ISBN 978-7-03-068702-9

Ⅰ.①飞… Ⅱ.①R…②D…③黄… Ⅲ.①飞机—飞行原理 Ⅳ.①V212

中国版本图书馆 CIP 数据核字（2021）第 076114 号

责任编辑：徐杨峰／责任校对：谭宏宇
责任印制：黄晓鸣／封面设计：殷 靓

斜 学 出 版 社 出版

北京东黄城根北街 16 号
邮政编码：100717
http://www.sciencep.com

南京展望文化发展有限公司排版
广东虎彩云印刷有限公司印刷
科学出版社发行 各地新华书店经销

＊

2021 年 6 月第 一 版 开本：B5（720×1000）
2025 年 1 月第十七次印刷 印张：20 3/4
字数：360 000

定价：180.00 元
（如有印装质量问题，我社负责调换）

丛书序

飞得更快一直是人类飞行发展的主旋律。

1903 年 12 月 17 日,莱特兄弟发明的飞机腾空而起,虽然飞得摇摇晃晃,犹如蹒跚学步的婴儿,但拉开了人类翱翔天空的华丽大幕;1949 年 2 月 24 日,Bumper-WAC 从美国新墨西哥州白沙发射场发射升空,上面级飞行马赫数超过 5,实现人类历史上第一次高超声速飞行。从学会飞行,到跨入高超声速,人类用了不到五十年,蹒跚学步的婴儿似乎长成了大人,但实际上,迄今人类还没有实现真正意义的商业高超声速飞行,我们还不得不忍受洲际旅行需要十多个小时甚至更长飞行时间的煎熬。试想一下,如果我们将来可以在两小时内抵达全球任意城市,这个世界将会变成什么样? 这并不是遥不可及的梦!

今天,人类进入高超声速领域已经快 70 年了,无数科研人员为之奋斗了终生。从空气动力学、控制、材料、防隔热到动力、测控、系统集成等,在众多与高超声速飞行相关的学术和工程领域内,一代又一代科研和工程技术人员传承创新,为人类的进步努力奋斗,共同致力于达成人类飞得更快这一目标。量变导致质变,仿佛是天亮前的那一瞬,又好像是蝶即将破茧而出,几代人的奋斗把高超声速推到了嬗变前的临界点上,相信高超声速飞行的商业应用已为期不远!

高超声速飞行的应用和普及必将颠覆人类现在的生活方式,极大地拓展人类文明,并有力地促进人类社会、经济、科技和文化的发展。这一伟大的事业,需要更多的同行者和参与者!

书是人类进步的阶梯。

实现可靠的长时间高超声速飞行堪称人类在求知探索的路上最为艰苦卓绝的一次前行,将披荆斩棘走过的路夯实、巩固成阶梯,以便于后来者跟进、攀登,意义深远。

以一套丛书,将高超声速基础研究和工程技术方面取得的阶段性成果和宝贵经验固化下来,建立基础研究与高超声速技术应用之间的桥梁,为广大研究人员和工程技术人员提供一套科学、系统、全面的高超声速技术参考书,可以起到为人类文明探索、前进构建阶梯的作用。

2016 年,科学出版社就精心策划并着手启动了"高超声速出版工程"这一非常符合时宜的事业。我们围绕"高超声速"这一主题,邀请国内优势高校和主要科研院所,组织国内各领域知名专家,结合基础研究的学术成果和工程研究实践,系统梳理和总结,共同编写了"高超声速出版工程"丛书,丛书突出高超声速特色,体现学科交叉融合,确保丛书具有系统性、前瞻性、原创性、专业性、学术性、实用性和创新性。

这套丛书记载和传承了我国半个多世纪尤其是近十几年高超声速技术发展的科技成果,凝结了航天航空领域众多专家学者的智慧,既可供相关专业人员学习和参考,又可作为案头工具书。期望本套丛书能够为高超声速领域的人才培养、工程研制和基础研究提供有益的指导和帮助,更期望本套丛书能够吸引更多的新生力量关注高超声速技术的发展,并投身于这一领域,为我国高超声速事业的蓬勃发展做出力所能及的贡献。

是为序!

2017 年 10 月

系列序

人类对高超声速的研究、探索和实践,始于20世纪50年代,历经数次高潮和低谷,70年来从未间断。承载着人类更快、更远、自由飞行的梦想,高超声速一直代表着航空航天领域的发展方向和前沿,但迄今尚未进入高超声速飞行的自由王国,原因在于基础科学和工程实现方面仍存在众多认知不足和技术挑战。

进入新世纪,高超声速作为将彻底改变人类生产生活方式的颠覆性技术,已成为世界主要大国的普遍共识,相关研究获得支持的力度前所未有。近十多年来,高超声速空气动力学、能源动力、材料结构、飞行控制、智能设计与制造等领域不断创新突破,取得长足进步,推动高超声速进入从概念到工程、从技术到装备的转化阶段,商业应用未来可期。

近年来,我国在高超声速领域的研究也如火如荼,正在迎头赶上世界先进水平,逐步实现了从跟跑到并跑的重大突破,在世界高超声速技术领域占据了重要地位。科学出版社因时制宜,精心策划推出了"高超声速出版工程",组织国内各知名专家学者,系统梳理总结、记载传承了我国高超声速领域发展的最新科技成果。

与此同时,我们也看到,美俄等航空航天强国毕竟在高超声速领域起步早、积淀深,在相关基础理论、技术方法和实践经验方面有大量值得我们学习借鉴之处。半个多世纪以来,国外相关领域的学者专家撰写发表了大量专著,形成了人类高超声速技术的资源宝库,其中不乏对学科和技术发展颇具影响的名家经典。

他山之石,可以攻玉。充分汲取国外研究成果和经验,可以进一步丰富完善我们的高超声速知识体系。基于这一认识,在"高超声速出版工程"专家编委会主任包为民院士的关心支持下,我们策划了"高超声速译著系列",邀请国内高超声速研究领域学术视野开阔、功底扎实、创新力强、经验丰富的一线中青年专家,在汗牛充栋的经典和最新著作中,聚焦高超声速空气动力学、飞行器总体、推进、材料与结构等重点学科领域,精心优选、精心编译,并经知名专家审查把关,试图使这些凝聚着国外同行学者智慧成果的宝贵知识,突破语言障碍,为我国相关领域科研人员提供更好的借鉴和启发,同时激励和帮助更多的高超声速新生力量开阔视野,更好更快的成长。

本译著系列得到了科学出版社的大力支持和帮助,谨此表示衷心的感谢!

2021 年 5 月

原著中文版致谢

作者要感谢他们的鼓励和有益评论：W. A. Fox 和 R. J. Morton，哈特菲尔德理工学院；F. Ogilvie 博士，英国航空航天公司；J. Stollery 教授，克兰菲尔德技术学院；R. Chambers，英国航空公司。

感谢以下复制的版权材料：

图片

图 6.19 来自 *The Jet Engine*，第 4 版，Rolls-Royce plc（1986）第 23 页图 3.7；图 6.20 和图 10.21 经罗尔斯-罗伊斯股份有限公司许可。

照片

（关键词：b—底部；c—中心；l—左边；r—右边；t—上部）

波音公司 158, 205b；英国航空航天 33b, 201, 220b；英国航空航天（布里斯托）20t, 50l, 132, 179；N. Cogger 171b, 178t, 183；Alistair Copeland 262；Gossamer Ventures/Paul MacCready 228b；英国空中客车 298；比奇飞机公司 86；贝尔直升机德事隆公司 28；Jacques Driviere，巴黎恩萨姆国家高等艺术学院 12, 18b, 34t, 77；通用电气公司 143t；Key 出版有限公司/Duncan Cubitt 151；洛克希德加州公司 38, 147t, 192；美国宇航局 147b, 191t, 193, 197b；诺斯罗普公司 93r, 178c, 215；QinetiQ 73b；反应发动机有限公司/Alan Bond 195；罗尔斯-

罗伊斯股份有限公司 22, 130; 英国皇家航空协会 133; 韦斯特兰直升机有限公司 27; Keith Wilson/欧罗巴飞机有限公司 32b; R. Wilkinson 289。

在某些情况下,我们无法追溯版权资料的拥有者,如能提供任何资料,我们将不胜感激。

原著中文版序

在第四版中,我们更新了内容和许多插图。自第一版出版以来已经过了二十年,飞机外形几乎没有明显的外部变化,大多数的发展都是在电子、系统和结构领域。然而近些年出现了两种相对较新的飞行器:低轨道空间飞机和无人驾驶飞行器,本版会涉及这些飞行器。和上一版一样,我们还在附录中给出了三种不同机翼的特性,这些信息应该会对项目研究特别有用。

这本书旨在采用物理术语而非数学术语来描述飞机飞行原理,解释该原理的数学教科书有好几种,尽管人们有能力去读懂它们,但大家很少会这么做,除非是迫于临近的考试压力或是为了完善课堂讲稿。这种现象就导致大量的航空知识就像古老的民谣那样,常常只是在口口相传,而知识在这样的传递过程中难免会出现谬误。

当然,我们鼓励读者尝试进阶的阅读材料,在本书中提供了合适的参考文献。但如果你已经对该领域的物理问题有了正确的理解,那么你会更加轻松地读懂数学化的解释。

我们的内容包括了飞机飞行中一些更重要的实用方面,并举例说明了该领域最近的创新成果,对这些成果的描述通常只能在各种各样的科技期刊上看到。

虽然本书中不包含任何数学分析,但我们还是引入了一两个简单的公式定义一些关键术语,如"升力系数"和"雷诺数",它们是航空领域词汇的重要组成部分。

本书因篇幅所限,无法详尽地涵盖飞机飞行原理的每一方面,因此我们把注意力集中在我们认为重要或有趣的方面上。在本书有限的篇幅中还加入了空气动力学和飞行力学的内容,对其他的重要方面只进行最简化地考虑,如结构影响。

　　本书主要视作为概述,适合所有对飞机感兴趣或打算从事航空事业的读者,航空工程专业的学生应该会发现它有助于入门和背景阅读。无论是飞行机组人员、地面工作人员或航空工业的从业人员,本书都应该会有所帮助。最后,我们希望每一位被航空事业的魅力所深深吸引的人(我们正是如此)都会读到这本书。

　　读者需要具有基础物理科学的学习背景,至少对能量和动量等概念比较熟悉。

译者序

    2002年以来,在国家自然科学基金委"空天飞行器的若干重大基础问题"和"近空间飞行器的关键基础科学问题"两期重大研究计划以及国家重大专项等的支持下,高超声速技术突飞猛进。根据高超声速技术三步走发展战略,即"高超声速巡航导弹、高超声速飞机、天地往返运输系统",高超声速飞机的时代即将来临,与此同时,高超声速飞行器动力系统(组合循环发动机)的流道也越来越复杂,约束和设计变量越来越多,再加上对高超声速飞行器远程长航时打击能力需求的提高,高超声速飞行器各学科之间的耦合愈加紧密,但高超声速巡航导弹与高超声速飞机在飞行原理上还是存在本质区别,因此,加强对超声速飞行器飞行原理的了解和认识显得十分必要。

    本书第一版于1989年出版,至今已出版到第四版,主要面向航空航天教育,从影响飞行器性能的各个因素通过大量案例去详细介绍飞行物理原理,侧重每个因素的物理机制而没有冗长的数学推导。本书涵盖了目前最新的飞行器概念,如超声速飞行器、高超声速飞行器、低轨航天器等,对于了解和掌握新概念飞行器飞行原理具有重要意义。

    翻译本书,目的是希望让更多的读者进一步认识到飞机的飞行原理,更好地了解影响飞机飞行的要素及其相关物理机制,为中国航空航天事业积累人才。本书的出版有利于提高科研工作者对高超声速飞机飞行原理的深入了解,更好地促进各学科协调发展,起到牵引和带动效应。

    本书的出版得到了国家重点研发计划(No. 2019YFA0405300)和国家自然

科学基金(No. 11972368)的资助。科学出版社对本译著的出版提供了大力支持和帮助,在此谨向他们表示衷心感谢! 由于译者水平有限,不妥甚至错误之处在所难免,敬请广大读者和同行专家学者批评指正,不胜感激。

译　者

2020 年 8 月于湘江江畔

高超声速出版工程

目 录

第1章 升 力

第 2 章 机 翼

第3章　边界层及其控制

53

第4章　阻　　力

75

第 5 章　高　速　流

第 6 章 推力和推进

113

第7章 性 能

155

第 8 章　超声速飞行器

177

第9章　跨声速飞行器

第10章　飞行器控制

第 11 章　静 稳 定 性

第 12 章 动 稳 定 性

—— 263 ——

第 13 章 起 飞 与 降 落

—— 279 ——

第 14 章　结　构　影　响

附　　录

参　考　文　献

第 1 章

升　　力

飞行器在飞行过程中为平衡自身重力所需的力称为升力。为了解释机翼产生升力的方式,有人曾在多年以前提出过一个看似有说服力的理论,尽管现在看来该理论并不正确,但是它却广为人知。可以说,世界上大多数驾驶操纵飞行器的人们都被对飞行器的飞行原理持有错误理解。尽管确实能找到正确的理论,但它们大多被藏在晦涩的数学公式中。本书的目的正是通过简单的物理形式来精确描述正确的飞行原理,在此过程中,我们将会揭开一些根深蒂固的科学谎言。

1.1　升力

为了维持飞行器在空气中平稳地飞行,需要产生一个方向向上的升力用来平衡重力,如图 1.1 所示。然而,飞行器在实际飞行中并不会始终保持稳定的平飞状态,例如俯冲过程,这便需要产生一个大小不等于重力且方向不垂直向上的

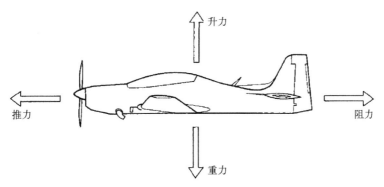

图 1.1　平飞过程中飞机受力示意图

升力抵消重力,推力抵消阻力

力。因此,如图 1.2 所示,我们将升力更广义地定义为一个方向与飞行方向夹角为直角的力。只有在平飞过程中,升力的大小才等于重力大小,方向垂直向上。从图 1.2 中还应注意到,飞行器并非一直朝向自身的飞行方向。

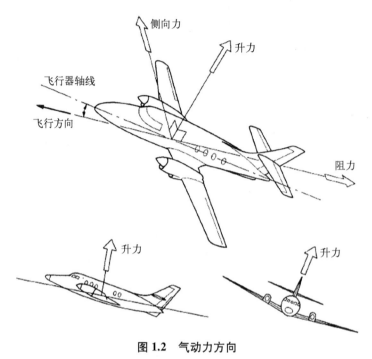

图 1.2　气动力方向

升力与飞机相对空气的飞行速度方向成直角,也垂直于机翼轴线方向,因此不一定一直垂直于地面向上。图中展示出飞机轴线方向并不与飞行方向完全一致

1.2　传统机翼

产生升力的方法有很多种,我们将首先介绍传统机翼产生升力的方式。

传统飞机的每一个部件都各自承担一种主要功能。这些部件的名称与功能如图 1.3 所示。在该经典构型中,机翼产生绝大部分升力,尾翼用来控制飞机和保持飞行稳定,一般也会产生较小的负升力或下压力。

航空领域的早期探索都是在借鉴鸟类飞行原理,即通过机翼摆动同时产生升力和推力。然而,当前经典的飞机布局(通常认为起源于英国工程师乔治·凯利,George Cayley)更适合现有的技术。但是一些非常规的构型仍然具有理论优势,且随着技术的进步,这些构型将会变得更加普遍。在一些近期诞生的飞行

机身
提供容积

发动机
提供推力

机翼
提供升力

垂尾和方向舵
提供方向稳定
性与控制

平尾
提供水平稳定性

图 1.3　经典飞机实例

每个部件仅有一个主要功能

器类型中,尾翼,甚至机身,都会提供很大一部分升力,这些构型将在后续的章节中进行介绍。

1.3　运动的飞行器与运动的空气

在介绍升力的产生方式之前,需要首先明确一个事实,即如果空气以一定的速度流向一个静止的飞行器,例如在风洞中进行飞行器吹风试验,飞行器受到的气动力与飞行器以相同速度飞过静止的空气时受到的气动力相同。换句话说,实际对气动力产生影响的是空气与飞行器之间的相对速度。该事实有助于飞行力学的发展,因为空气以一定速度流过固定物体时发生的相互作用比运动中的物体经过静止空气时发生的作用更加容易理解和描述。

1.4　升力的产生

对于所有飞行器机翼而言,不管是传统构型还是非传统构型,升力都是通过在机翼下方产生高于机翼上方的压力而形成的。为了得到这个压力差,必须设计一个与相对空气速度构成一定夹角的倾斜面(如图 1.4 所示),或者设计一个弯曲的翼面(如图 1.5 所示)。实际设计过程中一般会将倾斜和弯曲两者结合。

图 1.4 和图 1.5 中所展示的横截面都已经在实际的飞行器上成功应用。飞行器采用何种类型的机翼形状取决于它的飞行包线以及其他功能需求。

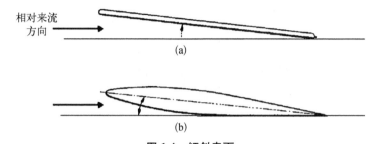

图 1.4 倾斜表面

平板或对称截面在与来流方向存在夹角时产生升力

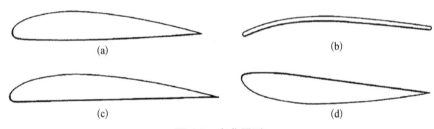

图 1.5 弯曲翼型

(d)显示的截面代表飞机翻转情况下的机翼剖面

那么这几类构型在空气中运动时是如何产生压力差的呢？早期的实验发现,无论是采用倾斜面还是弯曲面,机翼上方的气流平均速度都比下方的气流平均速度大。而后面我们将推导出,空气速度的增加会与压力的降低相关,那么机翼上方较快的气流速度自然与较小的压力直接相关。因此,以往解释升力产生依靠的理论是：机翼上下方的气流速度差产生压力差。然而这样的解释难以令人信服,因为这会牵扯出一个"鸡生蛋还是蛋生鸡"的问题,即我们无法确定是速度差导致了压力差还是压力差导致了速度差,而且从物理上也很难简单地描述速度差产生的原因。

图 1.5(a)中展示的弯曲机翼截面与这个普遍且具有误导性的解释直接相关,即机翼上方的气流由于要比下方绕行更远的距离而必须提速以与下方气流保持同步。

且不说翼面上下方的气流为什么需要保持同步,该解释本身就不能令人满意,例如上下表面长度一致的倾斜平板或者对称截面机翼也能够产生与弯曲截面机翼相同的升力。另外,图 1.5(a)中展示的弯曲机翼截面即便在上下翻转的情况仍然能够产生升力,所有看过航展的人都应该知道很多飞行器都是可以在机身翻转的情况下保持飞行的。事实上,对于为什么会有一些飞行器不能在翻转的情况下飞行并没有一个合理的气动解释。这类飞行器不能进行此类操作,实际上大多是基于结构方面的考虑。

几乎所有形状在弯曲或倾斜于来流方向的情况下都能够产生升力。通过倾斜并加速到一定速度,即便是砖头也能飞起来。然而砖头并不能作为机翼的基准构型,这主要是由于它在产生升力的同时会产生很大的阻力。

如果研究图 1.4 和图 1.5 中所有构型的环绕流场,你会发现上表面处的气流速度一直比较大。除此之外,通过上表面的气流确实也需要流过更长的距离。图 1.6(a)和图 1.13 显示了与此相关的奇怪流场现象,可以看到气流在机翼头部(或前缘)下方某点处分成两股,该现象并非如一些人所预测的正好发生在前缘。空气不会沿着最短的路径流动,而是更倾向于沿着顶部弯曲流动,甚至逆着主流方向向前流动一小段距离。

显然,产生升力不一定需要使用图 1.5(a)所示类型的常规翼型截面,因此使用了这类构型的任何解释都不再具有说服力。

我们发现,升力的产生出乎意料地取决于空气的黏度或黏性。早期的理论忽略了黏度,并预测了简单倾斜表面周围的流动形式类似于图 1.6

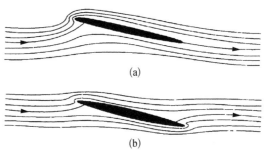

(a)

(b)

图 1.6　实际黏性流与理论无黏流的流线图案

在(b)中展示的理论无黏流图案看起来与翻转后的图案一样,上下表面总有相对应的区域承受高压和低压,因此,不能预测升力和阻力

(b)。在此图中可以看到,流线图案具有一种对称性,即便把它们倒过来看仍然能够看到相同的情况。因此,压力分布也会具有相似的对称性,在上表面和下表面上必然有恰好对应的低压和高压区域,所以早期理论认为这将不会产生升力。

实际上真实的流场结构更像是图 1.6(a)中展示的那样。最大的区别是此图中通过上下表面的两股流动在翼尾处再次汇合,且不会发生方向突变,流场中不存在对称性。上下表面的平均压力不同,因此产生升力。

这种流动在尾部发生汇合的流场现象被称为库塔(Kutta)条件。在第 3 章我们将介绍空气的黏性是如何导致这种不对称流动并最终产生升力的。

1.5　翼型

翼型(airfoil 或 aerofoil)是机翼的截面形状。尽管扁平型或是弯曲型薄板构成的机翼能够产生充足的升力,但它们的强度和刚度较低,难以对抗弯折。早期使用薄截面板状机翼的飞行器采用复杂的支撑结构(如外部金属丝和支板)来支撑机翼以使其保持足够的强度,如图 1.7 所示。后来为了减小阻力,去掉了外部的线结构,机翼依靠内部梁结构或者盒型结构来支撑,这样便要求机翼更厚。随后还发现类似于图 1.5(a)中所示的厚"翼型截面"形状具有许多空气动力学优势,这将在后面进行描述。

机翼相对于气流的倾斜角度被称为攻角(angle of attack)。在英式英语中常用入射角(incidence)一词代替攻角使用,但是在美式英语中使用时(以及在较早的英式英语中),incidence 也可指代安装角,即机翼相对于机身主体的安装角度。术语"攻角"的意思更加明确,因此我们将用攻角表示机翼与气流的倾斜角。中弧线(mean line)是在前缘和后缘之间绘制的假想线,连接上表面和下表面所有对应点的中点,如图 1.8 所示。这条线与连接前缘和后缘的直线(称为弦线)之间的最大偏差即是弯度(camber),但翼型的弯度通常改写为此最大偏差

图 1.7(a)　弯曲平板机翼

薄弯曲平板翼型在 1910 年已有应用(本图摄于 Old Warden,沙特尔沃思收藏馆)

图 1.7(b)　一些早期的飞行器都采用扁平板状机翼

(摄于 Duxford 博物馆)

相对机翼弦长的百分比。图 1.5 显示了弯曲翼型截面的示例。当机翼较厚且仅使用较小的弯度时,上、下表面都可能是凸面,如图 1.8 所示。

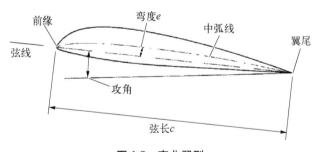

图 1.8　弯曲翼型

翼型的弯度通常表述为相对弦长的百分比,$(e/c)\times100\%$

在二战后早期的螺旋桨驱动运输机上可以看到典型的厚弯曲翼型截面,如图 1.9 所示。如今,为适应特定的任务需求产生了各种形式的机翼翼型。有趣的是,歼击机通常使用较薄的板状机翼,其截面比早期的双翼飞机要薄得多。

在继续对升力面原理进行更详细的描述之前,我们需要简要概述一下空气和气流的一些重要特征。

图1.9   二战后早期,一架活塞发动机式赫尔墨斯(Hermes)客机机翼根部截面

(摄于 Duxford 博物馆)

1.6   空气压力、密度和温度

空气分子始终处于快速随机运动的状态。它们在撞击物体表面时会发生反弹,并在此过程中产生力,这就像我们可以通过将几块小石子砸向墙壁一样在墙上产生力。我们根据分子撞击每平方米表面所产生的力来描述压力 (p) 的大小。空气密度 (ρ) 是每立方米中空气的质量,因此,密度取决于该体积中包含多少个空气分子。如果我们增加给定体积中的分子数量而不改变其运动速率,则每平方米空气能够产生的影响会更大,对物体表面产生的压力作用也会增加。空气分子的移动速度取决于温度 (T),升高温度可增大分子运动的速率,因此也会增加压力。由此可以看出,空气压力与密度和温度有关,它们之间的关系由气体定律 $p = \rho RT$ 给出,其中 R 为气体常数。随着海拔的升高,大气中的压力、温度和密度均显著降低。在第 7 章中将更详细地描述这种变化。密度的降低是飞机飞行中需要考虑的一个关键因素,因为诸如升力和阻力之类的气动力与空气密度直接相关。

1.7　压力与速度

气流的压力和相对速度在飞机周围流场的各位置之间差别很大。空气从高压区流向低压区时会被加速。相反,从低压区到高压区的流动则导致速度减小。因此高压区与低流速相关联,而低压区与高流速相关联,如图 1.10 所示。

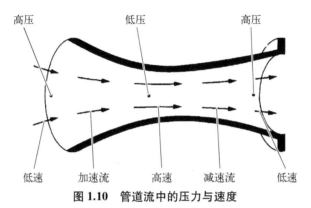

图 1.10　管道流中的压力与速度

空气在从高压区向低压区流动时发生加速,从低压区向高压区流动时减速

当气压迅速升高时,温度和密度也会升高。类似地,压力的快速降低导致温度下降。因此,空气在翼型周围流动引发的压力突变伴随着温度和密度的变化。然而,在小于一半声速的低流速下,温度和密度的变化小到足以忽略不计。海平面的声速约为 340 m/s(约 760 mph),其重要性将在第 5 章中进行说明。

我们尽量避免使用数学推导或公式,但有必要介绍一到两个空气动力学研究中基础的关系式,这些关系也使我们能够定义一些重要的术语。这些关系式中首先要介绍的是低流速下压力与速度之间的近似关系,即静压与动压之和为常数,其数学表达式为

$$p + \frac{1}{2}\rho v^2 \equiv C$$

其中, p 是压力; ρ 是密度; v 是速度; C 表示常数。

可以发现,以上公式非常符合空气的行为特性,因为低速条件下压力的增加必然伴随速度的降低,反之亦然。熟悉伯努利方程的读者可能会认识到在上述

表达式中高度项被忽略了,这是因为与其他两项的变化相比,高度项的变化可以忽略。

上述方程给出的速度与压力之间简单的伯努利关系,只要是在飞行速度在小于声速一半的情况下,伯努利方程就不会有明显的误差。在更高的速度下,还必须进行某种形式的校正,并且一旦飞机接近声速,就必须使用更为复杂的表达方式。

1.8 动压

上文中的 $\frac{1}{2}\rho v^2$ 一般表示动压,实际上对动压有一个更加精确的定义,但是现在暂且不关注这一点。尽管动压的单位与压力相同,但动压实际上表示单位体积(例如 1 m³)空气的动能。

诸如升力和阻力之类的气动力直接取决于动压。因此,它是一个经常出现的参数,为方便起见通常用字母 q 表示。飞行员有时会说以"高 q"飞行,即以高动压飞行。原先公式中的 p 一般也被称为静压。

1.9 意外的现象

速度和压力之间关系的实际含义有些出人意料。我们原本可能以为,如果空气通过收缩的管道被挤压,那么在狭窄区域的压力将升高,如图 1.10 所示。然而在低速时情况并非如此。如果不存在气体泄漏,则每秒必须有一样多的空气同时通过较宽的部分和较窄的部分。因此,随着管道宽度的减小,速度必须增加,速度的增加必然伴随压力的降低。因此,随着管道变窄,压力会变低。但是在后续的深入讨论中我们却将看到,当流速接近或超过声速时,可能会发生截然不同的情况。

1.10 机翼环流

如前所述,升力是由机翼上下表面之间的压力差而产生的。根据上面介绍的伯努利方程,这个压力差与两个表面的相对空气速度相关。因此,产生的升力大小与上下表面之间的相对速度差有关。

如图 1.11 所示,我们可以看到,上表面任何一点的空气速度可以看作是平均速度 v_m 加一个小分量,而在机翼下面流动的空气速度是 v_m 减去一个小分量。

从图 1.11 中还可以看出,上下表面空气的速度差等效于将旋转运动的速度(由黑色箭头标记)添加或叠加到平均速度 v_m(由虚线箭头指示)之上。值得注意的是,在该情况下,实际上没有任何空气粒子会在整个回路中围绕翼型轮廓进行旋转运动,可以认为气流仅具有循环流动的趋势。

我们用旋度来衡量循环流动趋势的强度,通常用字母 K 或希腊字母 Γ 表示,此处我们不对这个量进行精确的数学定义。通俗地讲,在给定飞行速度基础上增加旋度,则意味着增加上下表面之间的相对气流速度差,从而增加升力。实际上,在单位展向长度上产生的升力等于空气密度(ρ)、自由流空气速度(v)和旋度(K)的乘积:

$$L = \rho v K$$

可以看出,同样的飞行高度下,飞行速度越快,产生相同升力所需的旋度就越小。

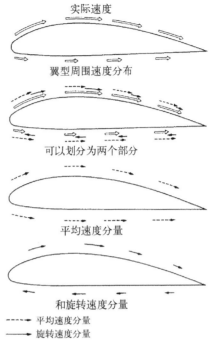

实际速度

翼型周围速度分布

可以划分为两个部分

平均速度分量

和旋转速度分量

----- 平均速度分量
——→ 旋转速度分量

图 1.11　翼型外的环流与涡

1.11　机翼附着涡

理论空气动力学发展的一个重大突破是人们意识到了机翼或升力面的行为就像是一个置于气流中的涡旋。这种概念看似奇怪却很重要,因为用数学方法分析置于均匀气流中的简单涡旋的影响会更加容易。

在该理论的最简化形式中,机翼由单个涡旋表示,称为机翼附着涡。在后续补充涡旋理论时,机翼被认为是由一组涡所取代,第 2 章将进一步描述。在第 2 章中,我们还展示了这种涡旋概念如何在理解机翼周围的流动以及分析机翼和一般几何形状的影响方面发挥作用。

1.12　马格努斯效应

根据上述原理,可以得出以下结论:任何旋转以产生涡旋或旋度的物体在置于气流中时都会产生升力,这被称为马格努斯效应。图 1.12 显示了流过旋转圆柱的气流流线型态。

通过使用旋转圆柱或桨板可以产生非常大的升力,但该系统所具备的优势远不及其机械复杂性产生的弊端。尽管受到广泛关注且诞生了许多相关专利,但除了一些专业运动员(如网球运动员使用该原理通过施加较大的初始旋转使球转弯)外,这种效应很少被应用于商业领域。

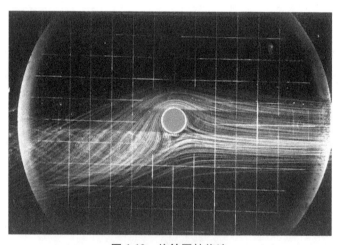

图 1.12　旋转圆柱绕流

来流由右向左。该流场与翼型周围绕流有一定相似性。注意圆柱前方的上洗和后方的下洗。如果圆柱两个顶端延伸到风洞壁面,上洗和下洗将近似相等(图片由巴黎 ENSAM 提供)

1.13　翼型周围的气流

在图 1.13 中,我们展示了在小攻角条件下翼型截面周围的流线形态。流线展现了瞬时的流动方向,如果流动稳定,它们还标示了空气粒子的运动路径。流线定义为描绘流场中流动缝隙的假想线,因此,线的紧密程度反映了流速大小。如果流线会聚,则空气会以较高的速度穿行,就像通过管道的狭窄部分一样(如前所述,图 1.10)。请注意,图 1.13 中的流线在机翼上表面的前方发生汇聚,表明了流速的增加,而在机翼下表面发散,表明流速降低。在图 1.12 中围绕旋转圆柱体的流动中可以看到类似的效应。

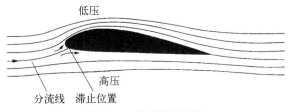

图 1.13　翼型周围流线

分流线在前缘下方的滞止点与截面相交,此处流速接近于 0,
压力达到最大值

分流线是隔开流向机翼上表面和流向下表面气流的中间线,通过观察分流线可以看到机翼周围流动的一些重要特征。我们已经提到过,气流不是在机翼前缘分开,而是在前缘下方的某个点,对于平板也是一样。还要注意,空气是如何从机翼前部被引向机翼上表面的,以及如何从后缘向下偏转的,旋转的圆柱也是如此。在飞机机翼的后方,总有向下的气流或下洗,但应注意这主要是由于三维效应,这部分内容将在第 2 章进行描述。如果图 1.12 中的圆柱体连接风洞两端的壁面,则图中所示的下洗现象将不会如此明显。

1.14　滞止

流动的另一个特征是,沿着分流线的空气在靠近机翼时会变慢,如果机翼没有后掠,它将会在分流之前立即停在机翼表面。由于粒子在此位置暂时"停滞",因此称之为滞止(stagnation)位置。

回顾图 1.13,我们看到的是一个二维截面。如果我们采用三维视图,如图 1.14 所示,那么需要将气流假想

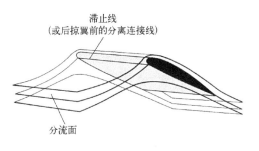

图 1.14　流面

三维视图中,流场可以通过流面来表示

成一个流面。可以看到,分流面沿着前缘正下方形成一条线并与机翼部分重合。之前将滞止位置视为二维截面中的一个点,其实滞止点只是滞止线在其端点视角下的结果。

如果机翼有后掠,则只有与机翼前缘成直角的流动分量才停止,并且接触线称为分隔连接线。

1.15 压力与升力

图 1.15 展示了翼型周围的压力分布,阴影区代表了当地压力高于环境压力,非阴影区代表了当地压力低于环境压力。可以发现,上下表面压力差值最大的地方位于翼型前侧,因此这个区域产生了大部分的升力。该效应在老式机翼截面上非常明显,但如今的翼型设计趋势是使得其上表面大部分区域能够产生相当恒定的低压。这样便可以沿着翼型截面产生更加均匀的升力分布,从而得到更好的气动和结构特性。这将在后续内容中详细介绍。

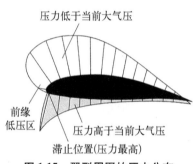

图 1.15 翼型周围的压力分布

由于相对流速在滞止点处降为 0,因此该位置的压力值达到最大。这个最大压力值被称为滞止压力。滞止压力有时会与之前介绍的静压发生混淆,这很正常。但是要明确的是静压只是空气压力,而滞止压力是滞止点处受到的压力,该位置不存在空气与翼型表面的相对运动。

从图 1.15 可以看出,随着空气加速并远离滞止点,其压力快速降低,在翼型前缘处变得极低。前缘低压的出现也非常令人意外,但它却能与滞止点位于前缘下方的事实相符合。因此,从翼型上表面流过的空气必须从滞止点向前流动小段距离,然后形成相对弯曲的流线。为了使空气做到不沿着直线流动,前缘上必须有一个低压区,以将气流引入这条弯曲的流线,即提供必要的向心加速度。

1.16 压力导致的合力方向

人们常常错误地认为,由于压力引起的合力方向或多或少地垂直于机翼平面。然而,参考图 1.16 可以看出,除了由上下表面之间的压力差产生的垂直或法向力分量 N 之外,还存在一个因低压作用在前缘上而产生的切向力分量 T。这对应了在没有三维效应且气流遵循翼型绕流特征的情况下,升力应与主气流方向垂直,而不是与机翼平面垂直。

如图 1.16 所示,即使机翼是具有较小前缘面积的平板,作用在其上的低压也会产生很大的前向力。如果这个平板很薄,那么除了以很小的攻角飞行外,空气根本无法沿着轮廓流动,并且产生的升力也相对较小。这种情况下合力方向大致与平面垂直。

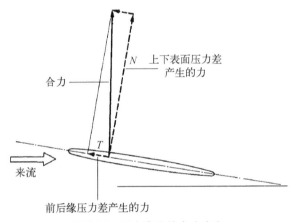

图 1.16 压力产生的合力方向

只要流场是正常的翼型绕流,就会因前缘低压产生小的切向力分量

实际上,气动合力永远不会与自由气流方向成直角,因为由于空气黏度的影响而产生的摩擦力总会产生向后的阻力分量。

1.17 升力系数

机翼产生升力的大小取决于机翼面积、空气密度、飞行速度以及升力系数 C_L。该关系用下式表示:

$$升力 = \frac{1}{2}\rho\, v^2 S\, C_L$$

其中,S 表示机翼参考面积;v 表示速度。可以发现该方程中出现了动压 $\frac{1}{2}\rho\, v^2$,之前也提到过动压项与升力大小直接相关。

升力系数 C_L 可以理解为度量机翼升力效率的参数,且与机翼几何外形直接相关,这包括了翼型形状、展向形状以及攻角。C_L 还取决于空气压缩性和黏度,出于简化考虑,我们暂且忽略这两个因素。

升力系数主要取决于机翼形状,而与其尺寸关联较小。这使得我们可以很容易在风洞试验中用缩比模型测量机翼升力系数,然后通过以上方程计算任意尺寸以及任意飞行速度与空气密度条件下的机翼升力。

考虑升力系数的另一个优点是在整个飞行条件下,升力随攻角的变化可以通过使用升力系数-攻角关系图来计算。

然而,当对计算精度要求较高时,则不得不考虑之前提到的空气压缩性和黏度,该计算过程将变得非常复杂。

C_L 的另一个优势是它的无量纲性,这样的无量纲量无论在哪个单位体系内(例如国际单位制或英制)它的值都是不变的。

1.18　攻角和弯度产生的升力变化

如图 1.17 所示,在小攻角条件下,升力系数与攻角成正比关系。该图还反映了弯度对升力系数的影响。可以看出,攻角和弯度对升力系数的影响是相互

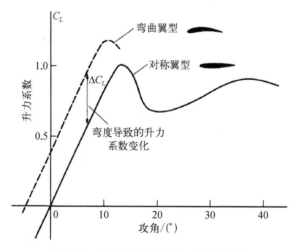

图 1.17　升力系数随攻角和弯度的变化

由于弯度导致的升力系数增加几乎独立于攻角的影响

独立的,即在所有攻角条件下,弯度产生的升力系数差都是恒定的。

弯曲翼型能够产生更大的最大升力系数。另外,如图 1.17 所示,这种翼型在零攻角条件下能够产生正升力。没有升力产生时的攻角值为负值,该攻角值被称为零升攻角。

翼型中弧线的形状也很重要,因为它会影响合力作用线的位置。之后,我们将描述如何利用弯度变化来控制机翼的空气动力学特性。

1.19　C_L 随飞行条件的变化

在稳定的水平飞行中,升力必须始终等于飞机的重量,并且方向与飞机的重力相反。在着陆和起飞时,速度以及动压都较低,因此需要较大的 C_L 值。随着飞行速度的增加,所需的升力系数减小。

飞行员主要通过改变飞机的攻角来控制升力系数值。随着飞行速度的增加,必须逐渐减小攻角。大多数飞机被设计成在巡航时以近乎水平的姿态飞行,因此必须在着陆和起飞时采取俯仰姿态。一个极端的例子是协和式飞机,如图 1.20 所示。由于降落时这架飞机的攻角太大,机头必须偏向下方进行铰接,否则飞行员将无法看到跑道。

客机在高空航行时,周边空气密度远低于海平面。密度 ρ 的减小,导致动压的减小,一定程度上补偿了巡航速度和着陆速度之间的差异。但是,起飞时所需的最大 C_L 可能仍比巡航时的最小值大许多倍。

如图 1.7(a) 中的早期飞行器只能在空气中缓慢前行,它们的最大速度只比起飞速度稍大一些。如图 1.7(a) 所示,这种飞行器使用大弯度机翼翼型来产生较大的 C_L,从而减小机翼面积并减轻飞机重量。大多数当代飞行器都采用小弯度翼型,这些翼型经过优化后能够在巡航速度下产生较小的阻力。降落时所需的高升力系数通常通过采用襟翼来实现,它们可以有效增加弯度,有时还可以增加机翼面积(见图 3.13)。第 3 章将对襟翼和其他增升装置进行介绍。

1.20　失速

对于大多数机翼翼型,在小攻角条件下,产生的升力与攻角成正比;C_L 对攻角的曲线是一条直线,如图 1.17 所示。但是,如图所示,升力达到某个最大值后开始下降,这种效应被称为失速(stalling)。如图 1.17 所示,对于厚度适中的翼型(厚度为弦长的 15%),升力系数随攻角的下降速度可能会非常急剧,其失速发生在 12°攻角附近。薄的无弯曲机翼失速时升力下降更为剧烈,失速攻角可以低于 10°。升力的骤降必然会带来灾难性的后果,尤其是在没有任何预警的情况下。

飞行器机翼的失速不仅取决于翼型形状,还受机翼展向外形的影响,因此不是所有机翼都会在同样的攻角下失速。

失速发生在气流不再按照翼型绕流形式流动的情况下,这时的气流发生分离,如图 1.18 和 1.19 所示。第 3 章将对流动分离的原因进行详细介绍。

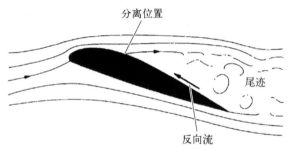

图 1.18　流动分离与失速

在大攻角条件下,流场不再遵循典型的翼型绕流,流动发生分离且产生高湍流度尾迹,该现象伴随着升力的损失以及阻力的增加

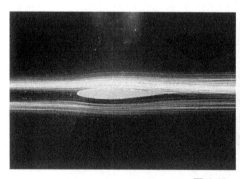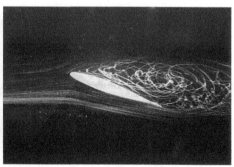

图 1.19　流动分离

大攻角条件下,如右侧的图片所示,上壁面的流场不再贴着表面而是发生分离,产生高湍流度的涡旋区域(图片由巴黎 ENSAM 提供)

一旦气流发生分离,前缘吸力以及由其产生的切向力分量几乎将完全消失。因此,压力产生的合力将一定程度上垂直于机翼表面,从而产生很大的后向阻力分量。可以这样说,失速的开始伴随着阻力的增加。除非增加推力予以补偿,否

则飞机将减速,进一步导致机翼升力的降低。

在失速发生后、升力完全恢复之前,可能有必要将攻角减小至远低于原始失速角。在失速恢复过程中,飞机高度可能会大幅降低,飞行员和飞机设计师的关注重点是防止意外发生。后续我们将介绍一些可能采用的失速预防措施和警告系统。

1.21 分离流中的飞行

在老式飞机上,通常有必要避免气流分离和失速,因为在失速状态下很难保持适当的控制。然而从图 1.17 可以发现,升力在失速开始时的骤降之后随着攻角的增加会再次增大。对于薄机翼,C_L 的最大值可能是在失速条件下获得的。由于在这些大攻角下,发动机推力在升力方向上的分量增大,因此飞机的总升力得到进一步增大。这样的大升力对于战斗机进行大幅度机动可能是一个较大的优势,因为它可以产生很大的(向心)力以快速地从俯冲动作中恢复,或者通过使飞机滚转,可以使用升力产生的侧向(向心)力分量实现快速转弯。

在导弹上由于没有飞行员,会充分利用这种扩展能力;事实上,导弹在急转弯后在极短的时间内可能会处于向后飞行的状态。在快速机动中且具有大推力的条件下,原先的大阻力就不再那样重要了。

在分离流中飞行的主要困难是稳定性和控制性。升力、阻力的大小以及升力中心的位置都在迅速变化。为了克服这个问题,飞机可能需要快速响应自动控制系统进行稳定性控制。更加可靠的微电子系统发展意味着现在或许能够在以前被认为是高度不稳定和危险的环境中飞行,近些年的战斗机已演示过在超过 70° 的攻角下进行受控飞行。

特别是对于军用飞机而言,在分离流中飞行能够在性能和机动性方面获得可观的提升。但是,即使有可能将飞机控制在失速状态,分离气流的不稳定性也可能通过产生过度的抖振引起结构问题,一种解决方案是控制或稳定分离流,下文将进行阐述。

1.22 其他产生升力的方法

控制分离-锥形涡升力

在具有无后掠角的直机翼飞行器上,流动分离会导致升阻比性能变差,并且

图1.20　锥形涡升力

有时在细长的三角翼前缘上方会形成强烈的圆锥形涡旋,它可以通过其产生的水蒸气凝结而变得可见。由于着陆和起飞时需要大攻角,因此必须调低协和式飞机的机头以使飞行员能够看到跑道(图片由英航布里斯托提供)

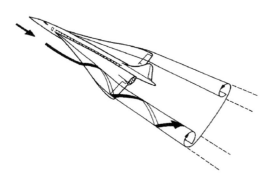

图1.21　细长三角翼上的控制分离

流场沿前缘分离,下方高压气体向上卷吸形成锥形涡对。旋涡中的低压有助于升力的产生

由于气流的不稳定性而产生抖振。但是如果对机翼以锐角进行后掠设计,分离的气流将卷成一对稳定的圆锥形涡流,如图1.21所示。与围着传统机翼的涡流(仅代表涡流趋势)不同,它们才是真正的涡旋,如同空气在旋风中旋转。

这些前缘圆锥形涡旋通过它们产生的蒸汽凝结云在图1.20中变得可见,它们的影响在图1.22所示

的翼面流动类型中也很明显。

这种分离涡流代表了另外一种产生升力的方法。涡流中的空气速度很大,压力很小。因此,这种升力产生方式仍然是由上下表面受到的压力差产生的,而在这种方式下,上表面受到的低压是由其上方的涡流运动导致的。

在小攻角条件下,细长的三角翼或大后掠角机翼上的气流可以保持附着,并且可以以常规方式产生升力。如图1.23所示,当发生分离并形成旋涡时,会产生额外的升力。可以看出,C_L随攻角的变化曲线将不再是原本的直线。

具有细长三角翼的协和式飞机被设计为在正常飞行条件下单独依靠圆锥形

图 1.22 三角翼和大后掠翼的翼面流动类型

在机翼模型表面涂一层石蜡,石蜡中含有白色粉末,即二氧化钛,这便可以
看到分离的前缘圆锥形涡流的冲刷效果

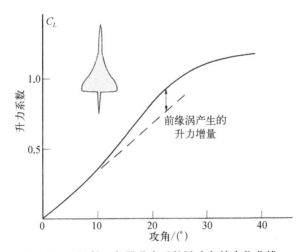

图 1.23 细长三角翼升力系数随攻角的变化曲线

在大攻角条件下,前缘涡对升力产生非线性增量

涡流飞行。该飞机的前缘很锋利,可以在中等攻角下促使前缘出现流动分离。
该圆锥形涡流可被认为是受控分离的一种形式。当以此方式产生升力时,机翼
不会像传统意义上那样失速,并且升力可以在大约 40° 攻角以内持续增加。在
更大的攻角下,涡旋开始分解,升力下降。

我们将在后面的章节中进行介绍,细长三角翼和具有大后掠角的机翼在超
声速飞行中具有优势,因此这种升力产生方法最常用于设计超声速飞机。分离

的涡流已经使几代纸飞机飞过教室,这证明了它是产生升力的合适方法,即使在低亚声速下也是如此。

有趣的是,在 19 世纪,人们曾提出过一种细长的三角飞机,这毫无疑问是借鉴了纸飞机的原理,该飞机计划由蒸汽喷射完成推进!

有时将分离的涡升力与常规升力面结合使用,以防止局部失速。飞机尾翼前侧的边条有助于防止在操纵过程中这些机翼表面发生失速,特别是在低速飞行时。在图 13.4 中的冲-8 飞机上可以看到尾翼边条。下一章将详细介绍分离涡流的机翼设计。

1.23 使用发动机推力产生升力

燃气涡轮最大可以产生超过二十倍自身重力的推力,因此有可能通过将射流向下引导而使用发动机推力代替机翼产生升力。如图 1.24 所示,这种升力的产生方法已在一个被称为"飞行试验器"(flying bedstead)的结构试验台(skeletal rig)上成功应用。

图 1.24　发动机推力的向下分量产生升力

罗尔斯-罗伊斯的"飞行试验器"试验台证明了喷气升力的实用性。
辅助喷气机提供了稳定性和控制。垂直起降的鹞式战斗机(Harrier Jet)
上使用了相同的基本控制系统(图片由罗尔斯-罗伊斯公司提供)

图 7.12 展示了英国鹞式战机(在美国获得许可,由麦克唐纳·道格拉斯 AV-8 公司制造),是第一架使用这种升力产生方式的作战飞机,并采用可旋转喷嘴控制发动机喷气方向。飞机使用了两组喷嘴,一组用于排出废气,另一组用于排出来自压气

机的气体。当垂直起降(vertical take-off and landing,VTOL)时,喷嘴垂直向下喷气。向前飞行时,旋转喷嘴以引导尾气向后喷射。随着来流速度的增加,传统机翼逐渐成为提供升力的主力。中间喷嘴位置可用于低速飞行以及短距起降(short take-off and landing,STOL)。F-35 的短距起飞与垂直降落(short take-off and vertical landing,STOVL)版本使用了相似的方法,但前部使用了发动机驱动的风扇。

在 YAK-36 上使用的另一种方法是采用辅助升力发动机,为主推进发动机补充矢量升力。

以这种方式直接使用发动机推力来产生升力的效率极低,因为它所需要的推力比传统机翼产生的升力要大十五至二十倍。

另外一个问题是,在垂直运动中,包括悬停和过渡阶段,这种飞机不能通过普通空气动力学方法进行稳定或控制。在鹞式战机的例子中,辅助"吹气式"喷嘴安装在机头、机尾和机翼尖端,以提供稳定性和控制力(图 10.21)。因此,飞机在垂直飞行期间极易受到推进和稳定系统故障的影响。但实际上,这目前并不是什么大问题,因为常规歼击机在降落时的风险有可能还更大一些。这方面劣势在很大程度上被垂直起飞和着陆的操纵优势所盖过,正如马尔维纳斯群岛战争期间的鹞式战机所充分展示的那样。

1.24　旋翼产生的升力

直升机的螺旋桨叶片实际上就是具有小弦长、大展长的旋转机翼。叶片安装在发动机驱动的轴上。由于它们同样是在空气中运动,所以它们与固定翼产生升力的原理相同。与固定翼飞机相比,旋翼的明显优势在于,飞机的其余部分不需要相对于空气运动,因此可以悬停。

发动机扭矩倾向于将直升机机身向相反于叶片旋转的方向扭转。而对于传统的单旋翼直升机,通常使用安装在尾部的推进器或风扇产生相反的旋转力矩来抵消这种扭转趋势。尾部推进器通常被称为尾桨,该部件的动力浪费是传统直升机效率低下的原因之一。最近的一个创新是无尾旋翼(no-tail rotor,NOTAR)设计,其中尾桨被空气射流代替,该射流与主旋翼的下行气流相互作用,以产生所需的扭矩。NOTAR 配置具有许多操纵优势,其中包括噪声的降低。

当采用双旋翼时,两个旋翼按照相反的方向旋转,因此可以避免不必要的扭矩,而且不需要尾桨。两个旋翼通常安装在机身两个相对的端部,而有时它们也会被安装在一个同心轴上进行反方向旋转，如图 1.25 中所示。这种设计在俄罗斯直升机中比较常见。然而双旋翼的使用会大幅增加直升机成本和复杂度。两个旋翼各自所引发的尾迹之间的相互作用也会带来一定的问题。

图 1.25　卡-50 武装直升机上的一对同轴反向旋转螺旋桨去除了对尾桨的需求，但是请注意观察螺旋桨上方复杂的结构

在简单的单旋翼直升机上，由主桨叶同步摆动机构直接控制主螺旋桨叶产生升力，该机构可同时改变所有桨叶的攻角或"俯仰角"，改变量相同。另外，它提供了一种周期性俯仰机制，可以使叶片的攻角在每个周期中增加或减少。周期性俯仰控制用于控制直升机机头朝上（或机头朝下）的姿态以及绕纵轴的侧倾运动。较小的尾桨也设有能够改变叶片攻角的机构，从而改变其产生的推力，这使得飞行器能够进行偏航运动。

图 1.26　在刚性旋翼设计中，通过柔性构件和柔性接头来提供旋翼的俯仰，以取代较旧的铰链设计。相对于图 1.25 中所示的卡-50 武装直升机设计，它更加紧凑和简洁

在传统的直升机(特别是较旧的直升机)上,旋翼叶片在连接至轮毂的位置与两根轴铰接,以使它们可以自由地前后摆动和上下摆动(在一定的范围内)。摆动运动主要用于抑制阻力的周期性变化,这种铰链称为阻力(或滞后)铰链。阻尼器的安装是为了防止不必要的振荡。摆动受到强大向心力的抑制,这些力使叶片几乎与旋转轴成直角。叶片上的升力始终比向心力小得多,但是它们仍然将叶片略微向上拉,因此在飞行中,其旋转路径描绘出非常扁的圆锥体,而不是平坦的圆盘。

当使用周期性俯仰控制系统来周期性地改变叶片攻角时,叶片将倾向于周期性地上下摆动以响应升力的变化。如果叶片在后部向上摆动,如图 1.27 所示,则会导致旋转轴向前倾斜。如图所示,这将产生水平推力分量,从而使直升机向前推进。摆动铰链通常偏离轮毂轴线的中心,并且当叶片旋转轴线相对于旋翼轴线发生倾斜时,向心力产生的力矩会倾向于使旋翼轴线(进而使整个飞机)发生低头运动。

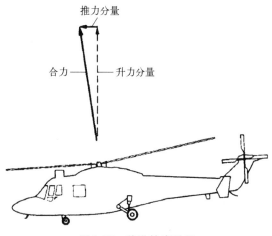

图 1.27　前进的直升机

利用周期性变桨控制使叶片在后部向上倾斜,合力同时提供升力和推力分量

通过适当地调节周期性俯仰控制,可以将水平推力布置在任何期望的方向上,并且可以因此使直升机向侧向或向后飞行。

当直升机向前飞行时,朝前运动的叶片相比于朝后运动的叶片将具有更大的相对空气运动速度。如果不采取纠正措施,这将导致朝前的叶片向上摆动而朝后的叶片向下摆动,从而使叶片旋转轴向后倾斜,这种情况称为反吹。如果对此不加以干预,则向后的推力分量会使直升机减速。因此,必须通过使用周期性叶片俯仰控制来克服这种趋势,叶片在前进时减小叶片攻角,在后退时增大叶片攻角。通过这种方式,在前进的叶片和后退的叶片产生相同的升力。如果使用简单的刚性固定叶片,例如在螺旋桨上,则叶片前进时会产生比后退时更大的升力,飞行器会倾向于发生滚转。

两叶旋翼可以使用跷板式旋翼,而不是摆动铰链。在这种布置中,两个叶片刚性地连接在一起,但是允许轮毂倾斜以产生摆动运动。图 1.31 所示的旋翼机上使用了跷板式旋翼。

一些较新的直升机设计不使用铰接式叶片,而是依靠在安装点精准的弯曲控制:这种布置经常被误认为是刚性旋翼。图 1.26 显示了"刚性旋翼"的顶部机构。它的相对简单性和紧凑性与图 1.25 中所示的 Kamov 传统铰接式双旋翼的高度复杂性形成鲜明对比。

旋翼顶端不仅包含铰链或挠曲件,而且还必须安装用于叶片的周期性和集中螺距控制的机构。因此,该装置非常复杂且沉重,几乎任何机械故障都可能是灾难性的。相比于固定翼飞机,直升机的安全记录欠佳。

应当注意,以上描述适用于常规直升机。当前已经尝试了各种替代性的旋翼机构,包括带倾斜轴的旋翼机构。

由于旋翼提供了推力、升力和主要的控制手段,因此直升机可以看作是与 Cayley 经典飞机大相径庭的典范,后者的每个组件仅用于一个特定目的。

由于向前运动和向后运动的叶片相对气流速度不同,因此直升机还会遇到其他衍生问题。为了使向后运动的叶片能够产生正的升力,它必须比直升机飞行速度更大。从图 1.28 可见,这意味着前进侧的叶片需要以大于飞行速度两倍的速度运动。因此,前进运动的叶片会在直升机速度达到声速一半时就接近声速。这种情况下直升机不断有叶片进出超声速流场,从而产生强烈的结构和气动问题,这些问题会带来很多麻烦,比如会产生噪声。

图 1.28 还显示了一种常见情况,后退侧叶片的内侧部分移动得不够快,因此此处的气流实际上是反向的。这些因素严重约束传统直升机的最大速度。图

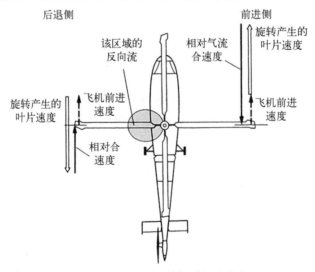

图 1.28　前进飞行的相对气流速度

1.29 展示了韦斯特兰山猫直升机,它曾在 1986 年以 249.10 mph(约 401.05 km/h)的速度打破世界纪录,但这还不足螺旋桨驱动的传统固定翼飞机所达到的最快速度的一半。

图 1.29　高速直升机

BERP 桨叶尖端(后文有介绍)有助于使这款改装的"山猫"(Lynx)创下 249.10 mph 的飞行纪录。但它按照常规飞机的标准仍相当慢(图片来源于韦斯特兰直升机有限公司)

本书不对直升机空气动力学进行过于细节的描述,但是以上概述一定程度上解释了为什么旋翼机能在垂直起降方面优势显著,但却无法取代固定翼飞机。

1.25　高速直升机和平直两用飞机

解决直升机高速飞行问题的一种方法是,在旋翼之外,还为其配备机翼和常规推进系统。在高速飞行中,机翼负责提供升力,并且旋翼叶片可以缓慢旋转,甚至可以向后折叠。

上述同轴对转直升机旋翼在高速飞行中还有一个优势,因为它可以设置为仅由前进的成对叶片(在飞行器的每一侧各一个)提供升力,因此,叶片不需要比直升机快太多。

另一种解决方案是平直两用飞机,例如图 1.30 所示的贝尔(Bell)V‐22 鱼鹰平直两用飞机。在这种设计中,旋翼轴在高速飞行中向前倾斜,使叶片成为大直径螺旋桨。与上述其他解决方案一样,这种看似简单的布置仍然出现了问题,并且在最终进行型号生产之前,花费了数十年的开发时间试验了数种不同的机型。

图1.30   波音-贝尔的 V - 22 鱼鹰平直两用飞机

平直两用飞机结合了直升机垂直起降的能力以及螺旋桨飞机的经济性与速度,但是其成本和复杂度都很高(图片来源于贝尔直升机 Textron 公司)

1.26   旋翼机

旋翼机与直升机不同之处在于它的叶片并不是用发动机驱动的。旋翼机采用传统飞机的发动机或推进器用于使飞行器向前运动,与直升机不同的是旋翼机的旋翼转轴在飞行中向后倾斜,叶片被相对气流吹动,看似发生自动旋转,这样它们便可以像直升机一样产生升力。

旋翼机需要充足的前进速度来保持旋翼的自动旋转,从而为飞机本身提供充足升力。因此,尽管它能够非常缓慢地飞行并能在飞行结束时进行短暂的垂直下降,但是它不能悬停或垂直起飞。尽管业内对旋翼机的研究热情不再,但其引起了娱乐飞行的兴趣,如图1.31所示。

像在直升机上一样,旋翼机的叶片通常可以自由上下摆动。在飞行中,前进侧和后退侧之间的相对速度差异又驱使朝前的叶片向上摆动,朝后的叶片向下摆动,从而使叶片旋转轴线向后倾斜。对于旋翼机来说,这种向后倾斜不会引起问题,因为向前的推力是由单独的螺旋桨提供的。而且实际上,向后倾斜是维持旋翼旋转所必需的。由于叶片自由铰接在轮毂上,因此叶片不会产生很强的侧

图 1.31 超轻旋翼机

使用两叶片摇动旋翼。马达驱动推进器,也可通过皮带驱动使旋翼产生初始旋转

倾力矩,对于自动旋翼机来说,周期性叶片摆动控制不是必需的。

1.27 选择的骤增

在 20 世纪 40 年代中期以前,产生升力的唯一方法是利用固定翼上的附着气流(偶尔也有利用旋翼的情况)。从上面的概述中,你会发现如今已经出现了很多种不同的方法。此外,正如我们后面将介绍的,即使使用常规机翼,升力产生的物理机制也会在高速和极高的高度的条件下发生变化。

在后面的章节中,我们将介绍这些新方法的具体内容和意义。在下一章中,我们将展示机翼产生升力的过程中是如何涉及显著三维特征的。

1.28 推荐阅读

Abbott, I. A., and von Doenhoff, A. E., Theory of wing sections, Dover Publications, New York, 1949.

Fay, John, The helicopter: history, piloting and how it flies, 4th edn, David and Charles, Newton Abbot, UK, 1987, ISBN 0715389408. An updated edition of a popular book that gives a good general introduction to the subject of helicopters.

Seddon, J., and Newman, S., Basic helicopter aerodynamics, 2nd edn, Blackwell, London, 2002, ISBN 9780632052837.

第2章

机　　翼

2.1　机翼平面形状

给定翼型的机翼产生的升力和阻力取决于动压、攻角和机翼平面面积。在本章中,我们将描述机翼平面形状如何产生重要影响。

2.2　展弦比

整个机翼展长(长)与平均弦长(宽)之比称为展弦比。术语"展长"和"弦长"在图 2.1 中定义。如图 2.2 所示的机翼具有较大的展弦比,而从图 2.24 展示的平面图可见协和式飞机是机翼展弦比小于 1 的罕见例子。

早期的飞机设计先驱指出,鸟的翅膀总是有很大的展弦比。简单的实验证实,以亚声速飞行时,大展弦比的机翼比短粗的机翼具有更好的升阻比特性,其原因将在本章后面给出。

2.3　机翼产生升力

为了理解机翼平面形状是如何影响升力和阻力的,我们需要从机翼周围气流的三维特性入手。

我们在第 1 章中曾介绍过机翼是如何产生绕翼旋流的,这种旋流就像是涡旋一样。对于飞机空气动力学理解的突破性认识出现在 19 世纪末期,当时有一

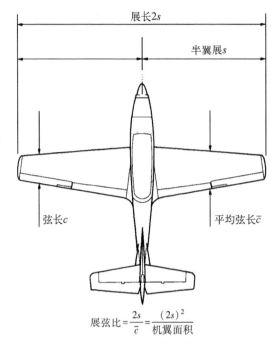

$$展弦比=\frac{2s}{\bar{c}}=\frac{(2s)^2}{机翼面积}$$

图 2.1　机翼几何形状

图 2.2　欧罗巴动力滑翔机版本的大展弦比机翼

最下方飞机(图片由欧罗巴飞机公司提供)

位英国工程师兰彻斯特(F. W. Lanchester)解释称,如果机翼或者升力面产生涡旋效果,它就应该具备涡旋的一般特性。涡旋的特性理论在莱特兄弟的首次飞行之前很久就已经产生,该理论指出涡旋只有在其两端都终止于壁面或形成像烟圈一样的闭合回路时才能持续存在。从图 2.3 中,我们以简洁的方式展示了如何满足形成闭合回路的要求。在该图中,我们看到了机翼的绕流涡旋(称为机翼涡旋)在机翼端部旋转形成一对真正的涡旋,并从翼尖附近向后延伸。其抵达下游的起始涡旋位置从而形成闭环。

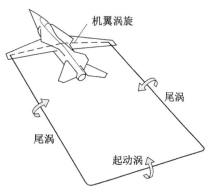

图 2.3 简化的机翼涡系

这些涡旋在现实中确实存在,我们可以往风洞中投入一撮绒毛轻松地检测出尾部涡旋,如果将一撮绒毛放置在模型后面的适当位置,绒毛会快速旋转。在真实的飞机飞行中,有时可以通过机翼尖端附近拖出细微的蒸汽线发现它们,如图 2.4 所示。这种现象经常在航展中出现,尤其是在空气湿度较大的天气状况下。当飞机从俯冲动作中拉出时,更能轻易看到这些现象,飞机在该动作下能够获得很大的升力,因此机翼涡旋和尾涡很强。

图 2.4 尾涡起源于 TSR-2 的机翼翼尖,大气中的水汽凝结使其可见

(照片由英国航空航天公司提供)

在机翼尾涡中,如同在旋风或漩涡中,旋转气流速度随着与旋转中心距离的增大而减小。从伯努利关系可以看出,由于涡流中心的空气速度较高,因此压力较低。中心处的低压伴随着低温,空气中的任何水蒸气都趋于冷凝并在尾涡线的中心位置变得可见,如图 2.4 所示。值得注意的是,我们经常在高空飞行器后面看到的蒸汽尾流通常是来自发动机排气口而不是由来自翼尖涡的水蒸气冷凝形成的。图 2.5 中的流动可视化图片显示了在机翼尖端形成的尾涡。

图 2.5　尾涡的形成

使用氦填充的微观肥皂泡进行流动可视化。气流围绕稳定的核心
螺旋运动,该螺旋形刚好起源于翼尖的内侧(图片由巴黎 ENSAM 提供)

2.4　尾涡的形成

参考图 2.6 可以理解尾涡形成的物理机制。由于机翼下方的压强高于周围
大气压强,因此高压气流在翼尖向上运动。在机翼上表面,压力相对较低,气流

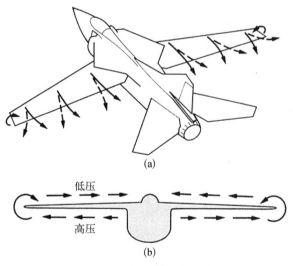

图 2.6　机翼上的展向流动

(a)气流在上表面向内流动,在下表面向外流动,这是尾涡的
来源;(b)在下游观察的视图

向该区域涌入。随着飞机前进,这种运动离开翼尖,便形成了一种螺旋气流运动。因此,如果我们在下游观察离开翼尖的气流,如图 2.6(b)所示,会发现气流在旋转。在每个翼尖周围,空气形成一个鲜明的涡旋,但在机翼上沿着后缘始终存在旋转趋势或涡旋。在更下游,所有的涡旋都聚集到一对尾涡中(如图 2.10 所示)。

如果机翼两端紧贴风洞壁,则翼尖不会发生绕流,也不会形成尾涡。这与上面提到的涡旋特性理论联系在了一起:涡旋必须形成闭环或终止于壁面。这也暴露了风洞测试的问题之一,即风洞壁的存在会影响真实的流动行为。

2.5　起动涡

机翼涡旋与尾涡一起形成了一类马蹄形状的流场结构,这有时被称为马蹄涡系。马蹄涡系形成了预测中涡环的三个边,而起始涡的存在则让该环封闭,如图 2.3 所示。下一章我们将介绍该起动涡是如何形成的。

当飞机起飞时,会形成强烈的起动涡并将其留在跑道上方。每当飞机产生更强的机翼环流时,就会产生更多的起动涡并被抛在后面。当飞机开始退出俯冲时,还会形成一个附加的起动涡。

起动涡对应了终止涡,该涡旋以相反的方向旋转,并且每次机翼环流减弱时都会产生,直至着陆。

正如我们在第 1 章中提到的那样,在水平飞行中,所需的环流强度随着速度的增加而减小,因此,当飞机在水平飞行中加速时,终止涡就随之出现。

起动涡和终止涡都从飞机身上脱离并受黏性的影响最终消失。它们可能持续存在数分钟,而这些涡流卷吸的空气会成为随后起飞飞机的障碍。因此两架飞机之间有必要保持一个安全距离,尤其是在飞机着陆阶段。在后一架飞机比前一架飞机小很多的情况下,这个安全距离可能会长达数公里。

飞机进行剧烈机动操纵时也会产生起动涡和终止涡。下一章将介绍起动涡和终止涡的形成。

2.6　下洗及其影响

尾涡不仅仅是一个机翼升力产生的有趣现象,它们从中心散发,对整个流场产生影响,改变整个流场结构。特别地,它们改变了机翼和尾翼表面附近的流动方向和速度。因此,尾涡对飞机的升力、阻力和操纵性能有很大的影响。

如图 2.7 所示,可以看到机翼后方的空气向下运动,这种现象称为下洗,它并不仅仅存在于机翼后方,还会对尾翼来流以及机翼周围流场产生影响。图 2.8 展示了下洗导致机翼周围的空气向下偏转。

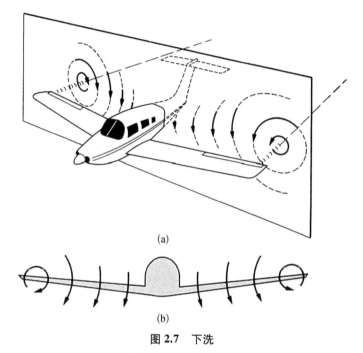

(a)

(b)

图 2.7　下洗

尾涡产生下洗流或机翼后方的下洗

这种向下的气流翻转会产生很多严重的后果。首先,从图中可以看到飞行器相对于受扰气流的飞行攻角减小了。这样的攻角减小产生了较小的有效攻角,并导致了升力的减小,这只能通过进一步增加机翼仰角来补偿。

其次,从图 2.8 可以进一步阐释另一个更严重的后果,即随着机翼周围气流方向发生变化,之前的升力矢量开始偏向飞行方向的后方,从而形成一个阻力分量。

这种类型的阻力曾一度称为诱导阻力,但现在通常更倾向于使用描述性更强的尾涡阻力来称呼。我们将在第 4 章中更详细地讨论阻力。

下洗的另一个后果是使接近尾翼的气流向下偏转,从而减小了尾翼的有效攻角。下洗取决于机翼的环量,因此会随飞行条件而变化。

人们通常认为,根据动量变化原理,下洗现象是产生升力的唯一原因。事实

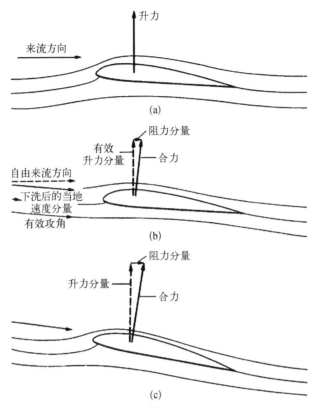

图 2.8　下洗对升力和阻力的影响

（a）无下洗效应下的二维流场升力；（b）下洗改变当地来流方向，合力向后倾斜，产生阻力分量，同时减小升力和有效攻角；（c）为了使升力值恢复到二维流中的值，必须增大攻角，随之阻力分量也将相应增加

并非如此，常被忽略的是，尾涡还会在机翼尖端外侧产生较大的上洗，这样产生的向上动量变化抵消了下洗的向下动量变化。如果将机翼夹在风洞壁之间，以免产生尾涡，机翼后的空气颗粒将大致返回其原始高度，但升力大于存在下洗时的升力。在计算升力时，必须始终同时考虑由于压力以及动量引起的力，但是所涉及概念的详细讨论超出了本书的范围。

2.7　展弦比的影响

产生的升力大小取决于机翼涡旋的环流强度及其长度，而涡旋的长度又取决于机翼的展长。短的强机翼涡旋或长的弱机翼涡旋可以产生同样的升力大小。越弱的机翼涡旋将产生越弱的尾涡,并且由于尾涡产生的下洗是造成尾涡(诱导)阻力的原因,因此较长的机翼将产生较小的阻力。

机翼越长,所需机翼涡旋强度越小。对于给定翼型和攻角的机翼,机翼涡旋的强度取决于机翼弦长,对于给定的升力,所需的弦长随着翼展的增加而减小。因此,为了最小化尾涡(诱导)阻力,机翼设计会具有长翼展、短弦长,即大展弦比的特点。

对于给定翼型截面,弦长的减小导致机翼厚度减小。因此,随着展弦比增加,维持机翼的强度和刚度变得愈发困难。

比赛滑翔机或者水上飞机通常具有很大的展弦比,但是由于结构和空气动力学方面的原因,小展弦比机翼更加适用于机动性较强的飞机,例如图9.2中展示的鹰式教练机。

由于大展弦比机翼具有较好的升阻比性能,一般会应用于长航程或长续航的飞机。图2.9中展示的飞行器是一个很好的例子。值得注意的是,有长航程长续航能力的海鸟实际上也有很大的展弦比,如信天翁翅膀的展弦比大约在18左右。但是,小展弦比机翼,例如协和式飞机,在超声速飞行中能产生较小的阻力,这将在后续章节中进行介绍。

图2.9 洛克希德 TR‐1 采用了大展弦比、大面积机翼,飞机设计目标是长航时长续航

(图片来源于洛克希德-加州公司)

2.8 展向升力的变化

涡旋特性理论预测了一个封闭的涡环,这意味着一个稳定的涡旋,其强度不会沿翼展方向发生变化。但是,我们很快又发现通常实际的机翼翼根处单位长

度产生的升力并不等于翼尖处。因此图 2.3 中展示的马蹄涡系显然过于简单。

兰彻斯特提出的解决方案是想象整个系列的马蹄形涡旋线或"细丝",如图 2.10 所示。在单位展长产生最大升力的机翼中部,涡旋线数量最多。如果参考图 2.6(b),会发现机翼整个翼展后缘下游附着有一个旋转趋势或涡度,即便这种趋势仅在翼尖附近形成了真正的涡。通过制作不同展长的马蹄形涡流形状,我们可以沿着整个翼展展示涡度的产生方式。图 2.10 显示了这种涡度如何包裹成一对明确定义的尾涡。

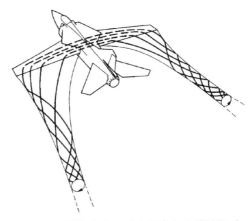

图 2.10　尾涡卷成一对实际意义上的漩涡对

机翼中心处束缚的涡流线数目越多,与中心处单位长度产生的升力越大相一致。涡旋线离开后缘的速率朝翼尖增加

流动的旋转趋势在后缘沿着整个翼展包裹机翼,而不只是存在于翼尖。该事实与图 2.6 中展示的物理现象直接相关。

图 2.10 与兰彻斯特最初在 1897 年给出的图相似。不幸的是,他的想法并没有立即被理解,直到 1907 年才被发表。兰彻斯特并不擅长用清晰的语言描述他的作品,并且他习惯于发明诸如纵向沉浮(phugoid)和翼型(aerofoil)之类的浮夸词语,这使得他的理论听起来晦涩难懂。

一直沿着类似路线工作的德国工程师路德维希·普朗特(Ludwig Prandtl)将这些想法发展成为可用的数学模型,他的兰彻斯特-普朗特(Lanchester – Prandtl)理论代表了对飞机飞行理解的重大突破,该理论还形成了数学理论的基础,其中以一系列涡旋线或环表示机翼周围的旋转趋势和尾涡。尽管本书并不涉及数学,但兰彻斯特-普朗特理论中涉及的概念可能有助于我们理解飞机空气动力学的物理原理。

2.9　机翼展向形状

单位翼展的升力沿展向变化的方式(除其他因素外)取决于弦长沿展向的变化方式。对于没有锥度的矩形平面机翼,大多数尾涡都靠近机翼尖端。在这种情况下,翼尖附近的下洗最大。如果使用梯形机翼,则升力将在中心增大,并且沿展向会更均匀地产生尾涡。

　　理论分析表明,对于一定量的升力,当下洗沿展向恒定时,将产生最小的尾涡阻力(诱导阻力)。同样的分析还表明,如果按照椭圆关系,展向单位长度升力从翼尖的零变化到翼根的最大值,则可获得恒定的下洗条件,如图 2.11 所示。因此,椭圆形展向方向变化代表了最小诱导阻力的理论理想情况。

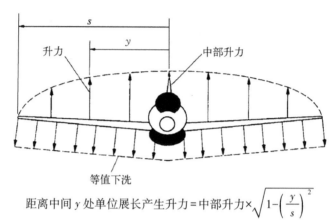

$$\text{距离中间 } y \text{ 处单位展长产生升力} = \text{中部升力} \times \sqrt{1 - \left(\frac{y}{s}\right)^2}$$

图 2.11　沿翼展方向的椭圆升力变化

这种变化导致沿翼展方向的稳定下洗以及最小的诱导阻力

　　在无后掠机翼的飞行器上,可以使用机翼产生椭圆形的升力变化,其中机翼弦长沿展向呈椭圆形变化。这样的机翼非常罕见,但是图 2.12 展示了喷火式战

图 2.12　椭圆形和梯形机翼

　　喷火式战斗机(左)的机翼弦长沿翼展呈椭圆变化。理论上,对于给定的机翼面积,能使诱导阻力最小。野马(右)使用的机翼具有常规锥度,但翼型截面得到了改进。两架飞机的梅林发动机版本具有相似的性能,在某些方面,野马性能更高

斗机(Spitfire Fighter)机翼,它具有椭圆形弦长变化规律。

椭圆形平面机翼伴随着相关的制造问题,此外,从结构角度来看,该形状并不理想。结构设计人员希望升力集中在机翼的中心或根部附近,以减小弯矩。他们还希望翼梁的厚度朝尖端减小,以保持恒定的弯曲应力水平。如果机翼截面形状在所有位置都相同,则弦长必须相应减小,这将导致图2.13中虚线所示的机翼形式。诱导阻力取决于所需的升力,而升力又取决于飞机的重量,具有更好结构形状的机翼应比椭圆机翼轻。如果机翼结构的重量可忽略不计,则椭圆形平面形状仅代表最小诱导阻力的形状。从来没有哪种情况可以通过使用更高效的结构形状来减轻重量。因此,对于一架真正的飞机,最小阻力的结构形状将介于图 2.13 所示的两个极端之间的平面形状之间。这是理想空气动力学性能和理想结构性能之间的折中。实际上,平直梯形机翼具有良好的折中效果,并且具有易于制造的优点。这一点表明了飞机总体设计中综合考虑各个方面的重要性,而不是试图孤立地优化任何一项功能。

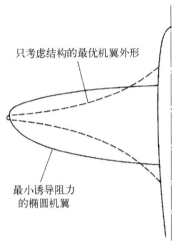

只考虑结构的最优机翼外形

最小诱导阻力
的椭圆机翼

图 2.13　最小诱导阻力所需的机翼形状和结构考虑所需的机翼形状对比

有锥度的直机翼是在两者之间的折中,生产也相对简单,椭圆形机翼是喷火式战斗机上采用的机翼形状

普朗特于 1933 年指出,椭圆形对于飞行器机翼并不是真正的最小阻力形状。值得注意的是,喷火式战斗机最开始采用的是简单梯形机翼。使用椭圆形机翼实际上是为了增加机翼展向中部的厚度,从而容纳弹药箱和起落架机构。

当发动机安装在机翼上时,它们的重量减小了机翼内侧部分的弯曲应力。因此,机翼内侧部分几乎不需要锥度。当使用带有锥度的外侧部分和不带锥度的中央部分时,整个机翼的平面形状近似于椭圆形空气动力学理想状态。设计师似乎很少利用这一点,但是加拿大戴哈维兰德冲-8(De Haviland Dash‐8)(图13.4)却是一个例子。

在平直梯形或无锥度机翼上,可以通过沿翼展方向改变翼型安装角,即通过扭转机翼,来产生升力的椭圆分布。机翼翼型弯度的展向变化也已应用于某些设计中。

对于给定的飞机重量和飞行高度,使用固定大小的机翼扭转或弯度变化只能在一个速度条件下产生真正的椭圆升力分布。由于飞机设计中需要综合考虑飞行速度、高度和重量等巡航条件来优化多方面因素,因此以上设计并非一定会被采纳。

2.10　展向形状及其处理、翼尖失速

当机翼失速时,上表面的压力几乎恒定,升力中心向后朝着翼型中心移动,机翼趋于低头,攻角减小,因此失速的恢复几乎是自动进行的。但是,如果翼尖处先于靠近翼根的机翼发生失速,则由于失速时机不同,某一侧的翼尖总是会先于另一侧开始下降,并且随着其下降,其有效攻角将增加,如图 2.14 所示。失速在该侧翼尖处进一步加强,并且使该侧继续下降,形成正反馈,飞机因此开始滚转,另一侧翼尖上扬。在上扬的翼尖上,相对流动方向减小了失速趋势,并且翼尖仍会产生升力。滚转力矩因此得以维持。失速翼尖产生的阻力要大于未失速的翼尖,因此飞机由于两侧阻力不平衡而开始发生转弯或偏航。滚转和偏航两种运动的结合会导致第 12 章中描述的典型危险旋转状况。因此,我们通常希望避免机翼尖端失速。

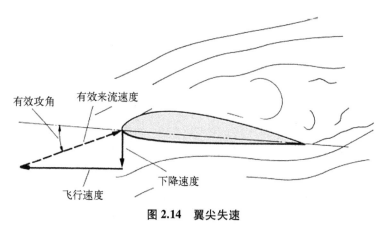

图 2.14　翼尖失速

随着翼尖下降,有效攻角增加,加剧了该翼尖的失速。在另一侧的上升翼尖上,有效攻角减小,从而抑制了失速。因此飞机因受力不平衡而开始滚转和偏航

矩形机翼翼尖的下洗是最严重的,因此翼尖的有效攻角小于内侧,翼尖也将最后才会发生失速。这种相对安全的失速特征使得矩形机翼很受小型飞机业余飞行员的青睐。此外矩形机翼的生产和制造成本更低,难度也较低。当性能是最重要的考虑因素时,最好选择梯形机翼,使其更接近低阻力椭圆升力分布。

　　锥度大的机翼不仅会产生不良的失速特性,而且如果锥度过大,则椭圆形升力分布的近似度也会变差。尽管具有大锥度的结构优势,但是翼尖弦长小于翼根弦长三分之一的飞机并不常见。

　　翼尖的形状也会影响其失速特性。如图 2.15 所示,使用圆形或有倒角的翼尖可以在大攻角时产生稳定的分离圆锥形涡流,从而抑制尖端失速。韦斯特兰(Westlands)为直升机螺旋桨叶开发的英国实验旋翼计划(British Experimental Rotor Program, BERP)翼尖也采用了这种原理,如图 2.16 所示。图 1.29 中展示的 Lynx 直升机就使用了这类螺旋桨翼尖。

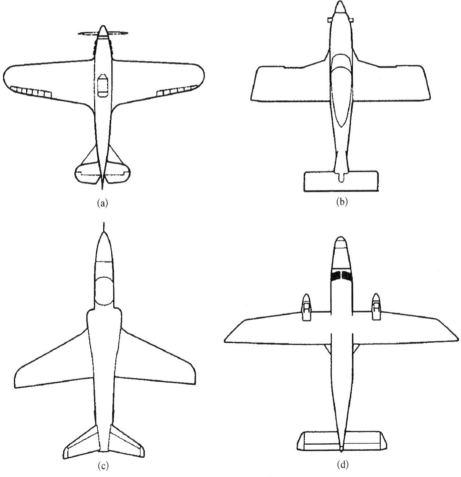

(a) 　　　　　　　　　　　　　　　　(b)

(c) 　　　　　　　　　　　　　　　　(d)

图 2.15　翼尖形状

翼尖的形状对升力、阻力以及失速特性都影响较大

(a) Hawker Hurricane (1930s);(b) Norman Firecracker;(c) BAe Hawk;(d) Dornier 228

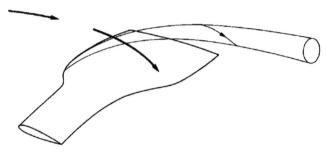

图 2.16 BERP 直升机螺旋桨翼尖

在高速飞行中,后退桨叶必须以大攻角运行。这种翼尖设计可产生分离的圆锥形涡流,从而抑制翼尖失速。当相对速度接近声速时,翼尖弦长的增加降低了厚度与弦长的比值,从而减小了对前进叶片的可压缩性影响

2.11 后掠翼

当飞机接近声速时,气流开始改变为第 5 章中所述的超声速类型。尽管可以适应接近超声速产生的后果,但很难设计出在低速和超声速下都表现良好的机翼。即便升力和阻力性能都可以接受,但流动的变化极大地改变了操纵、控制和稳定性特征,这些困难在低速流和超声速流之间过渡的时候尤其明显。

处理这些问题的一种方法是将机翼后掠或前掠(前掠更少见)。如图 2.17 所示,可以将气流视为具有两个速度分量,一个为垂直于机翼展向的速度(法向分量),另一个为沿着展向的速度(展向分量)。当气流通过机翼时,展向分量变化不大,速度变化主要发生在法向分量中。如果后掠角足够大,机翼速度法向分量大小就可以在飞行器飞行速度超过声速时仍然低于声速。

如果观察后掠翼的绕流,则可以发现:即使速度的法向分量和展向分量的合速度在某些地方可能是超声速的,流动现象也展现超声速特征,只要法向分量小于声速(亚声速),流动现象和一般特征都与正常的低速流相似,对此的解释在第 8 章中给出。

速度的法向分量大约等于相对空气速度乘以后掠角的余弦。因此,随着飞机最大速度的增加,所需的后掠角也随之增大。

即使飞机的飞行速度设计范围不会达到超声速,也可能需要采用后掠翼,因为局部气流可能会进入超声速,尤其是在上表面,其流动速度快于自由来流。飞

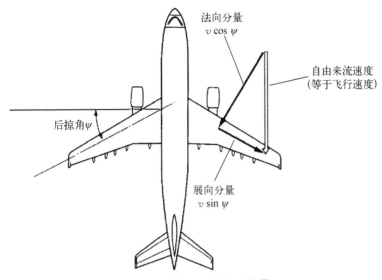

图 2.17　后掠翼上的速度分量

只有法向分量对升力产生影响

机会发生这种情况的速度可能是声速的 60% 到 70%。如今中长途客机的飞行速度都要比此速度快,所以它们总是会采用后掠翼。

采用后掠翼的想法是由一个德国工程师团队提出的,其中包括贝茨(A. Betz),时间大约为第二次世界大战爆发伊始。图 2.18 展现了第一架成功应用后掠翼的喷气式飞机——梅塞施密特(Messerschmitt) Me‑262,该飞机仅采用了较

图 2.18　1944 年,德国工程师注意到了机翼后掠的优势,从而应用到了梅塞施密特 Me‑262 飞机上,该飞机也是第一架进入现役的喷气式飞机

小的后掠角,然而彼时盟军的喷气式飞机设计尚不知贝茨的理论,所以仍在使用无后掠的机翼,例如格洛斯特流星(Gloster Meteor)。在战争结束后,当信息公开时,许多设计马上进行了改进。使用平直机翼的"超级海上攻击者"(Supermarine Attacker)飞机设计是为了生产后掠翼的"迅捷"(Swift)飞机而研发的。

2.12 后掠翼的缺点

在后掠翼上,仅速度的法向分量发生变化,压力变化仅由该分量产生。因此,以速度 v 飞行的后掠翼行为类似于以较低速度飞行的平直翼,其中该平直翼飞机的飞行速度约为 v 乘以后掠翼的后掠角。因此,我们可以看到机翼后掠减小了给定飞行速度、机翼面积和迎角条件下所产生的升力。相应地,为了提供与无后掠机翼相同的升力,需要更大面积的后掠翼,相应的机翼也会更重。

尽管升力大小取决于速度在后掠翼上的法向分量,但是阻力却与两个分量都有关系。因此,后掠翼相比于平直翼的升阻比性能更差。

尾涡的下洗效应对后掠翼与平直翼的影响不同,可以通过兰彻斯特–普朗特涡线模型对此进行解释。如图 2.19 所示,我们看到从 A 开始的尾涡内侧线在 C 处产生的影响比从 B 开始的尾涡内侧线在 C 处产生的影响更大。在无后掠机翼上,两条内侧线会产生相等但方向相反的效果。通过考虑旋转方向,我们看到内侧线倾向于在 C 处产生上洗,而外侧线则产生下洗。

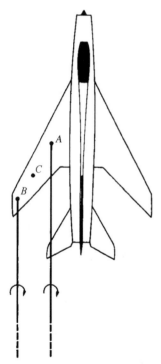

图 2.19　机翼后掠对下洗的影响

与从 B 引出相似强度的涡流流线相比,从 A 尾部引出的涡流流线对尖端的流动影响更大。尾涡对上游影响相对较弱

在无后掠无锥度的机翼上,内侧涡流线的上洗效果远远大于集中在尖端附近的大量涡流线所产生的下洗效果。在无后掠机翼上,内侧线条的影响更大,其结果是,下洗现象朝向翼尖的方向减少。在后掠翼构型中,一个机翼上的机翼漩涡会在另一个机翼上产生下洗效果,这使情况更加复杂。相互干扰的作用将再次倾向于在中心产生比在尖端更大的

下洗。

在梯形后掠翼上,尾涡涡线朝向翼尖方向变得更加疏松,因此进一步减少了靠外侧的下洗现象。实际上,翼尖处甚至可能出现上洗。

翼尖的上洗或者下洗的减少会导致机翼接近失速攻角时,翼尖提前发生失速,从而产生之前描述的严重问题。随着翼尖升力的消失,升力中心发生前移,导致飞机抬头,攻角增大,从而以失控的方式增加失速效应,在许多早期的后掠翼飞机上都遇到过失速问题。一种解决方案是将机翼进行前掠,如第 9 章所述。

图 2.20 显示了在大攻角下简单后掠翼上会发生的现象,分离的圆锥形涡旋开始形成。在高度后掠的机翼上,该涡旋或多或少地沿着前缘线向后发展,但是在后掠角大小中等的机翼上,涡流向内侧弯曲。翼尖产生的升力很小,靠近翼尖的任何操纵面都将失效。如上一章所述,由于分离的涡旋对升力有贡献,因此总升力可能几乎没有损失或是损失很小。

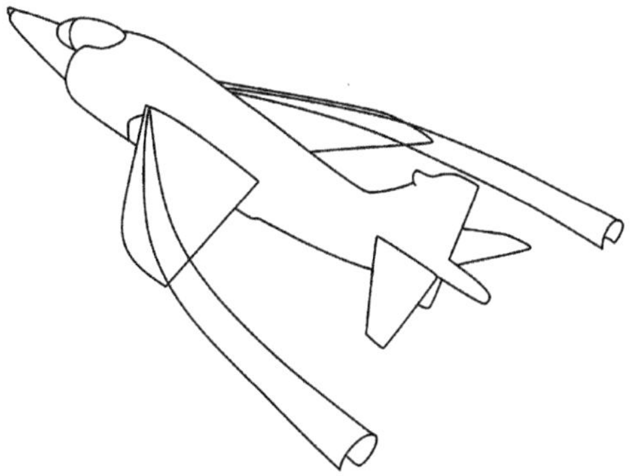

图 2.20　前缘涡在大攻角条件下沿着后掠翼生成,它们趋向于向内弯曲,其位置并不稳定

在早期后掠翼飞机上遇到的问题主要是在稳定性和操纵性的缺陷。在后面章节中,我们将说明机翼设计的改进和控制系统的进步如何在很大程度上克服这些困难。

后掠翼仅对设计以接近或高于声速飞行的飞机显示出优势。如上所述,对于低速飞机而言,它们存在很大的缺点,纯粹出于美观原因而引入机翼后掠是错误的。有时在低速飞机上采用少量后掠设计纯粹是为了使机翼翼梁能够在结构上方便地连接到机身。

机翼后掠也被用作无尾翼设计中提供稳定性的一种方式,我们将在后续进行说明。

2.13　三角翼

保持机翼低速流动特征所需的后掠程度取决于所需的最大飞行马赫数(飞机最大速度与声速之比,用 Ma 表示)。设计用于以 $Ma < 0.9$(声速的 90%)进

行巡航的亚声速客机,需要沿着翼型四分之一弦线位置测得的后掠角约为25°至30°。设计为以两倍声速飞行的飞机将需要超过60°的后掠角。图8.1所示的英国宇航公司(British Aerospace Systems,Bae)闪电(Lightning)战斗机是早期后掠翼飞机的典型例子,其设计以两倍的声速飞行(*Ma* = 2)。

实际上在生产如此大后掠角的机翼时很难保证充分的弯曲刚度和强度。机翼沿展向来看会很长,此外,我们将在第9章说明它可能还必须设计得很薄。在Lightning飞机上,厚度与弦长的比仅为6%,即使按现今的技术标准也是非常薄!

如图2.21(b)所示,三角翼(三角形机翼)允许翼梁直接横穿机身和机翼,而不是像2.21(a)那样沿着机翼,三角翼是第二次世界大战期间德国工程师开发的另一种特色机翼。

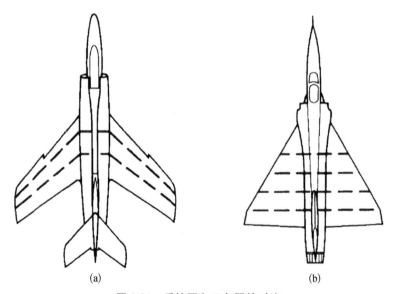

(a)　　　　　　　　　　　　　(b)

图2.21　后掠翼和三角翼的对比

相对较短的直翼梁可以用于三角翼。对于给定的厚度与弦长比,三角翼的根部也较厚

应该注意的是,有两种类型的三角翼,它们的差异不在于形状而在于采用的流动方式类型,但为方便起见,我们可以将其分类为宽三角翼和细三角翼。首先介绍年代较久远的宽三角翼类型,以图2.22所示的Bae火神(Avro Vulcan)轰炸机为代表。这种类型的三角翼实质上是具有较大锥度后掠翼的一种形式。这种形式的机翼经设计可在大多数飞行条件下以附着气流运行,但在大攻角条件下将形成分离的圆锥形涡流。

图 2.22　宽三角翼

火神轰炸机最初设计了一个简单的三角翼。后来通过增加前
缘延伸量对其进行了修改,从而改善了前缘流动的稳定性

对于低速飞行,三角翼的低展弦比、大锥度和后掠会导致较差的升阻比性能,但这些弊端完全能被结构上的优势以及所产生的大机翼体积所抵消,其中大机翼体积有利于提高燃油负荷,但三角翼的关键优势在于高速飞行需要大后掠角。

2.14　大后掠的细三角翼

第 1 章曾介绍,大后掠翼可以在相对较小的攻角条件下产生稳定的锥形分离涡。对于设计飞行速度为两倍声速以上的飞行器,可以在所有飞行速度条件下使用该类流动。在具有细三角翼的协和式飞机上,机翼前缘非常尖锐,即使在巡航速度所需的小攻角下,也可以引起分离。机翼还沿长度方向弯曲,以确保涡流沿前缘均匀发展。图 2.23 展示了该机翼的复杂性。除了前缘翘曲外,机翼的弯度沿翼展方向也有变化,其原因将在后面说明。

前缘产生的锥形涡流向下游延伸形成图 1.21 中所示的尾涡。这种类型流场的一个优势是不会发生翼尖失速,因为流动已经分离并保持稳定。

从图 2.24 展示的上视图可以发现,协和式飞机的机翼并不是真正的三角形,它具有卵形曲线的前缘。这种卵形曲线能够将升力中心向后移动并减小攻角和速度对升力中心位置的影响。

图 2.23   协和式飞机细三角翼复杂的前缘形状

（图片由英国航空公司提供）

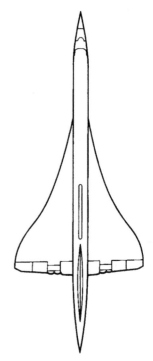

图 2.24   协和式飞机的俯视图

尽管被归类于细三角翼,该
机翼前缘是卵形曲线

　　最初对协和式飞机的设想是在巡航中以常规附着流飞行,但是后来发现它以少量的前缘涡流获得了最佳的巡航条件。

　　在某些飞机上使用了大后掠的翼根和小后掠的翼尖,以同时提供内侧锥形分离涡和外侧常规涡流,在图 2.25 中的 F－18 歼击机上可以看到这种布置。翼

图 2.25   F－18 前缘的边条翼在大攻角条件下提供升力并稳定主机翼来流

根处的机翼一般称为边条翼,通过这种布置方案,在大攻角条件下,外侧机翼部分上的升力损失可能比由边条翼产生的涡升力所补偿的更多。如第 3 章所述,边条翼产生的锥形涡还有助于维持机翼上的气流附着。

2.15 其他机翼形状

直机翼、后掠翼和三角翼代表机翼形状的三种基本类型。在这三种基本类型的基础上可以产生很多变化,例如前掠,甚至变后掠。在稍后章节中将穿插说明使用此类布置的原因。特别地,第 8 章和第 9 章将详细介绍高速飞行条件下的机翼设计。

2.16 双翼飞机和多翼飞机

双翼飞机和多翼飞机具有一定的历史意义,而这些历史上的早期设计理念却大有回归之势,小型双翼飞机在特技飞行和运动飞行中变得再次流行。

早期飞机的机翼弯曲刚度很小或没有弯曲刚度,必须由外部金属丝和支板支撑。双翼飞机构型提供了一种简单、快捷、轻便的结构布置,这是它最初主要的吸引力。

双翼飞机产生的升力实际上与具有相同总机翼面积和展弦比的单翼飞机产生的升力相等。但是双翼飞机的总展长较小,因此更易于操纵。图 2.26 所示的

图 2.26 特技飞行飞机 Pitts Special

双翼构型使飞机紧凑且可操纵性强

特技飞行飞机 Pitts Special 是现代双翼飞机的一个例子。即使结构设计的改进不再需要外部支撑部件,双翼飞机的优良机动性也是其得以保留的一个因素。

2.17　连翼飞机

图 2.27 展示了一个有趣的连翼飞机概念。前掠的尾翼与后掠的主机翼在翼尖处连在一起。如图所示,这种概念的主要优势是通过一个机翼安装在较低位置,而另一个机翼安装在较高位置,它们组合在一起会形成刚性结构。另一个潜在优点是,这种布置产生了"非平面"升力布置,该布置可以产生相对较小的阻力,如第 4 章所述。

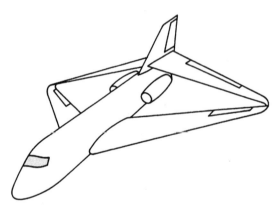

图 2.27　连体机翼构型提供高刚度机翼并可减小阻力

第 3 章

边界层及其控制

空气动力学发展的一个重要突破是发现了边界层的影响。边界层是附着于物体表面非常薄的一层流体。尽管很薄,边界层却是理解流场行为尤其是飞行器升力产生原因的关键。

在本章中,我们将展示对边界层行为的理解如何能够使我们改善飞机的升力、阻力和综合操纵特性。

3.1 一个重大突破

在莱特兄弟首次飞行时,现代空气动力学理论的基础已经以经典流体力学理论形式存在。在其发展的早期阶段,该理论没有考虑黏度(空气黏性)的影响,这产生的不良后果是没能做到正确地预测升力和阻力。因此长期以来,黏性仅仅是数学家的玩具。尽管数学家已经得出了正确考虑黏度的方程式,但是这被称为纳维-斯托克斯(Navier – Stokes)的方程组极其复杂,并且其完整形式在数字计算机发明之前几乎没有实际用途。

莱特兄弟进行历史性飞行之后的几年,空气动力学领域发生了重大突破,当时普朗特发现:黏性影响的重要性和直观性仅体现在飞机表面附近非常薄的一层流动中,他称此为边界层。对于巡航飞行的机翼,它的厚度最多只有几厘米。

尽管不可能对边界层中的流动进行精确分析,但当前已开发出了基于实验观察的近似方法。在边界层之外,黏度的影响可以忽略不计,因此可以使用经典理论进行研究。通过将边界层理论与经典理论相结合,最终可以产生具有实际应用价值的理论结果。

3.2　边界层

当空气流经飞行器任意部分时,它将展现出附着于表面的趋势。紧挨着表面,几乎不存在相对运动。如图 3.1 所示,气流的相对速度随着距表面距离的增加而迅速增加,因此只有在非常薄的"边界"层内会因表面的存在而减速。值得注意的是,单个空气分子实际上并没有物理黏附在表面上,而是以与温度相关的速度随机飞行。

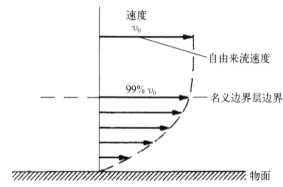

图 3.1　无流向压力变化条件下平板表面边界层内速度变化

现实中边界层没有精确的边界,但是在这个简单例子中,通常定义一个名义边界层边界,该边界位于速度值为主流速度99%的位置

现实中,边界层没有明确的边缘,它的影响会朝着主流方向逐渐消失。但是,出于计算的目的,必须定义一个边界层边缘。图 3.1 展示了一个简单的情况,即流动流经平板且没有流向压力变化的情况下,通常将边界层的边缘定义为流速达到自由流动速度99%的位置。

从航空学的角度来看,机翼边界层是最为重要的。在图 3.2 中,我们展示了边界层如何在机翼上发展的典型示例。可以看出,该层的厚度随着与前缘距离的增加而增加。

边界层流动有两种不同的类型。在前缘附近,空气以流线型的方式顺畅地流动,并且看起来表现得像是一堆扁平的薄片在摩擦下相对滑动,因此,这种流动称为层流。此外,如图 3.2 所示,有一种变化(称之为转捩)使层流边界层变化到湍流类型,该类型中随机运动叠加在平均流速上。

两种类型的流动在属性上具有重要差异。简而言之,主要的实际效果是层流边界层产生的阻力较小,但是湍流边界层较不易从表面发生分离,这将在后面说明。为了理解为什么会出现这些差异,我们需要更详细地介绍这两种类型的流动。

3.3　边界层是如何产生的

在层流边界层中,表面附近缓慢流动的空气分子与更远处的分子混合并碰撞,从而使更多的流体减速。因此,表面产生的减速效果向外扩散,受影响的边界层区域沿流动方向逐渐变厚。边界层的发展方式如图 3.2 所示。

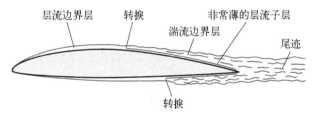

图 3.2　薄翼型表面边界层发展

在转捩位置,边界层从平滑的层流发展成更厚的湍流。此图的边界层厚度进行了夸大处理

在这个被称作的转捩位置,不稳定状态开始发展,边界层中的流动开始变成湍流。与分子相比,在湍流边界层中形成的涡流尺寸相对较大,并且减速过程涉及高速气团与低速气团之间的快速混合。湍流涡产生的影响从表面开始向外扩展,因此边界层实际上变厚了。在非常靠近表面的位置,有一层很薄的层流子层。

3.4　表面摩擦阻力

由于表面会阻碍空气的相对运动,空气也会对沿着流动的表面产生阻力。这一整个过程就像是两个固体表面之间的相互摩擦,我们称之为黏性摩擦。该过程就是产生表面摩擦阻力的原因。

表面摩擦阻力取决于与表面相邻的空气相对于其"滑动"的速率。在层流边界层的情况下,相对空气速率通过该层稳定降低。然而,在湍流边界层中,来自该层外边缘的空气连续地与运动较慢的空气混合,从而使靠近表面的平均空气速度相对较高。因此,对于相同的边界层厚度,在湍流层会产生更大的阻力。

3.5   流动分离与失速

第1章中曾介绍过在大攻角条件下气流是如何发生分离并使翼型发生失速的。为了研究失速发生的深层原因以及其与边界层之间的关联,我们需要再次回顾翼型周围的压力变化情况。

图3.3(a)展示了常规飞行条件下的典型低速翼型。压力在 A 点处达到最小值,该点是上表面处接近最大翼型厚度的位置。该点之后压力再次增加,直至到达翼型后缘 B 处流动压力值再次接近自由来流的压力值。

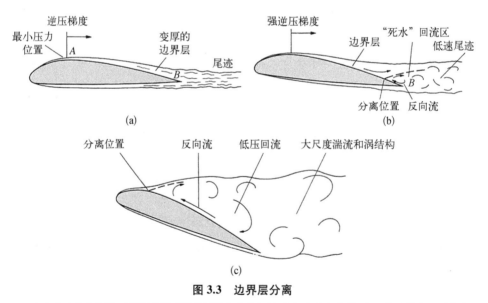

图 3.3   边界层分离

(a) 小攻角条件下,边界层在翼型尾部以尾迹形式离开;(b) 大攻角条件下,上表面处边界层分离;(c) 攻角继续增大,分离位置前移

这意味着,在上表面的后部,空气必须从低压区传播到高压区。根据伯努利关系, $p + \dfrac{1}{2}\rho\, v^2$ 是恒定的,因此空气可以通过放慢速度并放弃在 A 处拥有的一些额外动能来实现此目的。这种情况可以比作一个骑自行车的人,他只要在山下骑行的速度足够快,就可以轻松地上山。

　　然而在靠近表面的边界层内,一些动能被摩擦耗散掉,空气不能在 B 点处恢复到原来的自由来流条件,就像是骑行的自行车手从一个坡上下来后就不能再自由上行到另一个同样高度的山坡一样。

　　如果压力是逐渐增加的,那么湍流混合或分子撞击的过程将使外层流动有效地拉动内层流动。如图 3.3(a)所示,边界层仅变厚,并在后缘留下缓慢移动的尾流。

　　如果压力的增加速度很快,混合过程将不能快速带动下层流体移动,并且会形成一个"死水区"。如图 3.3(b)所示,边界层停止沿表面方向移动并发生分离。"死水区"中的空气分子趋向于向与主流方向相反的低压区移动。该机制是导致失速的主要原因。如图 3.3(c)所示,随着翼型攻角的增加,A 和 B 之间的压力差增加,分离位置向前移动。(另请参见图 1.19)

　　湍流边界层中的混合过程比分子混合过程和层流层中的撞击过程要快得多,因此,与边界层相似厚度的层流相比,湍流边界层不易分离,这代表了两种类型边界层之间的另一个重要区别。因此,边界层的类型会影响机翼的失速特性。

3.6　有利条件和不利条件

　　如上所述,当空气从低压流向高压时,更容易发生分离,因此,这被称为逆压梯度。相反,从高压到低压的流动称为顺压梯度。

　　合适的压力梯度不仅会抑制分离,还会减慢边界层的生长速度并延缓转捩。在下一章中,我们将展示如何利用这一因素来产生低阻力的翼型截面形状。

3.7　前缘分离

　　当空气试图绕过一个非常尖锐的弯头时,就会特别容易发生流动分离,例如在薄翼型的前缘。为了使空气沿曲线行进,曲线外侧的压力必须大于曲线内侧的压力,以便提供必要的"转角"(向心)力,因此,机翼前缘上的局部压力通常很低。在上表面,压力开始随着距前缘的距离增加再次迅速升高。因此产生了强烈的逆压梯度(从低压流向高压流),并且该流动倾向于在前缘处或是非常接近前缘的位置分离。

当发生这种前缘分离时,失速或升力损失可能发生得既突然又严重。具有大前缘半径的机翼不易发生前缘分离,因此倾向于具有更渐进和更安全的失速特性。但是我们在后面将介绍到,由于多种原因,有时使用尖锐前缘的机翼会更有优势。

通常大家会把流动分离和转捩混淆。转捩是边界层从层流变化成湍流的过程,而分离是流动不再沿着表面轮廓的情况。分离通常伴随着大尺度湍流的事实可能是造成混淆的原因。

3.8 再附

有些情况下,分离流会发生再附,如图 3.4 所示。这种情况很可能发生在边界层分离时处于层流边界层的条件下。在分离和再附点之间是一段回流区,一般我们称为分离泡,如图 3.4 所示。很多翼型都有产生分离泡的趋势,只要分离泡持续存在,升力特性就不会受到影响。

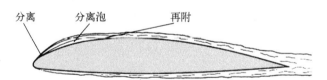

分离   分离泡   再附

图 3.4   有时分离的边界层可能在后方再附,在表面上方形成回流空气泡

3.9 升力的产生以及起动涡的形成

图 3.5 显示了机翼从静止状态快速加速时发生的情况。首先,当实际上不产生升力时,流线显示出几乎是反对称的流动类型,在上表面接近后缘的位置出现分隔。这种流动类型类似于经典理论早期版本中给出的流动模式,其没能预测到升力的存在[见图 1.6(b)]。

随着流速的增加,由于逆压梯度的产生,边界层开始在后缘发生分离,同时形成了一个涡旋,见图 3.5(b)。该涡旋持续增长并向后方移动直至最终离开机翼表面并向下游发展,见图 3.5(c)。这种脱体涡就是我们在第 2 章中介绍的起动涡。可以看到,该起动涡的产生破坏了原本反对称的流动类型,导致了上下表

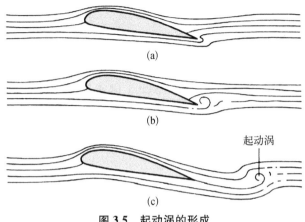

(a)

(b)

起动涡

(c)

图 3.5　起动涡的形成

面之间的压力差和速度差。因此,黏度是通过边界层分离和起动涡形成的机制起作用的,最终导致了升力的产生。

上下表面流在后缘重新汇合,方向不变。这与第 1 章中提到的 Kutta 条件有关。上下表面边界层结合在一起,形成了比周围气流慢得多的空气尾流。

在第 1 章中,我们展示了如何将机翼上方和下方的速度差异表示为等同于在主流动上叠加涡旋的流动类型。类似的,由于边界层中靠主流处的流速比靠机体表面处的流速快,因此也可以用旋转和平移的组合来表示,如图 3.6 所示。需要再次注意,实际上没有任何空气分子会转圈,边界层中的流动仅具有叠加在其平移运动上的旋转趋势。但是如果是灰尘进入边界层,它将随着边界层流动而发生旋转。

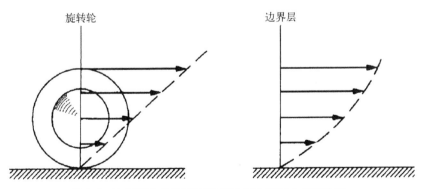

旋转轮

边界层

**图 3.6　边界层内的速度变化就像是在表面上滚转车轮,
也像是平移运动和滚转运动的叠加**

3.10 控制边界层类型

由于边界层类型不仅影响表面摩擦阻力,还会影响流动分离,因此有必要了解控制边界层转捩的因素。

我们已经提到,如果压力沿流动方向减小(顺压梯度),则转捩会延迟;如果表面光滑且无起伏,转捩也会延迟。

翼型上流动转捩的位置随着流动速度 v 的增加以及空气密度 ρ 的增加而前移,随着黏性系数 μ 的增加而向后移动。对于给定的翼型形状,转捩位置与前缘之间的距离还取决于弦长 c ,增加弦长会增加整体尺寸,从而增大顺压梯度的作用区域长度。

转捩位置对于速度、密度、黏性以及弦长的依赖可以表示为一个定量参数:雷诺数,其数学表达式为

$$Re = \frac{\rho v c}{\mu}$$

雷诺数的增加将导致转捩位置前移。

雷诺数只是一个无量纲数,类似于一个比值。它在空气动力学领域的文献中经常出现,其出现的形式常常为 $(\rho v l)/\mu$,其中 l 为特征长度。

3.11 边界层控制-避免不希望的流动分离

除了机翼失速的问题之外,还有很多领域是不希望流动分离发生的,或者不希望产生厚度较大的低能量边界层。燃气涡轮发动机进气口的气流分离是一个特别严重的问题,因为它最有可能发生在着陆和起飞的大攻角条件下,这也是最不希望分离发生的时候。进气口来流失速可能导致发动机失去动力或完全熄火,并可能造成灾难性后果。一些飞机甚至配备了可以在大攻角下自动完成点火器操作的设备。

在高速飞行中,激波与厚边界层之间的相互作用也可能导致流动分离。要注意的是,图 3.15 所示的超声速狂风战斗机(Tornado)的进气口与机身分开,形

成一个凹槽,机身边界层可以穿过该凹槽,从而防止其干扰进气道来流。

除了进气问题,防止操纵面附近的分离也很重要,因为在飞行器邻近失速的条件下最不希望发生的就是失去对飞行器的控制能力。

防止局部流动分离的一种方法是在敏感区域设计小缝隙或开口以施加发动机产生的吸力,从而能够吸走一部分边界层。另一种被动措施是在表面上安装小型齿状涡流发生器。这些设计用于产生高度湍流的表面边界层,从而抑制分离。图 3.7 展示了掠夺者(Buccaneer)攻击机机翼上安装的涡流发生器。这种涡流发生器可以在很多早期的后掠翼飞机上看到。

图 3.7　机翼上的涡流发生器

局部产生的大尺度湍流能够保持气流附着

3.12　后掠翼上的边界层与失速问题

在后掠翼上,压力梯度应使边界层朝翼尖方向变厚。因此,除非采取纠正措施,否则气流很可能会首先在靠近翼尖的区域发生分离。这是第 2 章中所述的由于上洗而造成的后掠翼固有失速趋势的补充。对于大攻角条件下的中等后掠翼,前缘锥形涡流远离翼尖向内弯曲,从而加剧了外侧失速,如图 2.20 所示。

缓解该问题的一种方法是在机翼上安装弦向栅栏,如图 3.8(a)和图 3.9 所示。机翼栅栏有效地将机翼分成独立的部分,并有助于防止边界层沿翼展方向变厚。在栅栏处,会产生一个尾涡,其旋转方向与一般的翼尖尾涡相反,栅栏产生的涡旋会局部冲刷边界层。已经发现,该涡旋还能稳定大攻角条件下产生的前缘锥形涡,从而趋于改善失速开始时的飞行稳定性和控制能力。

弦向栅栏不需要沿着弦向一直延伸,图 3.9 和图 3.8(a)中展示的短的前沿栅栏已经用在了很多早期的后掠翼飞行器上。

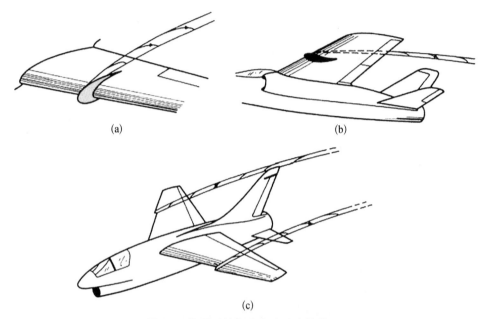

(a)　　　　　　　　　　　　　(b)

(c)

图 3.8　抑制后掠翼上气流分离的装置

(a) 机翼栅栏;(b) 翼刀;(c) 锯齿前缘

图 3.9　早期运输机机翼上的机翼栅栏

栅栏有助于防止后掠翼上边界层沿翼展方向加厚,它一方面抑制
翼展方向上的流动,一方面产生涡流来吸收边界层内缓慢移动的空气

图 3.8(b) 和 3.10 所示的"翼刀"是一个小的栅栏状表面,在机翼的前面延伸,并附着在靠近滞止线的下表面上。它的设计是为了在大攻角条件下在上表面产生涡旋。发动机安装挂架可方便地达到相同目的。

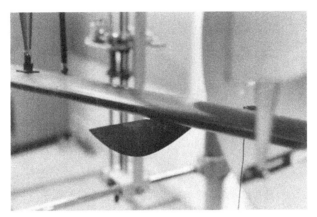

图 3.10　翼刀可以在大攻角条件下产生涡流,涡流可以抑制边界层展向变厚,并帮助稳定分离的前缘涡位置

在图 3.11 所示的锯齿形前缘设计中,弦长的突然变化会在此处形成强烈的尾涡。在机翼几何形状突然变化的地方都会形成尾涡。

图 3.11　机翼上的锯齿前缘也可以生成涡流

在前掠机翼上,边界层趋于向翼根侧变厚,从而促使中间部分首先失速。尽管这比翼尖失速更安全,但仍会产生不收敛的向上俯仰力矩,因此需要采取预防措施。在图 3.12 所示的前掠模型中,增加了内侧弦长,以使内侧部分的流动行为像是细三角翼,并且在常规意义上不会失速,强烈的分离涡流还有助于去除较

厚的边界层。在前掠机型 X－29（图 9.20）上，"鸭式"前翼产生的下洗和尾涡被用来抑制内侧分离。

图 3.12　该型号前掠翼飞机的内侧机翼有助于
防止机翼根部的气流分离

3.13　后掠翼上更多的边界层问题

当空气流过后掠翼时，法向速度分量的变化与无后掠机翼上的流速变化几乎相同，但展向分量基本保持恒定。这意味着当地来流角度沿着弦长方向发生变化，因此流线弯曲。另外，由于在边界层内流速随翼型厚度不同而不同，因此流线弯曲的曲率在整个边界层中不断变化，这一点以及其他复杂的扭曲效应加速了层流向湍流的转捩，并增加了转捩后湍流的强度。另一个问题是，在前缘，空气不能像直机翼那样沿滞止线停滞。在后掠机翼上，只有当气流遇到前缘时，法向分量才减速到零，展向速度分量变化不大，并且在展向速度分量很大的情况下，在前缘处可能出现湍流边界层。

以上特征表明，在后掠翼上通常没有层流边界层，这将导致表面摩擦阻力的增加。改善这种状况的一个方法是通过小缝隙或小孔吸走表面上的边界层，这种方法之前也有提及。即使只在接近前缘处一小片区域采取多孔设计，也可以获得很大的收益，因为这种设计可以在一定区域内形成层流边界层。这样减小的阻力可能足以抵消这种设计带来的成本和复杂度增加。当前已经有低成本生产小孔的技术，这种边界层抽吸系统技术的研究也在科研领域广受关注。

3.14　边界层控制-大升力装置

对于高效的飞行,机翼需要在设计巡航速度下具有良好的升阻比特性,这需要使用仅具有小弯度的翼型,机翼也应尽可能小,以使重量和表面积最小化,因为这两个因素都会影响阻力。

回顾平飞过程中的升力表达式:

$$升力 = 重力 = \frac{1}{2}\rho\, v^2 S\, C_L$$

可以发现,随着飞行器减速,所需的升力系数增加,所以在着陆过程中,会需要非常大的升力系数 C_L。如果飞机的巡航速度远高于其着陆速度,那么仅仅增加攻角或许是不够的,可能有必要使用其他增加 C_L 的着陆方法。

3.15　后缘襟翼

在第 1 章中,我们描述了机翼的升力系数与弯度之间的关系。如图 3.13 所示,可以通过使后缘向下偏转来改变机翼弯度,经此铰接的后缘称为襟翼。图 3.13(a)所示的简单铰链襟翼通常用于轻型飞机。图 3.13(b)所示的开裂襟翼是第二次世界大战期间和战后普遍使用的一种替代性布置。

然而,流动分离导致的失速效应限制了这种装置 C_L 所能达到的最大值,产生大升力系数的关键需要在阻止或控制边界层分离中实现。

由于分离与边界层中的能量耗散有关,因此可以通过去除边界层或向其添加能量来防止分离。图 3.13(c)所示的开缝襟翼代表一种简单的方法。狭缝允许来自下表面的空气吹到挡板上,从而在挡板上形成新的边界层,帮助保持边界层附着在表面。来自主翼的尾流也可以通过与从狭缝中流出的空气进行湍流混合而得到补充,但这并不发挥主要作用。

在复杂的飞机上,通常使用滑动型的襟翼元件,从而增加机翼面积。这种类型称为福勒襟翼,如图 3.13(d)所示。对于非常高的升力系数,襟翼可以分成两个或更多部分(元)。在图 3.14 中显示了部署在狂风战斗机上的双缝襟翼,并在

图 3.13(e)中进行了展示。

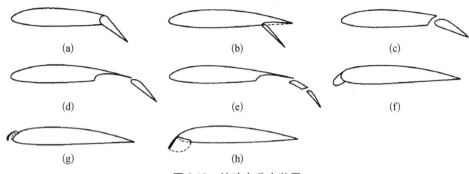

(a)   (b)   (c)

(d)   (e)   (f)

(g)   (h)

图 3.13 被动大升力装置

C_L 的增加取决于增升装置和翼型的精确几何外形,一般而言,最复杂的装置最高效。C_L 增量从简单弯度襟翼的 50% 到多元素装置的 100% 不等

(a)铰接或弯度襟翼;(b)开裂襟翼;(c)开缝襟翼;(d)开缝延伸;(e)双缝延伸襟翼;(f)下沉前缘;(g)延伸前缘板条;(h)前缘折叠襟翼

图 3.14 Tornado 上的双缝襟翼

注意较大的(可变攻角)平板平尾表面。两个平尾表面可以进行差动(一个向上,一个向下),以提供侧倾控制,这被称为尾翼。机翼没有使用传统的副翼,因此机翼后缘可完全用于襟翼

3.16 前缘装置

除了后缘襟翼,机翼还可能用到各式各样的前缘装置。其中最简单的是前缘襟翼,它可以增加前缘的弯度。前缘襟翼可以采用简单的铰接方式,如图

3.13(f)所示,但是滑动式和前向折叠式襟翼才是最有效增大机翼面积的装置,如图 3.13(g)所示。图 3.15 可见前缘襟翼的应用。

图 3.15　安装在 Tornado 上的前缘襟翼

如图 3.13(g)所示,我们可以通过在前缘引入缝隙来进行边界层控制。像开缝襟翼一样,气隙允许在缝隙后面形成新的边界层,这有助于防止前缘流动分离。可以通过向前移动前缘来形成狭槽,在这种情况下,铰接部分被称为板条。前缘装置特别适用于可能发生前缘分离的薄翼型部件。

简单的无襟翼翼型产生的最大升力系数值通常小于 2,但早在 1921 年,弗雷德里克·亨德里·佩奇(Frederick Handley Page)爵士和古斯塔夫·拉赫曼(G. V. Lachmann)设法使用多元翼型实现了高达 3.9 的升力系数。获得专利的亨德里·佩奇前缘板条是亨德里·佩奇公司制造的几架飞机特点之一。

用于前缘装置的机制具有很多形态,在某些情况下,板条会被弹簧拉力保持住,并在前缘吸力的作用下以大攻角自动延伸。

3.17　连续可变弯度

近来出现并发展出一种表面柔性机翼,机翼截面可以通过内部千斤顶调节弯曲,以提供不同程度的弯度。这种布置的主要目的不是为着陆和起飞提供大升力系数,而是使弯度变化适应飞行条件。通过这种机制,飞机可以在各种条件下以高气动效率飞行,这是一种在战斗机上特别需要的功能,因为战斗机可能需要在任务的不同阶段在亚声速、跨声速和超声速的速度条件下飞行。图6.35展示的F-111型飞机上安装的NASA"任务自适应机翼"即为此类型机翼。

3.18　大升力装置的优点与不足

用前缘和后缘装置获得的大升力系数都会对阻力产生不利影响,但这在降落过程中是可以接受的,甚至是有用的,如第13章中所述。请注意,图3.16中所示的安多弗(Andover)客机上使用了曲率极高的襟翼。

图3.16　Andover 襟翼上的极端偏转
产生大量阻力有时是降落的优势

对于起飞过程,通常使用较小 C_L 和较小阻力的构型。几乎总是使用较小的襟翼角度。除了图3.13所示的示例外,还有许多样式的开缝、板条和襟翼。它们的有效性取决于装置的精确几何形状以及所使用的翼型种类。因此,我们不能仅按照其对 C_L 的改善能力对它们进行排序。但常常事与愿违,最复杂和最重的装置往往是最有效的。

3.19　主动增升装置

除了之前介绍的被动装置以外,发动机可以用于主动帮助流动附着。如图3.17(a)所示,可以通过在上表面或者在机翼前缘附近开槽来抽吸上表面的边界层。该方法还有一个优点是能够维持顺压梯度,因此在机翼表面很大的范围内都能覆盖一层薄边界层,从而减小阻力。边界层抽吸的主要问题是有可能吸入异物,从而堵塞进气口或进气缝。

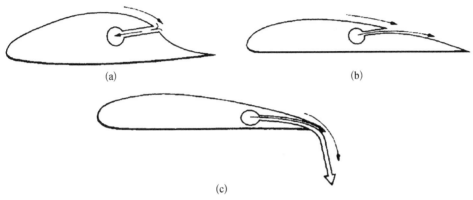

(a)　　　　　　　　　　　　　　　　(b)

(c)

图 3.17　主动边界层控制装置

（a）上表面抽吸边界层,保持下游的流动附着,因此翼型可以在很大弦长范围内产生顺压梯度,从而保持低阻力的层流边界层;（b）上表面吹气通过形成具有足够能量的新边界层来解决逆压梯度问题,从而促进边界层附着;（c）利用后缘吹气诞生的"喷射襟翼"会产生极大的升力系数

与边界层抽吸具有相似效果的是把一部分空气吹入边界层,如图 3.17(b)所示。襟翼表面流动的高能量空气有助于防止分离,并且实际上还可以从上游吸走空气,由此产生的顺压梯度在机翼前部产生更平滑、更薄的边界层,高能量空气可从燃气涡轮发动机的压气机排出。

使用发动机吹出边界层远比抽吸边界层产生的问题更少。为了实现甲板降落所需的低着陆速度,在图 3.7 所示的 Buccaneer 上使用了吹气式的襟翼,它们还用在 F-104(图 8.8)上,该飞机的机翼非常小,即使采用了吹气式襟翼,其着陆速度依然很高。如果发生发动机熄火和无法重新点火的情况(相当普遍的情况),建议飞行员放弃飞机而不是尝试着陆。

如图 3.17(c)所示,通过后缘的空气喷射可以产生极大的升力系数。该喷气襟翼通过夹带上游空气而发挥作用。气流在强烈弯曲的路径上流动。后缘的射流也可能直接产生少量的向下推力,但这是次要效果。H-126 型实验飞机曾使用了后缘喷气襟翼的原理,并取得了飞行的成功,其升力系数达到了 7.5(Harris,1971)。喷气襟翼和其他实际有效的装置会产生同一个问题,即会产生强烈的俯仰力矩。

这些以及许多其他主动式增大升力系数的方法已经在试验机上进行了演示

试验,但是尽管在五十多年的发展中投入了大量资金,但到目前为止,它们在主流飞机生产中几乎没有受到青睐。这之中的困难主要是由于所涉及的重量、成本和复杂性,还因为极小速度飞行存在控制和稳定性的问题。尾翼面必须较大,以提供足够的力使飞机处于受控状态,这些大操纵面在高速条件下又会产生阻力,引发稳定性风险。请注意,图 10.20 中的 STOL C-17 飞机具有非常大的垂直尾翼。Lachmann(1961)很好地介绍了边界层控制的早期研究。

使用发动机来提高升力的最简单实际方法是将机翼置于喷气发动机或涡轮风扇的尾流上,或者可以将发动机置于能够吹除或吸走机翼边界层的位置。后者存在的问题是发动机或风扇会处于一种非均匀流场中,因此可能产生不希望的交变负载,工作效率较低。

截至撰写本文,使用螺旋桨吹除边界层是商用 STOL 飞机的首选方法。DH Canada Dash-8(图 13.4)利用了螺旋桨吹除边界层的优势,同时使用了前缘板条和开槽延伸式后襟翼。这种相对保守的方法还可以产生较大的升力系数,从而使飞机着陆和起飞时间显著缩短,同时保持了简单的设计。

3.20   边界层尺度效应-模型测试

图 3.18 展示了两个薄的几乎平坦的翼型,一个全尺寸机翼和一个缩比模型,它们以零攻角姿态放置在气流中。在这种情况下,两个翼型从层流到湍流的转捩位置到前缘的距离大致相同,如图所示。

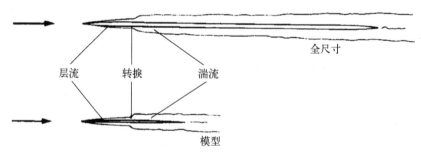

图 3.18   在零攻角的薄平板上,转捩位置与模型板前缘之间的距离约等于全尺寸板上的转捩位置与前缘的距离。因此,模型将具有更大比例的层流边界层

从图中可以看到,缩比模型将具有较大比例的层流边界层,因此与较大的模型相比,单位面积产生的阻力较小。因此,在模型上测量的单位面积产生的阻力

不能代表全尺寸机翼。

为了修正尺度效应,尺度较小的模型可以放在流速更快的风洞中。这可以增大雷诺数,并将转捩位置前移。如果速度足够大,转捩可以移动到与全尺寸机翼相对应的位置。

相同的原理适用于所有形状,并且要在模型和全尺寸机翼之间获得相似的流动模式,必须确保模型测试中的雷诺数与飞行中的全尺寸飞机相同。

莱特兄弟的飞行和其他早期的试验有的没有深究雷诺数的影响,有的根本没有在意。他们在很小的机型上以低速进行了简单风洞测试,结果发现薄板状机翼比厚翼型的机翼具有更大的升阻比。因此,早期的飞机都采用了薄板状机翼。后来普朗特发现了其中的问题,并发现如果通过增加风洞运行速度或者使用大尺寸模型来提高雷诺数,厚翼型能够比弯曲或平板翼型产生更大的升阻比。

在非常低的雷诺数条件下(小型模型在低速条件下正是如此),厚翼型性能较差的原因是,气流将在大部分表面上呈层流状态,因此很容易分离。具有尖锐前缘的薄板会在前缘处产生湍流,并且产生的湍流边界层更易于保持附着。如Simons(1999)所述,模型飞机通常会在装备有边界层扰动装置时表现得更好,并且需要具有与全尺寸飞机完全不同的机翼截面形状。

3.21　风洞测试效应

如果我们仅依靠提高流动速度来校正雷诺数,风洞模型测试就会出现一个重要问题:由于模型的弦长 c 较小,因此必须增大 $(\rho v)/\mu$。反过来这意味着,除非我们对密度和黏度进行调整,否则将需要以全尺寸飞机速度的10倍运行1/10比例模型。

然而飞行器是尺寸巨大的研究对象,我们通常希望制作 1/10 尺寸甚至更小的模型。为了用 1/10 尺寸的缩比模型测试以 100 m/s 飞行速度飞行的飞机,我们需要 1 000 m/s 的风洞测试速度,这大约是海平面条件下声速的三倍! 显然,如果真在这样的超声速条件下进行测试,那么流场条件将与全尺寸模型周围流场截然不同。

避免此问题的一种方法是使用增压风洞。通过增加风洞中的压力,可以在任何给定的空气速度下增加密度并从而使雷诺数增大。通过使用所谓的低温风洞可以获得类似的效果,一般在空气中使用液氮进行冷却以降低黏度系数 μ。

气体与液体不同,在冷却时,气体的黏性降低,密度也会增加。

为了获得模型和全尺寸飞机之间的相似流动特性(一种称为动力学相似性的条件),事实证明,除了雷诺数之外,还需要匹配其他量。在航空领域,另一个重要的参数是马赫数,即相对流速(或飞机速度)与声速之比。就像我们将看到的,声音的速度取决于温度,因此需要在速度、压力和温度上进行相当多的调整,以使测试中的雷诺数和马赫数同时与全尺寸飞行条件相匹配。

尽管不那么重要,但我们真的应该尝试匹配来流的湍流水平,这可能很困难,因为在全尺寸飞机飞行中,飞机有时可能会飞过静止的空气,这种条件下的空气不会产生湍流。

对于基础研究和探索性测试,仍然习惯使用简单的无增压风洞。在研究飞机的低速特性时,马赫数失配并不重要。有时可以通过在表面上粘贴砂纸条以在正确的位置引起转捩来减小雷诺数误差,这个转捩位置可以通过估算或从飞行测试中确定。

对于超声速测试,必须匹配马赫数,这其实很容易,而且雷诺数效应在超声速下通常不太重要。但大多数客机和相当多的军用飞机大部分时间都在以超过声速70%的速度飞行,而此条件下的马赫数和雷诺数都很重要。对于可以精确控制压力、温度和马赫数从而适应模型尺寸的风洞,其制造和运行成本很高,尤其是运行速度接近声速的风洞。尽管如此,这些风洞对于严密的开发工作至关重要。

3.22 雷诺数非常低的无人飞行器(UAV)和模型

近年来,无人飞行器得到了广泛关注和发展。遥控驾驶飞机最初被用作炮兵的靶机,在第二次世界大战结束之前,德国和美国部队都使用了无线电控制的有翼滑翔炸弹,而 V-1 导弹成为惯性制导进攻武器的首例。当前,无人飞行器(unmanned air vehicle,UAV)主要是用于军用和民用监视目的,如图 3.19 所示的"捕食者"无人机。但是该飞机也可以通过安装空对地导弹以打击小型目标从而成为适合进攻的武器。人们对无人机在空战中的使用潜力也有相当大的兴趣。无人机的民用不仅包括监视和警察工作,还包括制图和土地资源管理。图 3.20 中所示奎奈蒂克(QinetiQ)公司的"微风"(Zephyr)太阳能动力无人机能够在高海拔条件下长续航持续工作数周。尽管该无人机翼展长达 22 米,它的低速、高海拔和相对较小的弦长意味着它将在低雷诺数下运行,因此有必要进行大量的实验和计算研究。

图 3.19　无人机的军事用途和民事用途正在逐渐被发掘

它们相对较小的尺寸意味着需要考虑低雷诺数效应,需要使用特殊设计的翼型

图 3.20　低雷诺数无人机

QinetiQ Zephyr 使用具备太阳能充电能力的动力系统,可以飞行数周。高空、低速和小弦长的结合意味着,尽管展长为 22 m,但飞行的雷诺数依然较低(图片来源于 QinetiQ 公司)

大多数的无人机都比传统有人驾驶飞机小,而且人们在小型无人机上投入了大量的精力,这些无人机可以小到能与鸟类甚至昆虫发生混淆。由于这些无人机很小,而且飞得很慢,有时又在高海拔条件下飞行,这使得小尺寸 l、小密度 ρ 和小速度 v 共同导致了其工作雷诺数($\rho vl/\mu$)小于载人飞行器。通常无人机机翼上大部分表面上的气流都是层流,为全尺寸飞行器设计的翼型通常并不适用。因此,有必要发展低雷诺数翼型,这通常会借鉴竞赛模型飞机的经验。

此类翼型在全部或大部分情况下都是层流翼型,其阻力系数可能非常低,但缺点是它们通常仅在很小的攻角范围内表现良好。流动分离可能会突然发生，从而引起阻力的增大和失速的可能。

合理设计翼型并非唯一要求。由于低雷诺数会影响飞行器各部分的流场特征，特别是螺旋桨和发动机进气道的来流条件。因此，人们在此方面使用实验和计算方法进行了大量的研究。

3.23 推荐阅读

Lachmann, G. V., (editor), *Boundary layer and flow control*, Vols I & II, Pergamon Press, 1961.

Simons, M., *Model aircraft aerodynamics*, 4th edn, Nexus Special Interests, UK, 1999, ISBN 1854861905.

第4章

阻　　力

飞行器的阻力由许多方面组成,每个组成部分的命名都是出于简单实用的考虑。但由于缺乏统一的标准,该领域有些混乱。英国航空研究委员会(British Aeronautical Research Council,ARC)曾试图通过提供精确的定义(ARC CP 369)来改善这种情况。不幸的是,他们采用的术语冗长,因此,较旧的名称仍被普遍使用。在本书中,我们将使用 ARC 术语,并在括号中使用流行的同义术语。

我们已经介绍了表面摩擦阻力和尾涡(诱导)阻力的起源,本章将对另一个组成部分,边界层法向压力(形式)阻力进行介绍,本章还将介绍减小每种阻力分量的不同方法。

在高速条件下,波阻会成为阻力的重要组成部分,但这将在第 5 章进行介绍。

注意,阻力实际上仅由两个基本成分组成,一个是压力分布产生的阻力,另一个是黏性剪切力。但诸如尾涡之类的影响是通过改变压力分布或剪切力起作用的,因此这些影响并非彼此完全独立,这能为研究带来一定的便利。

4.1　阻力系数

与升力一样,以与升力系数类似的方式定义阻力系数 C_D,其表达式为

$$阻力 = 动压 \times 机翼面积 \times C_D$$

或:

$$D = \frac{1}{2}\rho\, v^2 \times S \times C_D$$

其中, S 为机翼投影面积。

对于飞行器,机翼是影响阻力的重要因素,并且其主要取决于机翼的投影面积。因此我们希望在机翼投影面积一定的情况下找到使阻力最小化的方式。但是对于汽车,阻力与迎风面积有关,因此汽车的阻力系数不能与飞行器的阻力系数相提并论。导弹的阻力一般也与迎风面积相关。

机翼的阻力系数取决于攻角、雷诺数和马赫数。对于许多形状的构型,阻力系数 C_D 对雷诺数的依赖在很大飞行条件范围内都比较弱,对于简单的估算,通常会忽略雷诺数的影响。对于声速一半以内的速度, C_D 随马赫数的变化通常可以忽略不计,因此,对于早期低速飞机,习惯上将 C_D 视为只取决于飞机攻角和几何形状的参数。但是,后面章节中将要介绍到,忽略雷诺数影响将会产生显著的误差。对于高速飞行的飞行器,马赫数对于阻力系数的影响也会变得非常重要。

4.2 形状阻力

在不受黏性影响的情况下,流线或流面将在绕过飞机所有部件后形成封闭,并且不会出现尾迹。对于如图 4.1 所示的对称形状,流线样式和压力也将如图 4.1(a)所示对称分布,因此,将不产生净合力。实际上,理论分析表明,如果没有黏度,压力分布将不会在任何形状上产生净阻力。在图 4.1(b)和图 4.2 所示的实际情况下,流线类型和压力分布不对称,并且在后部形成了缓慢流动的空气尾迹。

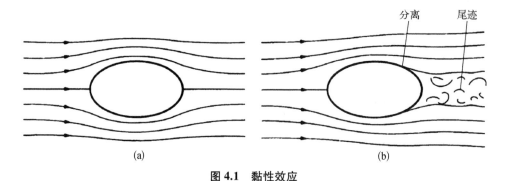

分离　尾迹

(a)　(b)

图 4.1　黏性效应

(a)不考虑黏性效应的理论流动类型;(b)真实气流的典型实际流动类型

在图 4.1 所示的几何形状上,气压大约在最大截面厚度的位置达到其最小值。因此,在尾部上方,空气从低压区流向高压区。如前所述,这种情况称为逆

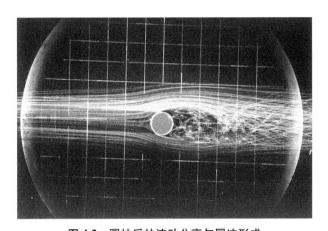

图 4.2　圆柱后的流动分离与尾迹形成

前后压力差导致形状阻力（图片来源于巴黎 ENSAM）

压梯度,流动可能会分离;即使流动不分离,这种不利的压力梯度也会促进边界层中可用能量的迅速降低,从而导致后方压力降低。因此,翼型后部的平均压力比前部的平均压力低,产生净阻力,这称为形状阻力。

当流动分离时,如图 4.1(b)所示,分离点下游的压力几乎均匀地保持在一个较低值。因此形状阻力会很大。

一般而言,分离位置越靠前,低压区的面积越大,阻力也越大。

请注意,由于边界层中有效能量出现损失,因此伯努利的关系并不适用于边界层,因为它基于能量守恒假设。在边界层和尾流中,速度和压力可以同时低于自由流的数值大小。

术语型阻用于描述形状阻力和表面摩擦阻力的共同作用。由于它们都取决于机翼面积和动压,因此可以方便地结合这两种阻力。在恒定高度下,这两个阻力的增加都大致与速度平方成正比。

4.3　减小形状阻力

为了减小形状阻力,重要的是确保不会出现严重的逆压梯度,这意味着翼型尾部的厚度应该缓慢减小,这就产生了典型的流线型外形,如图 4.3 所示。就法向压力阻力而言,最坏的形状是带有数个尖角的钝体,因为分离将发生在各个尖角上,从而使整个后部的压力较低。

4.4　流线型的优势

图 4.3 所示的流线型外形是对称翼型,并且在零攻角条件下,它的阻力系数约为 0.03(参考面积使用迎风面积)或是 0.005(参考面积使用投影面积)。这与圆柱外形 0.6 的阻力系数形成鲜明对比(雷诺数为 $6×10^6$)。这意味着,圆柱产生的阻力是相同厚度流线型截面产生阻力的 20 倍。从另一角度来看,直径为 5 mm的金属丝会产生与厚度为 100 mm 的流线型整流罩一样大的阻力。因此,我们现在可以理解为什么必须拆除老式飞机上使用的外部支撑金属丝了。

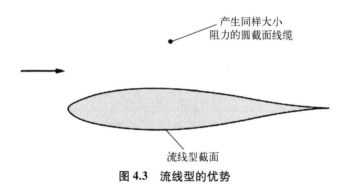

产生同样大小
阻力的圆截面线缆

流线型截面

图 4.3　流线型的优势

细点代表圆形线缆,其产生的阻力与此流线截面相同,雷诺数为 $6×10^6$

4.5　减小迎风面积

可以通过使飞机所有部件都尽可能设计以较薄的厚度来避免严重的逆压梯度;换言之,即减小了迎风面积。对于客机的机身,如果要容纳相同数量的乘客以达到同等的舒适度,则必须通过增加长度来抵消横截面的减小。长度的增加伴随着表面积的增加,这又意味着表面摩擦阻力将增加。在因迎风面积减小而导致的形状阻力减小与由表面积增大引起的表面摩擦阻力增大之间始终存在最佳折中。

对于机翼截面,减小厚度将导致结构梁厚度的减小。翼梁的抗弯强度取决于其宽度和厚度的立方,厚度的任何减小都必须由宽度的增加以及重量的增加来抵消。薄机翼翼型的缺点还在于它们会在较小的攻角条件下失速。稍后将描述在跨声速和超声速飞机上使用薄翼型的原因。

4.6 边界层类型影响

在对边界层的描述中,我们解释了层流和湍流是如何影响流动分离的。边界层类型在形状阻力产生中的重要性,已经通过圆截面部件(如底盘支架)的独特阻力特性很好地说明了。

图 4.4 展示了圆杆的阻力系数如何随速度变化。如图 4.2 所示,在低速下(如在 A 处),边界层是层流边界层,分离点位于前侧。随着速度的增加,在分离发生之前出现转捩点。由于湍流边界层强大的附着能力,分离点后移。后方的低压区因此变窄,阻力系数急剧减小,如图 4.4 中所示 B 的位置。

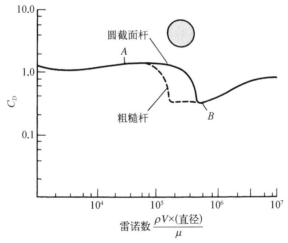

图 4.4 一些形状展现了 C_D 随雷诺数的巨大变化

横纵坐标均为对数坐标。C_D 在 B 处的值大约只是 A 处值的
四分之一,这个减小量是由边界层类型变化导致的

因此,在此关键区域转化成湍流边界层会导致阻力系数下降! 原因相似,在许多形状(包括一些翼型截面)上阻力系数随雷诺数的变化规律也与以上效应类似。这就解释了为什么以低雷诺数获得的风洞测试结果可能会引起误导。如果所有实验数据都取自图 4.4 中 A 左侧的区域,则可能会让人认为阻力系数随雷诺数变化是恒定的。

由于边界层从层流转捩到湍流会导致阻力系数 C_D 在一定区域内发生骤降,

因此有时使用粗糙表面来强制转捩产生湍流边界层。同样的原因可以解释为什么高尔夫球的表面总是凸凹不平;阻力系数的减小使得在同样初始作用力的情况下,表面粗糙的高尔夫球能够比表面光滑的球飞得更远。

需要注意的是,使物体表面粗糙来降低阻力系数的措施只在一定的雷诺数范围内有效。对于飞行器飞行的雷诺数范围,表面粗糙的机翼几乎总是比表面光滑的机翼具有更大的阻力系数。然而航模中经常会出现异于以上规律的例外,它们的雷诺数较低,大部分表面可能都被层流覆盖,从而伴随了流动提前分离的可能性。这种情况下,通过在表面粘贴粗糙带或绊线进行人工强制转捩可以减小阻力系数。

4.7　低阻翼型

我们已经解释了边界层中的剪切作用如何引起表面摩擦。由于层流边界层在给定区域上产生的阻力要比相同厚度的湍流边界层小,所以在飞机尽可能多的表面上保持层流边界层具有优势。

早期类似于图4.5(a)所示的机翼截面是通过在流线型外形的基础上增加弯度得到的,目的是使形状阻力最小。上表面的最小压力位置通常靠近最大厚

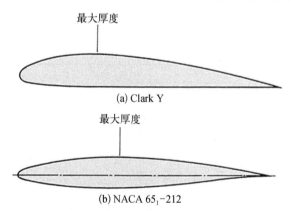

最大厚度

(a) Clark Y

最大厚度

(b) NACA 65$_1$-212

**图4.5　一个典型的老式翼型- Clark Y 与一个低阻力
NACA6 系列翼型的比较**

NACA 编码中的数字从前往后依次代表: 6 - 6 系列翼型,5 -
顺压梯度达到弦长 5/10 的位置,C_L范围在 +/-1/10 内的低阻力
翼型,2 -在 C_L=2/10 的低阻力操作条件下设计,12 -厚度与弦长
之比为 12%

度点,在这些早期形状上,它大约是位于从前缘向后 1/4 至 1/3 弦长的位置。层流边界层通常会延伸到这一点,但越过此点后,逆压梯度将引发向湍流的转捩。后来发现,通过向后移动最大厚度位置,可以在机翼表面上保持更大比例的顺压梯度,从而保持低阻力的层流边界层。

到了 20 世纪 30 年代,由于理论方法的进步,通过使用一种称为共形变换的技术,可以设计指定速度或压力分布形式的翼型截面。设计师设计了一些低阻力的"层流"翼型,最著名的是 NACA6 系列;其示例如图 4.5(b)所示。在第二次世界大战期间,这种形状系列的翼型截面开始投入使用,在 P - 51 野马上采用 NACA6 系列翼型可能是该飞机具有如此出色性能的原因之一。

但是正如我们在上一章中所展示的,从层流到湍流边界层的转捩也取决于雷诺数和粗糙度,仅有顺压梯度不足以确保层流边界层。为了帮助保持流过机翼前部的层流,机翼需要制造成具有精确轮廓的形状,并具有高标准的表面光洁度。如第 14 章所述,这导致了从传统的铆接工艺到各种其他制造方法的转变。

尽管在制造过程中要格外小心,但在正常操作条件下通常很难保持良好的表面光洁度,一群昆虫压在机翼上就会严重影响飞机的航程和巡航效率。此外,还必须检测并填补细小的凹痕。

4.8　低阻力翼型特征

尽管上文提到的 NACA 6 系列翼型如今已经很大程度上被更现代化的翼型所取代,但是它们仍然具有详细研究的价值,因为有大量的实验数据都是基于这些翼型得到的。从该系列翼型实验中获得的结论一般可以应用于其他系列翼型。

图 4.6 展示了该类型两个翼型的升力系数和阻力系数曲线。可以看到阻力系数曲线存在一个短的中心凹陷区域或桶状区域,它代表了期望层流边界层发生的条件,该条件下的阻力系数更低,对于高效的巡航,机翼需要在这个桶状区域条件内工作。

跟其他 NACA 翼型家族一样,6 系列翼型的代号以编码形式提供最重要的特征信息。编码系统很复杂,但是 Abbott 和 von Doenhoff(1949)对此进行了描述,他们也提供了早期 NACA 系列翼型的详细信息。

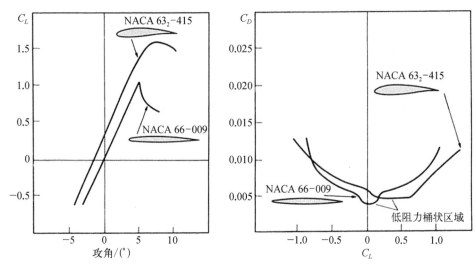

图 4.6　薄的无弯度翼型与厚的有弯度翼型 C_L 随攻角的变化曲线比较以及 C_D-C_L 变化曲线。可见厚的弯曲翼型具有更大的最大升力系数以及更宽的低阻力桶状区域,但是薄对称翼型能产生更低的最小阻力系数

在图 4.5(b)给出的实例中,第二个数字表示上表面的顺压梯度比例最高可达弦长的 5/10,即弦长的一半。该位置靠近最大厚度位置。这个位置的一般范围是机翼弦长的 3/10 到 6/10。向后挪动最大厚度位置可以减小最小阻力系数,但是同时也减小了低阻力层流边界层保持的攻角范围。另外,它还减小了翼型能够达到的最大升力系数,这是因为在大攻角条件下会发展出较长的逆压梯度区域。

由于能够维持理想状态的范围有限,以及在大部分表面上保持层流的实际困难,最大厚度位置处于翼型后部约 50% 处的机翼仅适用于相当特殊的应用情况。

一个翼型家族共用同一个基础轮廓,但是最大厚度与弦长之间的比例有所不同。NACA 翼型编码的最后两个数字代表了厚度与弦长的百分比比值。

减小厚度与弦长之比与将最大厚度位置后移具有相似的效果。随着厚度的减小,最小阻力系数减小,但是最大升力系数也减小,低阻力层流边界层造成的桶状阻力系数曲线区域宽度也减小。从图 4.7 可以发现会出现后面这两个结果的原因。对于薄翼型,一旦攻角增加量大一些,上表面的顺压梯度区域就会迅速减小,因此层流边界层的比例减小。在大攻角条件下,薄机翼前缘可能会促使前缘流动分离。

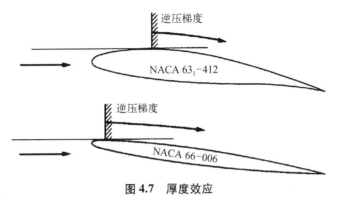

图 4.7 厚度效应

8°攻角条件下厚度比为 12% 的 NACA 63_1-412 翼型和厚度比为 6% 的
NACA 66-006 翼型。在薄翼型上,逆压梯度几乎从头部开始出现,翼型在
失速边缘,更厚的翼型在 15° 时失速

因此,较厚的翼型可提供更大范围的低阻力运行条件,并具有改善的最大升力系数,但以最小阻力系数略有增加为代价。较厚的机翼还可以使用更厚但更窄的翼梁,从而减轻机翼结构重量。

这种截面的设计升力系数对应于 C_L-C_D 曲线中低阻力层流桶状区域的中间升力系数值(图 4.6)。可以通过改变翼型弯度来改变设计升力系数。弧形轮廓只是基本对称形状的"弯曲"版本。增大弯度会增加 C_L 的设计值和最大 C_L 值,并稍微增加阻力系数。弯度的增加也会造成不稳定的影响,我们将在后面看到。

对于对称翼型,阻力系数最小值出现在零度攻角的条件下,这使得此类翼型适用于尾翼,以产生平飞时所需的较小升力。

在早期翼型上,翼型中弧线的形状没有实际的理论基础,通常使用简单的数学函数绘制平滑曲线。在几乎所有的早期翼型上,当以设计攻角飞行时,大部分升力都集中在靠前的位置。由于 NACA 6 系列翼型的设计采用了理论设计方法,所以有可能在特定的攻角下得到翼型中弧线,使得以此线设计的翼型能够获得任意期望的弦向升力系数分布。特别地,或许还能够在某一翼型中弧线的基础上设计一个给定升力系数的、升力沿弦向均匀分布的翼型。正如我们将在后面看到的,这种设计对于以高亚声速飞行的飞机很有用。

6 系列翼型的理论设计方法是基于无黏流理论的。可以通过使用边界层理论带入黏性的影响,但是在计算机普及之前,该方法的精度有限,计算速度也很慢且高度重复,因此这些翼型的表现与预测有一定的差距,需要在应用前进行仔细的测试。

基于计算机的数值分析方法产生了改良的理论设计过程，这引起了新一代翼型的产生和发展，无论是低速翼型还是高速翼型，其设计方法都得到了改善。这些翼型一般而言拥有相比 6 系列翼型更加优秀的特征，表现在其低阻力、大操作范围等方面。图 4.8 显示了一种更新的通用翼型，NASA LS（1）-0417［最初称为 GA（W）-1］，McGhee 和 Beasley（1973）对其进行了详细描述。该翼型的最大升力系数 C_L 大于 2，大约比对应的 6 系列翼型升力系数大 50%，其最大升阻比大约为 85。该翼型已经在很多小型飞机上得以应用，包括 Piper Tomahawk 飞机和图 4.9 中展示的 Optica 飞机。

图 4.8　一般航空中使用的 NASA LA（1）-0417 翼型

一个能够提供大升力系数和大升阻比的现代化翼型，尽管其厚度与弦长之比为 17%

图 4.9　Optica 飞机采用了现代化低阻力翼型截面，并在尾翼安装了端板

对于跨声速飞机，翼型的几何形状受到空气压缩性的影响巨大，这使得翼型设计形状与低速下的形状全然不同，这将在第 9 章进行介绍。

尤其值得注意的是，图 4.6 中所展示的 C_D 和 C_L 曲线只对二维翼型截面有效，C_D 的值没有考虑三维条件下的尾涡阻力。实际三维条件下，由于尾涡阻力的出现，根据高 C_L 条件下最小二维 C_D 设计的翼型会产生更大的机翼阻力系数。还需注意的是，C_D 和 C_L 的数值大小根据雷诺数的不同会产生很大变化，早期的老翼型只是在相对较低的雷诺数条件下进行了测试。

4.9 翼型的选取

对于需要高效低阻巡航的飞机,翼型形状的选取一定程度上取决于 C_L 的取值。如果飞行器设计在很大速度、重量和高度范围内高效飞行,通常需要翼型有一个较宽的 C_L-C_D 曲线桶状区域。在平飞中,C_L 等于重力除以动压和机翼面积的乘积,因此重力与动压比值的范围很重要。随着飞行过程中燃油的消耗,飞机的重力也会不断发生变化。

翼型的选取还与所需 C_L 的最大值有关,这仍然取决于飞机重量、机翼面积以及不使用襟翼条件下翼型所能承受的失速速度。

翼型的选择可能是一个较长的迭代过程,甚至有时在设计快要结束的时候,气动设计师可能被要求根据结构设计师的思路再重新选择一遍,而结构设计师通常青睐较厚的翼型,并且在后侧留有足够的厚度以容纳襟翼结构。附录中给出了典型翼型的特征信息。

4.10 大展弦比的另一个优点

增加给定面积机翼上的层流边界层比例的另一种方法是减小截面的弦长,同时增加机翼展长,即增大展弦比。因此,大展弦比的机翼在减小尾涡和表面摩擦阻力方面都可能是有益的。

4.11 人工诱导的层流

为了在更大比例的飞机表面上保留低阻力的层流边界层,发动机可用于提供吸力,从而通过上一章中所述的缝隙或通过多孔结构蒙皮来去除边界层。一些用于研究的飞机已经在实验飞行中采用了多孔或开槽表面,Lachmann(1961)很好地描述了二战后早期的飞行实验。尽管这样的结构常常能够获得非常低的阻力值,但是实际应用中也发现存在相当大的困难,特别是在保持孔中清洁,没有碎屑和昆虫等方面。边界层抽吸系统将增加飞机的成本、复杂性和重量。发动机性能和飞机操纵性能也可能受到不利影响。到目前为止,在批量生产的飞机中还没有广泛应用吸力诱导产生的层流。

多年来,让以该方式使用发动机抽吸的想法让步的原因主要是位于机身或发动机机舱后部的推进器的应用,如图4.10所示的Beech Starship飞机。后置推进器可确保机舱上方存在有利的压力梯度(顺压梯度,空气向较低压力移动),并且具有较大的机翼面积,继而延迟了层流向湍流的转捩,并抑制了分离。后置推进器的支持者认为通过这种方法可显著降低阻力,但是这可能会因推进器效率的降低而导致部分动力损失。这种布置更重要的优点是减少了机舱噪声。

图4.10　鸭式布局 Beech Starship 飞机采用的翼尖立面集成了减阻翼尖小翼和垂尾的功能

(图片来源于 Beech 飞机公司)

4.12　减小尾涡(诱导)阻力

我们已经知道尾涡阻力受展弦比影响。事实上,由尾涡阻力产生的阻力系数正比于展弦比的导数。但是,使用大展弦比会在结构质量方面产生不利影响。另外,大展弦比机翼不适合有快速机动要求的飞机以及超声速飞机。因此,在寻找其他减小尾涡阻力方法方面,气动设计师们付出了很多努力。

4.13　改善展向升力分布

大多数客机使用具有圆形横截面的机身,这种形状实际上不会产生升力。

因此,不可能在整个展向上产生真正的椭圆形升力分布。如图 4.11(a)所示,升力分布在机身处总是存在下降。许多现代战斗机(例如 MiG - 29)(图 4.12)通过使用非圆形横截面的弧形机身(可产生升力)来克服此问题,如图 4.11(b)所示。

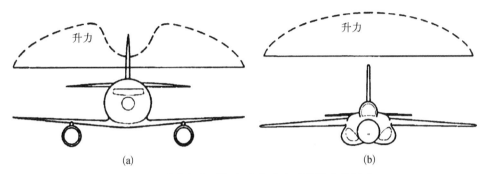

图 4.11 升力机身对展向升力分布以及阻力的影响

(a)圆截面机身产生很少或不产生升力,因此升力展向分布中间出现凹陷;(b)通过使用升力机身外形,升力分布能够更接近低诱导阻力的状态

图 4.12 在 MiG - 29 上使用翼身融合设计有助于减小干扰产生的阻力。升力机身的使用还通过改善升力的展向分布来减小尾涡阻力

4.14 翼尖形状

通过认真设计翼尖也可以减小阻力。这对于无锥度机翼尤为有效。尽管无锥度机翼并不是使阻力最小化的最佳机翼,但它们却因相对简单的结构以及良

好的操纵特性(靠近机身的机翼部分先于外侧机翼失速)在轻型飞行器上得到了广泛应用。

图 4.13 展示了两个简单的翼尖设计方法,即弯曲式和直切式。两种设计均可通过在翼尖处产生展向流动分离来减小阻力,从而改善了翼尖处的流场结构。但是要注意的是,这种不同寻常的翼尖形状通常首先用于抑制翼尖失速,并非减小阻力。图 4.14 中展示了在 Aerospatiale Robin 飞机上向上弯曲翼尖的应用实例。

图 4.13　下倾和截断的翼尖旨在促进翼尖处的展向流分离。
这些操作对翼尖流场的最终修改可减小阻力

图 4.14　Aerospatiale Robin 飞机翼尖的弯曲

4.15　端板

在我们对机翼涡旋系统的描述中,我们注意到,理论上要使涡旋持续存在,它必须形成一个闭环(就像在马蹄涡系中那样),或者终止于一个固体边界。因此有理由认为,消除尾涡的一种方法可能是在机翼尖端放置坚固的壁或端板。端板的实验表明,它们可以降低尾涡(诱导)阻力。但是,实验还发现,当端板大到足以对阻力产生任何影响时,它们却产生了侧向稳定性问题和结构问题。

应该注意的是,端板实际上并没有破坏尾涡,它们只是以有益的方式改变了尾涡。有时,可以通过巧妙的设计来实现端板效果,正如图 4.9 所示的 Optica 飞机的尾板设计。辅助翼尖油箱和安装在翼尖的武器也可以起到边缘端板的作用,并有助于减小机翼弯曲应力。

4.16　翼帆

很多翼尖装置已经展示了在减小阻力方面的能力。其中之一是图 4.15 中展示的翼帆,此类设计以鸟类翅膀端部羽毛的形式早已存在了几十万年。在机翼尖端,由于上下压力差导致了下表面空气溢向上表面,形成一股强烈的向上流动,鸟类的羽毛或者飞机的翼帆通过一定的角度在此处形成一个向前的力分量,或负阻力分量,如图 4.16 所示。为了得到最优的作用效果,该角度需要随着飞行条件的变化进行实时调整。说来也怪,人们在该构想的基础上进行了大量研

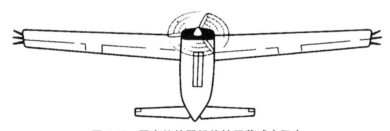

图 4.15　翼尖处的翼帆能够显著减小阻力

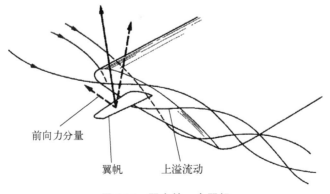

前向力分量

翼帆　　　上溢流动

图 4.16　翼尖的一个翼帆

翼帆向下偏转,从而利用翼尖的上溢流动。其合力具有一个向前的分量,一般使用三个或更多的翼帆

究工作之后才发现鸟类早已经利用了该原理。目前发现当使用多个翼帆(通常为三个)时会产生有益的干扰效果,如图 4.15 所示。鸟类也使用了多个翅尖羽毛,其中有趣的是,羽毛数量总是奇数。

4.17　翼尖小翼以及其他装置

截至本书撰写之时,应用最为广泛的翼尖装置应该是翼尖小翼。从图 4.17 中展示的空客 A340 可以看到该装置。

图 4.17　空客 A340 的翼尖小翼可以减小阻力

如图 4.18 所示,小翼利用了在翼尖处产生的强烈侧洗。由于侧洗,气流以一定的攻角流向垂直小翼,从而产生了侧向力。因此,小翼具有自己产生的马蹄涡系,如图 4.18(a)所示。在翼尖/小翼交汇处,小翼的涡系部分抵消了翼尖涡流,因此主要的"尖端"涡流在小翼尖端形成,该涡流在飞机主翼平面上方,因此降低了其下洗效果。实际上,小翼以减轻下洗和减小诱导阻力的方式改变了尾涡在整个翼展方向的分布。另外,小翼上的侧向力可以产生向前的推力分量,如图 4.18(b)所示,这也有助于减小阻力。

当空气被吸入低压区时,在机翼的上表面会发生向内的侧洗。相反,当空气从高压的下表面流走时,在下表面会产生向外的侧洗现象。因此,可以在翼尖的上方和下方同时安装小翼。然而,由于离地间隙的要求,它们通常仅安装在翼尖上方。

最初有人对这种装置的优势表示怀疑,因为飞行器仅依靠调整自身结构就完成了改进。但是,理论研究(Yates et al.,1986)表明,它们不违反任何自然规律,并且使用此类装置可以显著降低尾涡阻力,这些理论的预测结果得到了实验证据的充分支持。

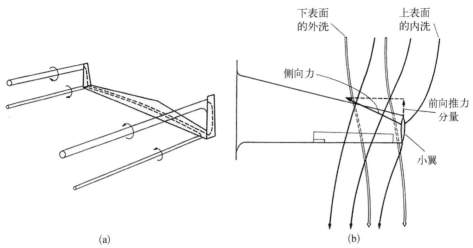

图 4.18　（a）小翼产生独立的马蹄涡系,可以部分抵消翼尖小翼连接处主机翼产生的尾涡。
　　　　因此,尖端涡流被有效地推至小翼的顶部,从而降低了它们对主翼的下洗作用;
　　　　（b）有垂直翼尖小翼的机翼上视图

（上表面的内洗效果会在小翼上产生一个具有向前方向的推力或负阻力分量的力）

　　诸如小翼的装置被描述为非平面装置,因为机翼不是一个平板。Yates
（1986）等给出了非平面升力面的完整分析。一般而言,理论分析表明,对于给
定长度的翼展,与简单的椭圆形升力分布平面机翼相比,应用较大面积的非平面
机翼形状能产生较小的尾涡阻力,带小翼的单翼飞机和双翼飞机就是两个例子。
但是,在许多情况下,包括双翼飞机,除非有很好的理由来限制机翼展长,否则使
用简单的单翼飞机会更经济、更容易,并且可以通过增加展弦比来减小阻力。

　　值得注意的是,如果在已经进行过低阻力优化的机翼翼尖安装小翼,其减阻
功能并不明显。如果要充分利用小翼,则机翼的设计必须从一开始就考虑到它
们的存在。它们可用于减小未进行过阻力优化的机翼阻力。

　　翼帆和小翼都会改变机翼下游涡流的分布,并且通常会抑制翼尖处涡旋的
形成。对于农作物喷洒飞机,这种附加效果已经展示了其价值,因为它可以避免
喷洒物上升到机翼上方并防止其被侧向风吹走。

　　尽管这些装置通过对尾涡阻力产生有益影响来改善尾涡流场分布,它们却
不会彻底消除尾涡。Spillman（1988）指出,在使用翼尖帆的飞行试验中甚至对
下游的干扰影响会略有增加。

　　小翼和其他装置可以帮助构造产生低阻力的机翼,但是它们增加了制造成
本和复杂性,还改变了操控方式以及稳定性特征。在一个测试案例中,飞机着陆

时的侧风稳定性受到严重影响,而在另一情况下,对副翼上流动的干扰在某些情况下产生了操纵反效效应。即使这些装置对操控和稳定性的影响并非在所有应用中都是有害的,但出于认证目的,必须对应用效果进行充分评估,这也可能是一个昂贵的过程。

在 Beech Starship 的设计中巧妙地使用了小翼(图 4.10)。在此处,小翼还被用作垂直尾翼,因此它的存在是必需的,而不仅是附加的装置。

现代飞机制造中采用了复合材料,这使得设计更复杂的平面机翼形状成为可能,如图 14.6 中展示的空客 A350XWB。

除了使用这些固定装置外,还能通过使用展向喷气获得减阻效果(Tavella et al.,1985)。

4.18 由于干扰效应产生的阻力

任何两个表面之间的相交处(例如机翼与机身交界处)都会对流动产生破坏性影响,并产生额外的阻力。诸如在上单翼或下单翼飞机上机翼和机身之间形成的锐角会产生很不利的影响。从这方面来看,中单翼位置会更好,但是中单翼设计会带来结构性问题。中单翼客机的乘务员应该不会希望机翼主梁穿过机身。

在下单翼飞机上,机身可能会干扰机翼上表面的压力分布,从而可能导致流动分离。在这方面上单翼布置更好,因为其受到最大影响的是下表面的流动,下表面流动通常处于顺压梯度,因此不太可能分离。然而,上单翼布置具有许多缺点,比如它需要使用较长的起落架支架,另外它还会导致机翼尾迹和尾翼之间的不利干扰。要注意,水平尾翼在 C-17(图 10.20)和 BAe 146(图 6.26)上的安装位置很高,这是十分必要的,因为这样可以使尾翼在大攻角飞行时不被机翼尾迹影响。

机翼-机身干扰效应主要体现为上述展向升力分布中的间断(图 4.11),可以通过使用 MiG-29(图 4.12)所采用的升力机身来减小机翼-机身干扰效应。翼身融合体构型也可降低干扰效果,在 SR-71 黑鸟侦察机上就使用了翼身融合体设计(图 6.40)。在这种应用情况下,这种布置具有重要的优势,即移除了原本锐利的接合处,从而减弱飞机的雷达信号特征。也可以通过机翼圆角来减小干扰效果,但是这种方法在现代飞机上很少见。

解决干扰问题的一个更彻底的方案是采用 B-2"幽灵"(Spirit)的飞翼布局,以消除大部分接合处(图 4.19)。大型细长三角翼飞机几乎都具有飞翼构型

布局,在协和式飞机项目的早期阶段
就考虑了这种布置。这个想法最终
被淘汰是因为它需要非常大的飞机
尺寸以提供足够的机舱深度,并且它
会在已经足够革新的设计中再次引
入另一套新颖功能,从而使其可靠性
受到怀疑。另外,乘客可能难以接受
用头顶的灯光替代传统机舱内的
舷窗。

　　在预估阻力时还应考虑起落架。
尽管收放式起落架增加了很多成本,
重量也很大,但优势非常明显,以至
于固定式起落架很少用于小型轻型
飞机以外的其他任何飞机。解决起
落架问题的一种有趣方法是使用图
11.9 所示 Quickie 上的起落架布置方
式。如图 4.20 所示,Rutan Vari - Eze
使用可伸缩的前轮,该前轮会在飞机

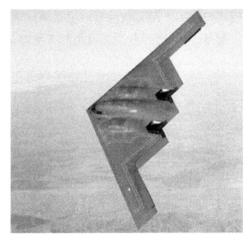

**图 4.19　飞翼布局,Northrop 格鲁曼 B2
"Spirit"轰炸机**

　　飞翼布局消除产生阻力的连接点,它代表了
与经典飞机完全不同的布局,因为这里的机翼可
提供升力、体积和稳定性。诺斯罗普(Northrop)在
20 世纪 40 年代和 20 世纪 50 年代开发的飞翼技
术被恢复使用,并在 B2"隐身"轰炸机上得到了很
好的利用,因为飞机结构上的接合点较少,有助于
减弱雷达信号特征。注意该飞机没有垂直尾翼。
方向控制(偏航)是通过使用像开裂襟翼一样打
开的副翼差动改变翼尖阻力来进行的

图 4.20　采用新型鸭式布局:伯特·鲁坦(Burt Rutan)设计的 Vari - Eze 飞机

　　设计特点包括一对翼尖小翼,可充当垂尾使用,利用复合材料,以及飞行中可收回、泊机时可
伸出的前端机轮。业余飞行员可能会在降落时忘记降下起落架。尽管翼展只有 6.77 m,但该飞机
最大巡航速度可达 200 mph,失速速度 55 mph,其在替代传统设计方面富有竞争力

停泊时收起。前轮收回可以显著减小阻力,但是飞行员可能会在降落时忘记放下起落架,这也是业余飞行员的常见错误。

4.19 负阻力

第 2 章中我们讨论过上洗是如何在后掠翼的翼尖形成的。当上洗形成时,合力矢量指向前方,因此产生了负阻力或推力,还可以通过将机翼前缘下垂产生负阻力。附着流或涡流在该下垂面的上表面产生低压,并且当上表面法向朝前时,会对阻力产生负面影响。前缘的下垂需要与飞行条件相匹配,因此,需要可变的前缘襟翼。图 8.3 和图 10.8 所示的台风战斗机上的前缘襟翼可用于减阻以及产生大升力。

显然,依靠负阻力原理来提供动力是不切实际的,其作用只能是减小总体阻力。

在超声速飞行器上,可以通过燃料燃烧加热提高尾迹压强来产生负阻力或推力,但是在应用这个系统时会存在一些实际困难。

4.20 阻力对升力的依赖

机翼产生的升力与来流速度以及旋度均有关,而旋度与涡系的强度有关。在平飞过程中,升力与重力形成平衡。因此,在固定海拔高度条件和飞行器重量的情况下,所需涡强度随着速度的增加而减小。由于尾涡阻力还与涡系强度有关,随着速度的增加,尾涡阻力也会减小。事实上,尾涡阻力系数正比于 C_L^2,而在平飞条件下,随着速度的增加,所需 C_L 的值也会减小。

相比之下,形状阻力和表面摩擦阻力按照速度二次方的速度迅速增大。从图 4.21 可见,总阻力会存在一个最小值,该最小值出现在尾涡阻力(诱导阻力)等于型阻的时候。因此,任何飞行器在太小的速度条件下飞行都是不利的。这种现象在性能和稳定性方面的应用将在后续章节中进行讨论。

要重视的是,尾涡阻力并不是唯一依赖升力的阻力分量。如果对称机翼在零度攻角条件下飞行,则上下表面的边界层表现相似,但是一旦攻角增加,升力产生,边界层将发生转变,产生的阻力也将发生变化。因此可以发现一些机翼的

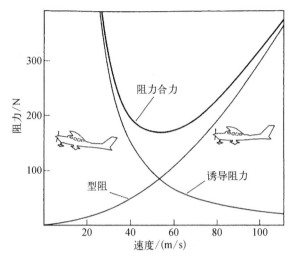

图 4.21　典型轻型飞机的阻力随速度变化情况

注意尾涡阻力(诱导阻力)随着速度增加而减小,而型阻随速度增加而增加。因此,阻力合力会存在一个最小值。在低于该最小阻力速度条件下飞行需要更大的推力

型阻也是依赖升力的。

有关阻力的更多信息,读者可以参照 Hoerner(1965)的专著,他在该主题上进行了详细分析。

4.21　推荐阅读

Lachmann, G. V., (editor), Boundary layer and flow control, Vols I & II, Pergamon Press, 1961.

Hoerner, S. F., Fluid dynamic drag, Hoerner, New Jersey, 1965.

第 5 章

高　速　流

5.1　高低速流之间的差异

声波由一系列微弱的压力扰动组成,这些扰动通过空气传播。扰动在空气中传播的速度叫做声速,我们发现声速在空气动力学中非常重要。声速不是恒定的,它取决于绝对气温的平方根。因此,在温度相对较高的低海拔地区,声速要高于温度较低的高海拔地区(详见第 7 章)。

图 5.1 给出了飞机简单翼型扰流的区别,其中(a)表示的是飞机以低于声速(亚声速)的速度飞行的情况,(b)表示的是飞机以高于声速(超声速)的速度飞行的情况。由图显示出许多重要的差异:首先,在亚声速流中,在机翼前方很长

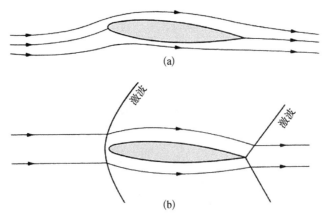

图 5.1　低高速情况下的机翼扰流示意图

高速情况下,由于激波的速度突然减小,流体在穿过激波之前不会受到干扰,气压、温度和密度突然增加
(a)低速;(b)高速

一段距离就出现了气流扰动,而在超声速流中,扰动区域存在的范围很有限,在这个区域之前,空气不会因为机翼的存在而受到影响;其次,亚声速时局部流动方向变化相对平缓,而在高速情况下却存在一处突变,在该位置首先会对空气产生扰动。

对流动更为详细的研究表明,沿流线的速度、温度和压力也有相类似的突变,把这些突变发生位置连接形成的曲线称为激波。正如图 5.1 中所示,激波在机翼的前缘和后缘都有形成。在高速流动中,激波的形成至关重要,后续本书将给出详细的介绍。

5.2　声速的重要性——马赫数

如上节所述,以超声速飞行的飞机不会影响飞机前方的空气状态,而飞机在以亚声速飞行时,干扰会向上游传播。为了解释这一现象形成的原因,我们需要看看飞机在空中是如何飞行的。

图 5.2(a)给出了以亚声速飞行的飞机机头。可见当气流接近机头时,其速度会减慢,其局部压力会增加。该压力增加区域的影响以声速(在海平面上约为 340 m/s)被逆流传播到上游。如果接近飞机的气流是亚声速的,那么扰动传播的速度就会比来流更快,在空气上游无限远的地方将能够感受到飞机的存在。

图 5.2(b)给出了飞机以超声速飞行时的情况。扰动只能通过机头附近的

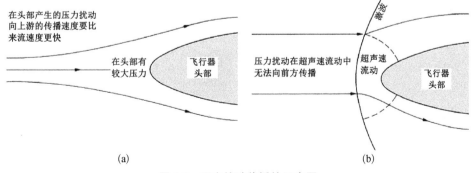

图 5.2　压力扰动传播的示意图

(a)亚声速情况下,压力扰动以声速传播,并且能够逆流而上;(b)超声速情况下,扰动只能通过靠近机头的局部亚声速区域传播

局部亚声速区域传播。上游的气流通过激波与该局部区域分开,且完全不会受到飞机存在的影响。

随着流速的增加,机头处的亚声速流区域变小,激波变强(即压力、密度和温度的突变程度更大)。

这就是飞机飞行速度相对于声速的比值是确定流动特性重要因素的原因,该比值称为飞行马赫数。

$$飞行马赫数=飞机飞行速度/声速$$

当飞行马赫数大于1时,飞机就是超声速飞行;当飞行马赫数小于1时,飞机就是亚声速飞行。

当飞机以超声速飞行时,可能会存在像飞机机头附近这样的局部区域,在此处气流速度会局部降低,且局部温度上升,从而增加了局部声速,因此就出现了局部亚声速流动区域,如图5.3(a)所示。

相反,在飞机上也存在如机翼顶部这样局部流速增加的区域,即使此处的飞行马赫数为亚声速,也可能导致超声速流的局部空间,如图5.3(b)所示。因此,我们需要针对不同区域的流动情况给出当地马赫数的定义。

$$当地马赫数=当地流动速度/当地声速$$

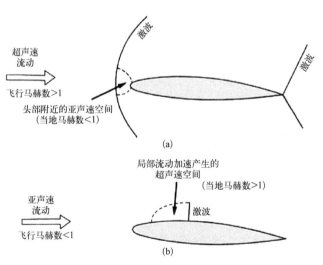

图5.3　飞行马赫数和当地马赫数示意图

当地马赫数可以是亚声速飞行马赫数的超声速区域,反之亦然
(a)超声速流中的亚声速空间;(b)亚声速流中的超声速空间

5.3 超声速风洞里的流动

事实上,在亚声速和超声速环境下,具有相同几何特征的物体会发生根本不同的流动,这也可以用在超声速风洞中使用的管道类型的流动来给出图形化示意,如图 5.4 所示。

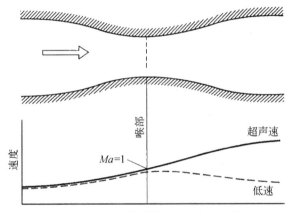

图 5.4 沿风洞管道的速度变化示意图

当管道两端压差较小时,喉部处气流速度将会增至最大然后逐渐减小;而当管道两端压差较大时,气流速度将在喉部下游变为超声速

如果管道是亚声速来流,那么如第 1 章所预期的那样,流速会增加直到到达最窄的部分(喉部)为止,并随着管道面积的增加再次减小。但是,若管道以超声速运行,即使横截面积变大,速度也会继续在喉部下游增大。

乍看起来这似乎不可能,因为相同的质量流量必须在单位时间内通过每个截面,因此在管道截面积较大的地方就需要较低的流速,反之亦然。

解决这一难题的方法在于,空气的密度随着速度的增加而减小。在低速时,这种影响不是很明显,但是随着速度的增加,这种密度影响变得非常明显,尽管速度也在增加,但仍需要增加管道面积以通过同等的质量流(如图 5.4 所示)。

随着速度不断增加导致的密度变化,伯努利方程(见第 1 章)预测的压力将变得越来越不准确,这种密度变化在气流真正达到超声速之前就开始变得非常明显。因此,区分高速流和低速流的一种方式是观察流体内部密度变化是否显著。由于这个原因,高速流有时被称为可压缩流。这种区分既适用于"外部"气流流动,例如上面讨论的机翼周围的气流流动,也适用于"内部"气流流动,例如超声速风洞管道。

5.4 不同类型的高速流

我们已经研究了高速流和低速流之间的差异。值得强调的是,不论是对于管道内部的气流流动还是"外部流动",虽然伯努利方程随着速度的增加变得不准确,但是无论气流是亚声速还是超声速,气流速度的增加必定伴随着压力的减小

我们发现上面介绍的关于高速流的标准(密度变化首先变得明显的速度)与马赫数有关。对于飞机,这种密度变化通常在飞行马赫数超过 0.5 时发生。现在,我们不再需要简单地测量流体的每一项构成来判断其是否符合"高速"特征,而是可以直接进行马赫数识别,在这些马赫数下,高速流的显著特征开始出现,如图 5.5 所示。

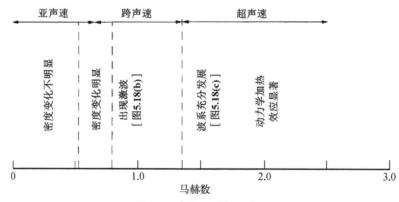

图 5.5 高速流特征示意图

该图给出了不同马赫数下的情形,在这些马赫数下我们将看到典型的低亚声速流和完全发展起来的超声速流,图中展示了各个流动之间的过渡阶段和跨声速范围等,这些内容本书在后续会进行探讨。从图中还可看出飞机在空气中通过时出现的热效应。

5.5 更多关于激波的信息——正激波和斜激波

再看看如图 5.2 所示的超声速飞机的机头,可以看到激波是如何在机头前

方形成的,它几乎让空气立即减速,并提供了一个亚声速空间,通过有限的亚声速空间,压力信息以声速向上游传播有限的距离。值得关注的是,激波本身能够以超过声速的速度向迎面过来的来流前进,只有微弱的压力扰动以声速传播,激波越强,在空气中传播的速度就越快。

从气流接近静止飞机的角度来考虑这个问题,这意味着来流速度越快,机头形成的激波就越强。因此,激波的压力、密度、温度和速度都随着激波上游气流速度的增加而增加。对问题的数学分析表明,激波的强度(用波前压力与波后压力之比表示)仅与接近气流的马赫数有关。

如果我们现在站在离飞机更远的地方,就会看到在飞机机头上方形成的弓形激波实际上是弯曲的[如图 5.3(a)所示]。当我们离机头顶点越远,激波就会向着来流方向倾斜,这个区域的激波就被称为斜激波。在机头,激波与迎面而来的气流方向垂直,此处激波被称为正激波。

斜激波的作用方式与正激波相同,但斜激波只影响与自身垂直的速度分量,而与激波平行的速度分量完全不受影响,这意味着斜激波会改变气流的方向(如图 5.6 所示),但正激波却不会改变气流方向。然而在这两种情况下,当气流通过激波时,速度都会减小。

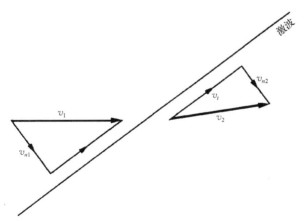

图 5.6　斜激波引起的气流偏转示意图

切向分量 V_t不变,$V_{n2} < V_{n1}$

仔细观察弓形激波的影响,由图 5.7 可知,可能存在通过两个不同的斜激波角获得相同的气流方向偏转,图 5.8 中给出了其原因:在 A 处较大角度的激波更强,因为垂直于波前部的速度分量较大,因此相对于 B 点的弱激波,A 点处来流的速度分量变化更大。

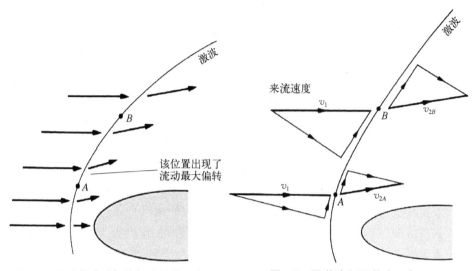

图5.7 弓形激波引起的气流偏转示意图

偏转量达到最大值,然后再次减小

图5.8 弱激波和强激波示意图

A点处强激波可给出与B点处弱激波相同的偏转量,但由于$V_{2A}<V_{2B}$,A点处会有更大的压力突变

将图5.8所示的激波下游两点处的速度分量相加,即可知如何确定某一点B(弱激波),使其与点A(强激波)处的流动方向偏转完全相同。

还应注意,对于正激波,其下游流动始终是亚声速的,对于大多数强斜激波也是如此。但由于事实上平行于激波的速度分量不变,所以在弱斜激波下游仍可能存在超声速流动。

5.6 马赫波和马赫锥

从图5.8可以看出,随着距离飞机越来越远,弓形激波的倾斜角度逐渐增大。随着与自由来流方向之间夹角的减小,激波也越来越弱,压力、密度、流动方向等的变化也逐渐减小。

在距离飞机很远的地方,激波就像声波一样变得非常微弱。它与自由流方向形成的角度趋于一个特定的值,即马赫角(如图5.9所示),这个非常微弱的激波称为马赫波。该情况下,自由流垂直于激波的速度分量等于声速。

马赫波会以直线的形式存在这一概念在超声速流动中非常重要,因为它建立了可以受飞机表面某一点影响的流场区域。例如,假设我们考虑如图5.10所

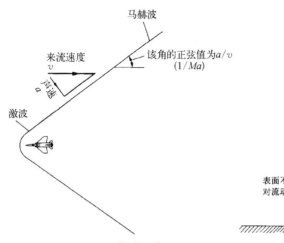

图 5.9　马赫波示意图

弓形激波在离飞机较远的地方逐渐减弱，最终成为非常微弱的"马赫波"

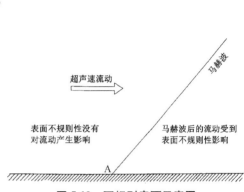

图 5.10　不规则表面示意图

在超声速气流中，只有马赫波下游区域会受到影响

示的流过表面的超声速流，可以想象在 A 点处存在一个很小的表面不规则性，从而产生了一个很弱的局部激波或马赫波。这个马赫波上游流动将不会受到表面不规则性的影响。

马赫波与局部气流方向的夹角仅与上游马赫数有关（如图 5.9），随着马赫数的增加，马赫波的后掠程度也随之增强。几何形状的变化仅影响下游的流动，如果流动是亚声速的，那么整个流场就会被改变。

对于三维流动，由马赫线组成的表面给出了可以被特定点影响的区域，这个区域被称为马赫锥，如图 5.11 所示。

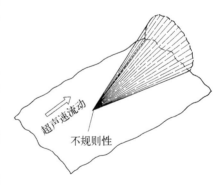

图 5.11　马赫锥示意图

这种不规则性的影响只能在由马赫线组成的三维马赫锥内体现出来

5.7　波阻

现在让我们回到较强的激波上来，流体通过激波后的性质会发生明显的变化。当空气压缩时，在激波中发生的变化非常迅速，突变发生的距离比空气分子撞击的平均距离大不了多少（在海平面上约为 $6.6 \times 10^{-5} \, \text{mm}$），该情况下，流体中

的大量机械能转化为热能,而这些热能会导致在机翼或飞机表面上产生较大阻力。因为这种阻力仅与气流中激波系的存在有关,所以它被称为"波阻",高速飞机的空气动力学设计的主要目标之一就是减少这种阻力。

5.8　更多关于斜激波的信息——流动转向

因为斜激波能使迎面来的气流方向发生突然变化(如图 5.12 所示),附体激波系(如图 5.13 所示)可以使具有尖锐前缘的机翼绕流产生必要的偏转,其中的弓形激波从前缘本身发射出来。

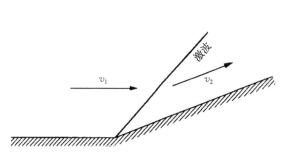

图 5.12　斜激波表面流动偏转示意图

激波几乎可以瞬间改变流动方向

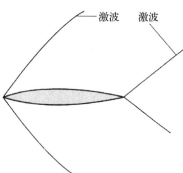

图 5.13　带附体激波的尖头翼型示意图

由于激波可以瞬间改变流动方向,因此可以通过"附体"激波来获得尖锐前缘所要求的方向

然而,气流偏转的角度是有限度的,这取决于来流马赫数。一旦超过这个临界角,激波就会脱落(如图 5.14 所示),这看起来非常像前面描述的钝头机翼的弓形激波(见图 5.1)。

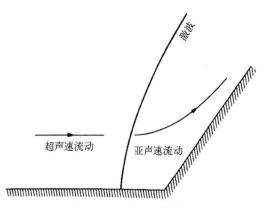

图 5.14　大转角示意图

如图所示,如果超过最大角度,激波将会从拐角处分离

目前我们仅考虑了气流方向的突然变化,但如果气流是逐渐转向的(如图 5.15 所示),则情况看起来略有不同。在靠近表面处,气

流会压缩和旋转,但不会产生激波;而在远离表面的地方则可观察到激波出现。这是因为,当气流压缩时,温度上升,声速随之增加,若我们画出"马赫线"来表示表面上每一点对来流的影响程度,我们就会看到这些线逐渐变陡,最终合在一起形成激波。

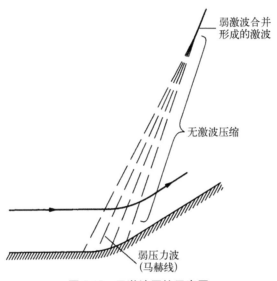

图 5.15　无激波压缩示意图

在表面附近的压缩被称为"无激波压缩",后面我们将给出如何在实际设计中利用这种类型的压缩,因为它不会引起波阻。

5.9　气流转向-膨胀

现在我们已经知晓激波如何使气流转向,从而导致空气的压力、密度和温度的增加,而激波几乎同时使气流变慢。如果我们把空气转向相反的方向(如图 5.16 所示),将会发现压力随着密度和温度的增加而减小,而速度却增加。如果进一步观察这个过程,还将发现膨胀的过程并不像激波压缩那样突然,而是发生在一个清晰可见的区域范围内。

有趣的是,气流在超声速环境下比在亚声速环境下能更好地通过此类拐角,由第 3 章的介绍可知在亚声速环境下大概率会导致边界层分离。事实上,超声速气流所能达到的转弯程度是相当惊人的。

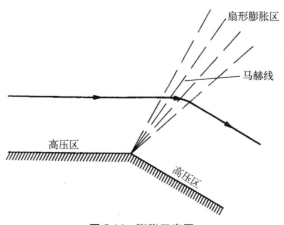

图 5.16　膨胀示意图

气流通过扇形膨胀区在拐角处加速,由于压力降低,所以压
力梯度有利于保持附面层

乍一看,气流越快越能更好地适应方向的突然改变这点似乎很奇怪,但其实在本书第 3 章已给出了原因。亚声速流动的问题在于边界层分离,其主要原因之一是流动方向上的压力增加,即逆压梯度。如果我们现在在观察亚声速情况下拐角处的压强变化,确实可以观察到逆压的存在。而在超声速气流中,拐角附近的压力梯度是有利的,它起到了防止边界层分离的作用(如图 5.16 所示)。

亚声速流和超声速流转弯能力的差异不仅具有学术意义,也具有实际工程意义。图 5.17 所示的超声速机翼剖面在其设计速度下非常实用,但是亚声速性能非常差。我们将在第 8 章中看到,这使得设计人员非常为难,因为除某些导弹外,大多数飞机都包含降落和起飞过程,因此必须确保能够在亚声速和超声速下都具有较好的性能,能够在亚声速和超声速环境下令人满意地运行。

图 5.17　超声速翼型剖面(双楔形)示意图

该部件具有良好的超声速性能、较差的亚声速性能

5.10　机翼上超声速气流的发展过程

目前为止,我们已经探讨了较高马赫数环境下的超声速流动,但忽略了从亚

声速加速到超声速所必须涉及的复杂过程。现在,我们重新回到机翼的问题,以说明在这一复杂过程中发生的一些重要变化。

图 5.18 展示了从全亚声速到全超声速期间不同马赫数的机翼照片。这些照片使用光学系统拍摄,光学系统显示激波为深色区域,膨胀波为浅色区域。该系统被广泛应用于高速风洞试验,称为纹影系统。

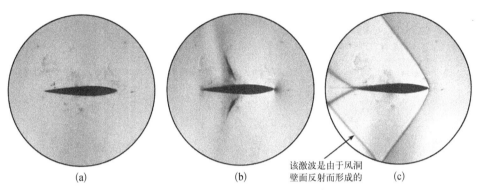

(a)   (b)   该激波是由于风洞
                             壁面反射而形成的   (c)

图 5.18   常规机翼上的激波发展示意图

(a)无激波的亚声速流;(b)跨声速流:接近的气流是亚声速的,但是在前缘的下游有小块的超声速流动,最终在上下表面形成激波;(c)超声速流:在前缘处引发的斜激波将气流速度减小到比来流马赫数低。然后气流加速到较高的马赫数,最后通过后缘的第二对激波再次减小

由于机翼的厚度,气流在上表面和下表面的流动速度加快。因此,尽管自由来流仍然是亚声速流动,但在这些区域中,气流最终将变成超声速流动。激波使气流从局部超声速减速[如图 5.18(b)],随着自由来流速度的增加,机翼顶部和底部的局部超声速区域在一定程度上增大,激波强度也越来越强。

从纹影照片如图 5.18(b)也可以看出,激波的存在会导致边界层分离,这一点我们将在下节详细讨论。

随着自由来流马赫数的进一步增加,激波将进一步向后移动,其强度也随之增强。当自由来流刚刚进入超声速时,另一个激波开始出现在机翼上游,形成弓形激波。随着马赫数的增加,该弓形激波逐渐靠近机翼前缘,获得如图 5.18(c)所示的全超声速机翼的典型流动。

5.11   跨声速阻力上升和压力偏移中心

可以预料到,气流从亚声速环境到超声速环境,其流动会发生剧烈变化,同时在翼型上出现明显的载荷变化,其重要结果之一是升力中心向后移动。

随着气流在超声速范围内发展,激波的形成引发了大分离尾迹的形成[如图5.18(b)所示]。这反过来导致在小马赫数范围内阻力快速增大。

阻力的增加比动压的增加快得多,从而使阻力系数上升。随着全超声速流场形态的建立,阻力系数再次下降,图5.19给出了典型的跨声速阻力系数峰值,这在跨声速和超声速飞机的设计中都具有重要意义,我们将在后面的章节中介绍相关内容。

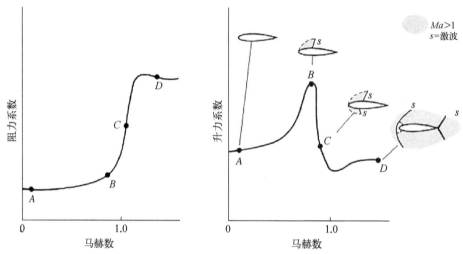

图5.19　攻角不变时,马赫数对升阻系数的影响图

分离激波导致跨声速区阻力系数迅速增大

由图5.19可知,随着声速的接近,升力系数变化显著。图5.19给出了攻角不变情况下,升力系数和阻力系数的变化。但如果攻角随着飞行速度的改变而改变,以保持总升力(而不是升力系数)不变,就像巡航飞行一样,那么当速度接近声速时,阻力系数通常会在快速上升之前略有下降,这是因为升力系数的增加意味着可以减小攻角,这种局部阻力系数的减小可以有效地应用于设计之中。

5.12　边界层与高速流

上一节中我们看到,在超声速流和亚声速流中,边界层存在并且可以分离。在高速和低速时,边界层的性能有许多相似之处。第3章适用于气流速度高于声速和低于声速的情况。气流相对于表面处于静止状态的要求(无滑移条件)仍然适用,因此在边界层的某个位置气流将从亚声速转到超声速(如图 5.20 所示)。

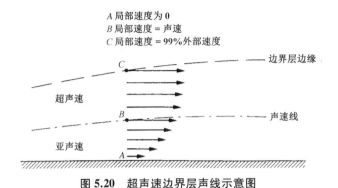

A 局部速度为 0
B 局部速度 = 声速
C 局部速度 = 99%外部速度

图 5.20　超声速边界层声线示意图

即使在超声速的情况下,边界层底部表面的速度仍然为零

　　当飞机的另一部分产生的激波撞击边界层表面时,超声速气流边界层将遭受严重压力梯度。在这种情况下,激波的反射如图 5.21 所示。由图可知,激波不能直接穿透表面,只能穿透声速线(见图 5.21),但是通过边界层传递增大的压力,这很可能导致分离。

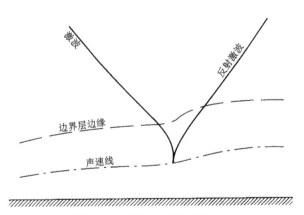

图 5.21　壁面激波反射示意图

由于边界层底部的流动是亚声速的,所以激波不能到达表面

　　图 5.21 给出的反射过程相当复杂。当流速落在边界层内时,随着当地马赫数的减小,激波角会变陡,以产生相同的压力上升。边界层内压力的增加将导致其变厚并可能引起分离。因此,图 5.21 中所给出的示意图只是众多可能性中的

一种。

需指出,我们在前面的部分图片中做了一些简化。例如图 5.12 中,我们假设没有边界层,将激波直接画到了表面。在许多情况下这种假设是可以接受的,但是如果边界层应该分离,那么图片就可能发生很大的变化。

这类激波反射在确定流动特性方面很重要,并且反射情况并不总是像图 5.21 所示那样简单。反射点处的边界层以及激波强度可能会由于诸如局部分离泡或完全边界层分离等因素而变得复杂。三维效应也将对反射过程的性质产生重要影响。对可能遇到的各种反射的详细讨论不在本书论述范围之内,有兴趣的读者请参阅相关文献,例如 Cox 和 Crabtree(1965)的文献。

5.13　动力加热

在第 2 章中,我们了解到 Bernoulli 方程如何阐述低速流压力和速度的关系。但是该方程式仅是近似正确,并且对于可压缩流体,随着流速的增加,其精度会降低。这是因为不仅流体的动能开始显著变化,而且气体内部存储的能量也开始显著变化。这意味着随着速度的增加,不仅压力会下降,而且温度也会下降。但高速气流与之相反,当其减速时温度将随之上升。

同理,考虑在空中飞行的飞机,而不是绕静止飞机流过的空气。相对于飞机而言,当空气在一个滞止点静止时,温度上升最为严重。图 5.22 给出了不同飞

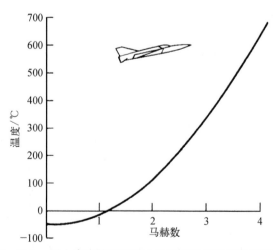

图 5.22　11 km 以上高海拔位置滞止温度随飞行马赫数的变化情况

行马赫数下,在巡航高度协和式飞机的滞止区域所遇到的空气温度。这种温度上升对结构强度和变形有重要影响。

我们已经了解到空气在超声速流动中突然减速的另一个原因是激波的存在。当气流通过表面附近的局部激波时,常常会遇到非常严重的加热问题,这种情况的一个例子就是在机翼和机身之间连接处可能发生的高局部加热速率。

边界层还存在另一种会提高空气温度的机制,进而对高速飞机的结构产生重要影响。边界层减缓了表面附近的气流流动,从而导致温度升高。只有在高速飞行时,这种温度的升高才会明显出现。

边界层的状态在决定表面的热传导率时也很重要。因为在湍流层中,将不断有高温空气补充到边界层靠近表面的区域,因此,往往湍流边界层比层流边界层更容易将热量传递到结构中。

这种传热过程也会影响边界层的行为方式。在非常高的速度(高超声速)下可能遇到的极端温度也可能会引起空气本身特性发生重大变化,这一点我们将在下一节中简要讨论。

5.14　高超声速流

我们已经研究了气流速度超过声速时气流的变化特性,在第 8 章中我们将研究飞机在两倍于声速(马赫 2)的速度下飞行时的运行方式。然而,某些飞行器必须在非常高的马赫数下运行,尤其是重返大气层的卫星和航天飞机。我们研究发现许多问题都与这些飞行器以非常高的马赫数(最高高达约 27)飞行相关:其中一些是与极端速度相关的空气动力学问题;一些主要是由来流引发的高温引起的结构和材料问题,SR-71 侦察机在结构上使用了膨胀节,这导致了飞机位于地面时会出现燃料泄漏,但并不危险;同时存在的其他问题最可能是由其飞行高度条件引起的,其根源是飞行时极低的空气密度。在实际的飞行过程中,当马赫数大于 6 时,这些问题就会显现出来,所以当以超过马赫 6(具体的分界线尚未精确定义)的速度飞行时被称为高超声速。

那么在这种飞行状态下会遇到哪些空气动力学相关问题? 起初并没有什么值得分外关注的事情发生,超声速流动的所有主要特征例如弓形激波和膨胀都一如往常。随着马赫数的增加,弓形激波更加剧烈地向自由来流方向掠过。当查看流动的细节时,我们会观察到已经发生的重要变化。可以看到,激波对于穿过它的气流来说不怎么友好,在很短的距离内,压力、密度和温度都会急剧增加。通过激波的空气基本组成在超声速流中不会改变,它仍然由大约 70%的氮气、20%的氧气、9%的二氧化碳和一些稀有气体组成。每种成分的分子都以其常见的形式存在,其中氮分子和氧分子都是双原子(即每个分子有两个原子)。所有成分也都是电中性的,每个分子中的电子正好平衡了分子内部的电荷。

随着马赫数的增加和激波的增强,这种平衡情况发生了变化,真实气体效应变得非常重要。在温和的温度和压力条件下气体性质相对简单的关系被打破,气体分子中的两个原子彼此分离,这个过程被称为离解,离解过程将能量释放到气流中。这种离解也可能存在于靠近飞行器表面的边界层的高温区域中。

由于分子可能带电或电离,这就涉及其他学科的问题,意味着由此产生的电动力可能使流体运动进一步复杂化。但这未必是件坏事,已经有人建议使用这一特性来控制气流,甚至提出了一种推进系统。

当我们考虑在极端高度飞行时出现的另一个复杂问题。对于常规的飞机飞行,空气分子彼此间非常靠近。分子在两次碰撞之间的平均距离(海平面高度的平均自由程)约为 6.6×10^{-5} mm。在 120 km 高度下,这一距离增加至 7 m,与在空中飞行的飞机大小相比,这个距离相当大。在这种情况下,我们不能再认为空气是一种连续的流体,而必须独立考虑单个分子的作用,并重新总结它们的影响。

综上所述,对此类流体的理论预测变得非常困难,而在这种极端条件下的实验工作也是一项艰巨而昂贵的任务。如果有兴趣学习更多相关内容,读者可进一步参考 Cox 和 Crabtree(1965)的文献。

第6章

推　力　和　推　进

6.1　推进系统

可以将传统的飞机推进系统分成两类：螺旋桨式和喷气式。然而,现实中的推进装置并不总是能划入这样简单的分类,特别是燃气涡轮推进涵盖了从涡轮螺旋桨到涡轮喷气发动机的广泛范围。为了简化问题,我们首先看一下这个分类依据的两端：通过考虑一端是螺旋桨推进,另一端是简单的涡轮喷气推进。稍后,我们将介绍中间类型,如涡轮风扇和螺旋桨风扇,以及一些非常规系统。

6.2　螺旋桨推进

在历史上,螺旋桨设计曾一度有被淘汰的趋势。然而自 20 世纪 60 年代初以来,这一趋势发生逆转,现在几乎所有的亚声速飞机都使用螺旋桨或涵道风扇。就连风扇也因为一些新型螺旋桨的出现而失去了一些地位,因此看起来我们应该比几年前更关注螺旋桨的设计。值得注意的是,1986 年,即在喷气发动机首次运行成功的半个世纪后,范堡罗航空展展出的飞机类型中,70%是由螺旋桨驱动的。

螺旋桨的叶片,像直升机旋翼的叶片,可以看作是旋转的机翼。由于螺旋桨的转轴是水平的,所产生的气动力转变为向前提供推力,而不是向上产生升力,因此,推力与叶片前向和后向表面之间的压力差有关。

在产生这种压差的过程中,螺旋桨产生了一股流动速度更快的气流。在图 6.1 中,虚线表示通过螺旋桨尖端的流线。在三维空间中,我们必须想象一个包围螺旋桨圆盘的流管,在螺旋桨的下游,这个环绕的流管大致界定了滑流的边

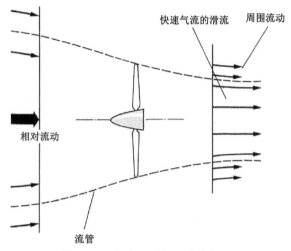

图 6.1　飞行中通过螺旋桨的气流

界,流管内空气动量的变化率即代表着总推力。

6.3　喷气推进

图 6.2 示意性地展示了燃气涡轮推进装置的最简单形式:涡轮喷气发动机。发动机由三个基本部件组成。

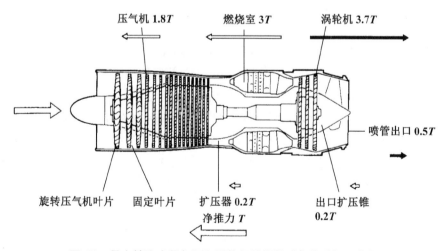

图 6.2　具有轴流式压气机和涡轮级的涡轮喷气发动机示意图

对于典型发动机,显示了对净推力 T 的近似贡献

（1）压气机被用来增加入口空气的压力(和温度)。

（2）燃烧室,燃料以细雾的形式喷入高压空气中燃烧,从而加热空气。燃料通常是某种形式的烷烃(煤油)。空气压力在燃烧过程中保持不变,但随着温度的升高,每公斤热空气需要占据比冷空气更大的体积。因此,它以比进入时更高的速度冲出排气管。喷流通常在接近环境大气的压力下进行。

（3）涡轮从排出气体中抽出一些可用的能量来驱动压气机。

6.4　喷气发动机产生推力

空气在入口和出口之间的速度变化意味着其动量的增加,因而产生了推力,但是推力的具体作用位置在哪里呢? 仅在直觉上,流经喷管的空气似乎只会产生摩擦阻力,但事实上,推力主要由喷管后向和前向表面之间的压力差产生。图6.2 显示了典型喷气发动机对推力和阻力的贡献。注意净输出推力只占内部产生总推力的一小部分,这表明存在很大的内应力,这是图示发动机在被固定时所出现的情况。在飞行中,大部分推力可能来自进气管系统中的压力分布。

发动机内部和周围的实际力分布因其设计和工作条件而异。由于涉及诸多因素,准确地评估它们并不是一件简单的事情。然而,我们可以通过测定发动机的总动量变化和压差来方便地测量总推力。

总净推力与发动机外部的气流有关。外部流动主要产生阻力,但在进气口前缘周围,流速较高,因此压力较低,在某些情况下,这可能会产生显著的前向推力分量。因此,进气道、涵道和发动机机舱的气动设计非常重要。

6.5　推力和动量

螺旋桨、喷气式飞机以及所有传统的飞机推进系统都涉及空气动量的变化。当动量发生变化时,一定有相应的力,但不能认为推力是由动量变化直接引起的,不涉及其他机制。正如我们在上面的例子中所看到的,力是通过作用在装置各个表面上的压差产生并传递到结构上的。也许最好不要把动量变化率和力看作因果关系,而是把它看作一个过程的两个结果。在进行实际测量,甚至在理论估计时,我们必须考虑压力相关力和动量变化的组合。

6.6 喷气式和螺旋桨式推力产生的比较

图 6.3 展示了喷气式飞机和螺旋桨驱动的飞机在零前进速度下产生等量的推力。如图所示,喷气发动机将能量传递给滑流或喷气机,速度是螺旋桨的五倍。因为这些能量最终只能是来自燃料,这表明螺旋桨飞机产生推力更为经济。

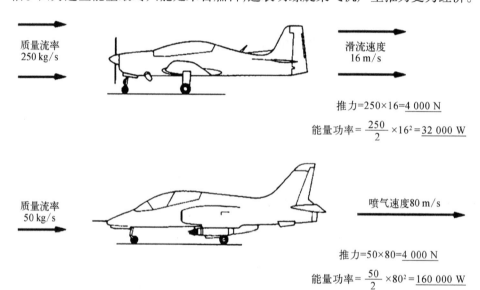

质量流率 250 kg/s

滑流速度 16 m/s

推力=250×16=4 000 N

能量功率=$\frac{250}{2}$×16²=32 000 W

质量流率 50 kg/s

喷气速度80 m/s

推力=50×80=4 000 N

能量功率=$\frac{50}{2}$×80²=160 000 W

图 6.3 螺旋桨和射流产生静推力的比较

螺旋桨的大圆盘面积使其能够在每秒较大的空气质量下工作,但滑流或射流速度比喷气发动机飞机低。尽管这两架飞机产生的推力相同,但喷气发动机飞机将能量传输到滑流的速度要快 5 倍,因此它需要以更高的速率燃烧燃料

当飞机在运动时,喷气式发动机在任何给定的推力和前进速度下仍将以比螺旋桨更快的速度将能量传递到空气中,但随着速度的增加,能量传递速率的差异逐渐减小。

6.7 有效推进

当图 6.3 所示的飞机启动时,有效功率是推力和飞机速度的乘积。因此,我们可以将推进效率定义为比率:

$$\frac{有用功}{有用功 + 在滑流或射流中能量被用来增加动能的速率}$$

这就是所谓的弗劳德效率。从上面的讨论中我们可以看出,螺旋桨飞机在任何给定的速度和推力下,由于它以较低的速率向空气传输能量,所以它的弗劳德效率会更高。

无论是喷气式飞机还是螺旋桨驱动飞机,弗劳德效率都会随着飞行速度的增加而提高,但如果没有压缩性问题,在任何特定的速度和推力下,螺旋桨推进总是具有更高的弗劳德效率。正如我们将在后续进行说明的,螺旋桨的这种理论优势在高速下极难实现。

从上面给出的螺旋桨和喷气式飞机的例子中,我们可以看出,为了有效推进,通过对大质量空气施加较小的速度变化来产生推力,要比给小质量的空气以较大的速度变化来产生推力要好。从 Houghton 和 Carpenter 的文献(2003)中可以找到这方面的证据。简单地说,该现象是因为每千克空气的推力与空气速度的变化有关,而相对能量消耗率则取决于速度平方的变化。

在目前使用的所有推进系统中,螺旋桨系统可能是最高效的,因为它们具有相对较大的空气质量和较小的速度变化。纯喷气式发动机先天效率较低,因为在相同的推力下,它们使用的速度变化要大得多,空气质量也要小得多。

有趣的是,到目前为止,鸟类的扑翼机制在理论上是最高效的推进系统之一,因为这利用了尽可能大的面积,因此在给定的外形尺寸下,也就具有最大的空气质量。直升机也有类似的理论优势,但在实践中,技术问题总是导致其效率低下。由此引出了一个重要的观点,即能够在实践中最高效地运转的系统才是最好的推进系统。

上述弗劳德效率只是推进效率的一个方面。我们必须考虑能量转换过程中每个阶段的效率。在简单的涡轮喷气发动机中,动力是通过直接加热向气流中添加能量来产生的,这可以简化螺旋桨系统的一些中间环节。许多其他因素,比如排气管排出的热能,都是造成整体效率低下的原因。我们将在稍后对特定推进装置的更详细描述中讨论这些因素。

尽管涡轮喷气发动机的弗劳德效率可能低于螺旋桨系统,但它的优点是几乎不受速度限制,而且在高空工作良好。喷气式发动机的功率重量比也可以做到非常高。

高效推进的最重要要求之一是确保所有部件,包括飞机本身,在相同的设计运行条件下产生高效率。飞机与动力装置的正确匹配至关重要,在许多情况下,为了满足新飞机设计的需要必须设计一个新的发动机,或者对旧的发动机进行大范围的改装。正如我们稍后将看到的,妥协往往是必须的,在某些情况下我们需要牺牲效率,以考虑其他的利益,如高速度、低成本。

6.8 螺旋桨

当飞机在飞行时,空气和螺旋桨叶片局部位置之间的相对速度有两个分量,如图6.4所示。飞行方向或轴向分量来自前飞速度,另一个分量(切向分量)来自由于旋转而产生的叶片速度。

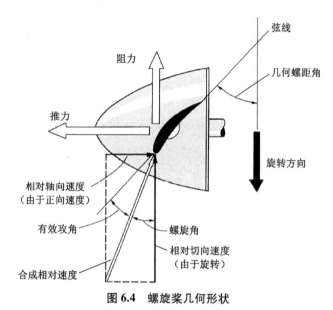

图6.4 螺旋桨几何形状

叶片截面上产生的气动力可以分解为推力和阻力

如果螺旋桨叶片相对于合成的相对速度处于正攻角,这将会有气动力的产生,就像机翼产生升力一样。然而,与其将此力分解为升力和阻力分量,不如将其分解为正向推力和切向阻力。阻力产生绕传动轴转动的力矩,这是发动机必须克服的阻力扭矩。如图6.5所示,叶片上任何一点的运动都分别形成了一条螺旋线,合成速度和叶片旋转方向之间的角度称为螺旋角(见图6.4和图6.5)。可以看出,叶片内侧画出的螺旋比叶尖更粗。如果叶片的所有截面都要满足相同有效攻角下的合成速度,则需要扭曲叶片,以便轮毂附近的几何螺距角(如图6.4所示)比叶尖处的大。叶片扭曲如图6.6所示。

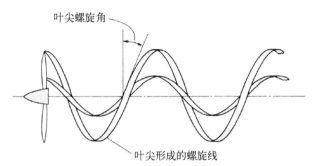

图 6.5 螺旋推进器

叶片内部的螺旋比叶尖粗。叶尖尾涡将留下类似于上面所示叶
尖螺旋的螺旋轨迹

图 6.6 洛克希德超级大力神上的先进六叶片高展弦比螺旋桨

螺旋桨叶片的内部比外部的螺旋线粗,因此叶片沿其长度扭曲。旋转器覆盖了
无效的阻力产生中心,也容纳了变桨机构。在这张图片中,叶片是羽毛状的(边朝风
旋转),以防止飞机停稳时出现风车现象。涡轮螺旋桨发动机不同于活塞式发动机,
在不工作时几乎没有转动阻力

螺旋桨叶片产生的推力与机翼产生的升力类似,因此,叶片将产生尾涡。然
而,由于叶片是旋转的,尾涡以螺旋轨迹的形式出现。

6.9 高效螺旋桨

高效率不仅仅取决于获得一个良好的推力和阻力比,因为这意味着使用非常小的螺距和螺旋角。一个小的螺旋角意味着叶片会高速旋转,对阻力做了大量的功,而实际上却没有在推动飞机前进方面做很多有用功。

螺旋桨工作的效率是比率:

$$\frac{\text{有效功率}}{\text{克服阻力所需的功率}}$$

有效功率是产生的推力与螺旋桨前进或轴向速度的乘积。克服阻力所需的功率是阻力扭矩和叶片角转速的乘积。

螺旋桨效率为

$$\frac{\text{推力} \times \text{轴向速度}}{\text{阻力扭矩} \times \text{转速}}$$

从上面可以看出,效率不仅取决于(推力/阻力),而且还取决于(轴向速度/转速)。从图6.4中可以看出,减小螺旋角可以提高第一个传动比(推力/阻力扭矩),但减少第二个传动比(轴向转速/转速)的幅度几乎相等。

理论分析表明,为了提高效率,叶片需要像机翼一样工作,产生高的升阻比,在这种情况下,最佳螺旋角接近45度。

由于螺旋角向螺旋桨中心增加,因此在任何时候只有部分叶展可以以最有效的角度工作。叶片的外部产生大部分推力,因此叶片通常以螺距角运行,从而使外部效率最大。

理论分析还表明,随着叶片升阻比的增大,螺旋桨效率对螺旋角的敏感性降低。

如果叶片外部部分以其最佳螺旋角运行,则叶片大部分内部部分将以低效的大螺旋角运行。螺旋桨的中心部分通常只会增加阻力扭矩。因此,出现了利用流线型螺旋桨整流罩替代叶片部分内侧的设计,其并不仅仅起到了美观的作用(见图6.6)。如图6.9所示,在先进的螺旋桨风扇设计上,发动机本身可以代替螺旋桨整流罩。

为了获得非常高的螺旋桨效率,我们需要使用与机翼叶片相同的低阻力翼型截面形状。然而,与低阻力机翼一样,这些高效率的叶片无法承受偏离其设计攻角。因此,高效率的螺旋桨依赖于螺距与飞行速度、发动机转速与功率的精确匹配。控制系统的进步,以及更好的叶片剖面形状的发展,使得螺旋桨推进技术得到了进一步的发展。

6.10　变螺距

几何螺距角是叶片相对于旋转方向设置的角度,如图 6.4 所示。如果我们以高转速运转发动机,并将几何螺距角设置为靠近叶尖的 45 度左右,以实现高效巡航,那么在低飞行速度下,叶片攻角将很高,如图 6.7 所示。叶片升阻比很差,如果攻角过大,叶片甚至可能失速。因此,安装一个能够改变叶片攻角的机构是十分有利的。在低速爬坡和加速时,会需要细螺距,高速飞行需要粗螺距。变桨机构的作用类似于汽车上的齿轮箱,但其优点是允许连续变化而不是阶跃变化。

为了在沿叶片的所有位置保持最佳螺距,也确实需要能够改变扭转,但由于大部分推力来自叶片的外部,因此在实践中,由于非最佳扭曲而造成的效率损失很小。

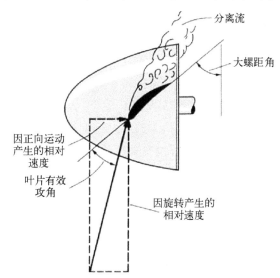

图 6.7　大螺距角和低速前进时的螺旋桨叶片截面
有效攻角太大,叶片部分失速

早期的变螺距螺旋桨是由飞行员直接操作的,但是螺距设置的数量被限制在两到三个,以避免带来过多的工作量。目前的首选方法是使用下文所述的自动恒速螺旋桨机构。

6.11　恒速螺旋桨

活塞式和燃气涡轮发动机在接近机械和温度限制的转速下产生最大功率。在高转速下通常也能获得最大效率。改变发动机转速会造成燃油损耗,因此如果不考虑飞行速度的变化,最好使发动机以最佳恒速运转,但实际选择的发动机转速取决于所需的飞行条件。通常情况下,需要接近最高转速才能为起飞和初始爬升产生高功率,巡航或其他飞行条件使用较低的转速设置,以防止发动机过热或压力过大。

在螺旋桨推进的情况下,这种恒速运行可以通过采用一种自动调节桨叶螺距角来改变气动阻力扭矩的机构来实现。如果感应到速度增加,则螺距变粗,以增加阻力扭矩。速度(r/min)设置可由飞行员通过选择器电平来改变。现在,这种等速螺旋桨甚至安装在一些相当简单的飞机上。

通过将变桨控制机构与发动机控制系统连接起来,以便进行精心编程的匹配,可以进一步提高效率。

6.12 顺桨和反推力

除了作为一种齿轮装置使用外,变桨机构还可用于在一台发动机停机时减小阻力,这是通过顺桨来实现的,如图6.6所示。

在一些多引擎飞机上会自动完成顺桨,以防止在一个引擎发生故障时出现不利的操纵问题。

着陆后,变桨机构可用于将螺距设置为负角度,从而产生负推力或阻力。这种反推力特性可以大大缩短着陆飞行时间,几乎总是用于螺旋桨驱动的运输机上。它还可以方便地让飞机停进或驶出停机位。

6.13 叶片数量和形状

与机翼一样,增加螺旋桨叶片的展弦比可以减少阻力。然而,可以产生的推力大小取决于叶片的总面积,因此使用高展弦比叶片可能会导致螺旋桨直径过大。大型大功率螺旋桨飞机通常具有低展弦比"桨式"叶片。

建议使用少量叶片,因为这样可以减少叶片之间的相互干扰效应。然而,保持足够的总叶片面积以通过给定的直径传输所需的功率可能需要在纵横比和叶片数量之间进行折中。喷火式战斗机最初只有两个桨叶和1 000 bhp,最后成了拥有六个桨叶(在两个同轴对转螺旋桨上)和2 350 bhp的海喷火MK47,而叶片的直径设计会受离地间隙的限制。洛克希德超级大力神,如图6.6所示,使用高展弦比六叶片直径4.11 m的螺旋桨。

增加叶片的数量也减少了每个叶片必须产生的推力,这在高速运行中是一个优势,因为它降低了叶片上的最大当地马赫数。后面将描述限制马赫数的重要性。

6.14　反向旋转

在一个简单的螺旋桨中,大量的能量在气流中空气的旋转运动中损失。如图 6.8 所示,如果在下游放置另一个反向旋转的螺旋桨,则可以回收部分能量。第二个螺旋桨能使空气以相反的方向旋转,从而倾向于抵消最初的涡流。

图 6.8　伊留申(Ilushyin) IL-76 型先进对旋螺旋桨装置的实验研究
螺旋桨推进的高效率非常适合于远程飞行的飞机

反向旋转也提供了一种方便的方法来增加给定螺旋桨直径下的功率。

大功率活塞式发动机会产生相当大的扭矩反作用力,使飞机沿与螺旋桨旋转方向相反的方向滚转。飞机在地面上,其滚转尚会因跑道而被阻止,但在起飞瞬间,地面约束就不再存在了,此时刚起飞的飞机很容易迅速转向机库飞去。反向旋转螺旋桨克服了这个问题,因为螺旋桨不再产生净扭矩反作用力。陀螺进动效应也被消除,滑流中没有涡流使飞机周围的流动不那么不对称,从而进一步提高了操纵品质。然而,对于小型飞机来说,反向旋转螺旋桨的额外成本和复杂性超过了该技术的优点。在双引擎飞机上,通过使两个螺旋桨(同时拥有两台发动机)朝相反的方向旋转,可以获得类似的效果。由于实际原因,这一点很少被采纳。德哈维兰大黄蜂就是一个例子。

在多引擎飞机上，缺乏扭矩反作用力会降低结构载荷。图 6.8 所示的伊留申号试验发动机装置使用了大直径多叶对转螺旋桨装置。螺旋桨的效率是这架设计用于远程飞行的飞机的一个优势。

反向旋转的缺点是额外的复杂性，必要的齿轮装置的重量，以及当第二个螺旋桨穿过第一个螺旋桨的涡系时由于高度交变的气流而产生的噪声。

6.15　螺旋桨与发动机匹配

为了提高空气动力效率，大型低速旋转的螺旋桨更为可取，但是小型活塞发动机在相对较高的转速下会产生最佳的功率重量比。因此，对于轻型飞机来说，齿轮传动装置的附加成本、复杂性、重量和机械损失有时使其更适合使用直接驱动，并且由于在低转速下运行，发动机效率略有下降。当小型发动机装配于自制飞机时，通常会使用某种形式的齿轮传动装置。在涡轮螺旋桨推进的情况下，主发动机轴的转速非常高，齿轮传动几乎是必不可少的。

如果采用了齿轮传动装置，那么螺旋桨直径只会受到诸如离地间隙等实际因素的限制，因此可以使用更高效的螺旋桨。图 6.6 所示的洛克希德超级大力神的螺旋桨由齿轮燃气涡轮驱动。

6.16　螺旋桨速度限制

由于螺旋桨叶片的相对空气速度是叶片转速和轴向速度（几乎与飞机飞行速度相同）的叠加结果，因此螺旋桨叶片的尖端将比飞机的其余部分更早达到声速。在 45 度的有效螺旋角下，叶片尖端速度将达到 $1/\sqrt{2}\times$ 声速，即马赫数 0.7 或海平面 532 mph。所以实际上，在达到该速度之前，一部分叶片就已提前进入了声速条件，因而必须对叶片进行合理的厚度设计。

一旦尖端变为超声速，在超声速气流中会遇到与机翼相同的问题。叶片阻力和扭矩阻力迅速增加。激波的形成促进了叶片上的局部边界层分离，并产生了相当大的噪声。因此，使用常规螺旋桨的飞机通常只能在马赫数小于 0.6 的情况下飞行。大多数大型客机的飞行马赫数在 0.7 到 0.85 之间，喷气推进更为合适。然而应该指出的是，许多飞机的设计都是使用超声速螺旋桨叶尖，特别是在高速和最大功率下。一个令人惊讶的例子是第二次世界大战时期的哈佛教练机,它有一个直径相对较小的螺旋桨,以高转速运转,螺旋桨叶片尖端会进入超声速,即使在起飞时,也会发出刺耳的声音,这是这架飞机广为流传的特点。

当需要时,螺旋桨可以在高马赫数下运行,即使其效率可能会下降。例如俄罗斯图波列夫图-20"熊"侦察机的马赫数超过0.8。在这种情况下,乘客舒适性不是主要的考虑因素。

6.17 高速螺旋桨

20世纪70年代中期燃料成本的突然上升促使制造商重新考虑设计适合于高亚声速马赫数飞行的螺旋桨的可能性。解决超声速翼尖问题的主要方法与第12章所述的跨声速机翼设计方法相同。从本质上讲,必须使叶片表面的最大相对速度尽可能小。可以使用薄的"跨声速"叶片截面,叶片可以后掠,由此诞生了如图6.9所示别具特色的弯刀形状。

精确控制螺距,可以采用高升阻比截面,这反过来又允许使用大螺旋角,从而使通过叶片的合成相对流速降到最低。

为了减少每个叶片的推力,使用了大量的叶片。与机翼升力一样,叶片推力与循环强度有关。通过降低每个叶片的推力,循环减少,从而降低上表面的最大相对速度。

图6.9显示了反向旋转配置的典型设计。这种螺旋桨被描述为各种各样的

图6.9 用于超高旁路(ultra-high by-pass,UHB)推进的高速螺旋桨或无涵道风扇

这种对旋式牵引构型的发动机中使用了大量的薄扫掠叶片

螺旋桨风扇或无涵道风扇,尽管它们看起来可能与原先的设计有很大的不同,但原则上它们仍然是螺旋桨。虽然没有提供像低速螺旋桨设计那样有效的推进,但无导管风扇推进比它计划取代的涡轮风扇系统更有效。

在高速飞行中,这种螺旋桨尖端的相对气流速度被设计成超声速,因此它们的噪声非常大。这是它们在民用运输机上使用的主要障碍。

应该注意的是,减小螺旋桨直径并不会减小叶尖马赫数,因为为了产生相同的推力,较小直径的螺旋桨必须以更高的速度旋转。

6.18　风扇推进

风扇本质上是一个带有大量叶片的螺旋桨,因此它为给定的圆盘区域提供了产生大量推力的手段。当有许多叶片时,它们彼此靠近,每一个叶片都会强烈地影响周围相邻的流动。如果相对流速为超声速,这种干扰会产生有益的效果。流动可以通过一系列反射激波逐渐压缩,产生的能量损失比通过单个激波压缩时要小。

6.19　涵道风扇

如图 6.10 所示,通过将风扇或螺旋桨放置在涵道或导流罩中,可以获得与无涵道螺旋桨或风扇产生的流型显著不同的流型。气流形态取决于飞行速度和发动机推力之间的关系。图 6.10 显示了两组模式,一组对应低速大功率起飞工况,另一组对应高速巡航工况。在这张图中,虚线所表示的流线隔开了绕开涵道与流入涵道的气流。类似的,它们在三维空间中拓展形成流管(stream tube),可称为分流流管。为了解释涵道或导流罩是如何发挥作用的,我们首先来看看亚声速气流,它通过一个没有风扇的收敛流线型涵道,如图 6.11 所示。由于没有产生额外能量,装置无法产生推力,因此在 C 处的气流(压力大小等于自由来流压力)的运动速度不能比 A 处的自由来流快。

因此,A 处的分流管直径不得大于 C 处的分流管直径,因为 A 处和 C 处相同数量的空气以大约相同的速度通过。但是,当气流在 B 处进入涵道时,面积较大,因此该位置的速度必须较低。如果速度下降,那么通过伯努利关系可推导出压力会更大。

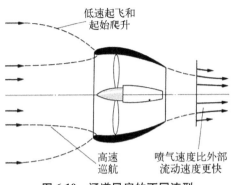

图 6.10　涵道风扇的不同流型

在起飞时,流向风扇的气流加速,进气管中的压力下降;在高速巡航的情况下,接近的气流减速,进气压力升高

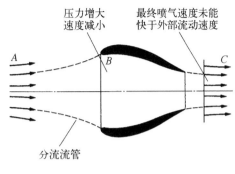

图 6.11　流经流线型涵道

如果不添加能量,则 C 处的流速不能大于 A 处的流速,因为两个位置的压力都是大气压力。在管道中的 B 位置,流速较低,压力高于周围大气

因此,涵道可以提供一种降低空气速度和局部增加其压力的方法。如果我们在涵道中放置一个风扇,那么向气流中添加能量可以产生射流,流线类型如图 6.12 所示,这类似于图 6.10 所示的巡航情况。

如图所示,当气流进入涵道时,速度仍然降低,压力也随之增加。如果飞机以高亚声速马赫数飞行,这是一个非常有用的特性,因为空气现在以较低的马赫数进入风扇,由于压力的

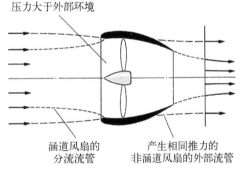

图 6.12　高速涵道风扇

与通过涵道的简单无风扇流动一样,当气流进入涵道时,流速减慢,压力升高。直径相同、产生相同推力的螺旋桨周围的流管用虚线表示

上升伴随着温度的上升,马赫数进一步降低,因此当地声速也增加了。

在图 6.12 中,我们展示了无涵道螺旋桨周围的流管,其直径与涵道风扇相同,产生的推力相同。以这种方式操作的风扇效率低于相同直径的无涵道螺旋桨,因为风机从较小的自由流区域吸入空气,如图 6.12 所示。因此,对于风扇来说,每秒使用的空气质量和由此产生的(弗劳德)效率都更小。然而这个代价是值得的,因为在风扇所工作的某些飞行马赫数下,这种传统的螺旋桨由于压缩性影响会引发过大的能量损失。

值得注意的是,对于高速涡轮风扇(风扇-喷气)推进,叶片的外部与叶片和空气之间的超声速相对流动是正常的,但内部是亚声速相对流。我们将讨论这

些涵道风扇与燃气涡轮发动机的连接方式,以便稍后介绍涡轮风扇推进。

6.20　低速涵道风扇或推进器

图 6.10 和图 6.13 所示的交替流动类型是当推力相对于自由流速度较高时获得的。因此,任何涡轮风扇飞机起飞时都会发生这种情况。随着飞机速度的增加,流动类型逐渐改变,如图 6.12 所示。

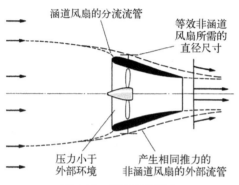

涵道风扇的分流流管

等效非涵道风扇所需的直径尺寸

压力小于外部环境

产生相同推力的非涵道风扇的外部流管

图 6.13　低速涵道风扇

也显示了产生相同推力的螺旋桨周围的流管。可以看出,涵道风扇相当于直径更大的螺旋桨

在图 6.13 中,我们叠加了产生相同推力的螺旋桨周围的流管形状。可以看出,在低速运行时,涵道风扇相当于一个较大直径的螺旋桨。因此,涵道风扇的推进效率应高于相同直径的无涵道螺旋桨。

在图 6.13 所示的情况下,当气流接近风机时,其速度加快,因此入口压力低于自由流值。在低速飞行中,这并不是缺点,因为压缩性效应不会引起问题。涵道风扇安装示例可在图 6.14 所示的"风扇教练"(Fantrainer)教练机上看到。图 4.9 所示的 Optica 飞机是另一

图 6.14　低速涵道风扇或推进器在这架 RFB Fantrainer 教练机上构成紧凑的布局。它由涡轮轴发动机驱动

个例子。

除了增加有效直径外,涵道风扇还可以降低噪声,并在其中一个叶片脱落时提供遏制措施;在飞艇的推进系统中也具有这样的优势。

因为风扇直径比等效螺旋桨小,所以它可以以更高的转速运转,这在直接由发动机轴驱动时是一个优势。

为了防止流动分离,推进器涵道进气口的形状需要与高速型完全不同,如图 6.12 和图 6.13 的比较所示。推进器涵道相当像一个环形的机翼,维持着一个循环。前缘吸力提供部分整体推力。当然,产生推力所需的动力最终还是来自发动机。

推进器的缺点是增加了飞机的重量、成本和复杂性。涵道还会产生一些额外的表面摩擦阻力,整体效率的提升可能比较有限。

6.21 动力装置的选择

尽管喷气发动机已经存在了半个多世纪,但几乎所有的小型私人飞机仍然使用汽油活塞发动机驱动螺旋桨。大型商用运输机和军用飞机主要由涡轮喷气发动机或涡轮风扇发动机驱动,而对于中等尺寸的民用飞机,从小型行政运输机到短途支线客机,经常选择驱动螺旋桨的燃气涡轮。这些分歧的原因将从下面的描述中得到解释。

6.22 活塞发动机

小型的活塞发动机在其尺寸下可以产生惊人的大功率。一架大型模型飞机的发动机能够提供约 373 W(0.5 bhp)的功率,这比一位优秀运动员所能维持超过一分钟的能量还要多。但其相比于大型或高速飞机所需要的功率仍存在巨大差距。

如果我们简单地尝试放大一个典型的轻型飞机发动机,由于活塞式部件的惯性产生的应力也会随着比例的增加而增加,我们很快就会发现,没有任何材料能够承受这种应力。这是因为体积以及旋转部件的质量和惯性,会随着尺寸成三次方关系,然而横截面积相对于尺寸只为平方关系。

解决这个问题的方法是保持气缸尺寸不变,但要增加气缸的数量。因此,一架轻型飞机通常有4个或6个气缸,而20世纪40年代和20世纪50年代的大型活塞式客机通常使用四个引擎,每个引擎多达28个气缸,这种配置的复杂性会导致初期费用和维护费用都很高。为了明白这其中的复杂情况,读者们可以尝试计算完全更换一架飞机的火花塞需要花费多长的时间,每架飞机有4台发动机,每台28个气缸,每个气缸配有2个火花塞,别忘了计算在本工作中移动梯子所需的时间。

为了设计一个简便、紧凑和平衡的结构,人们尝试了各种气缸布置。到20世纪50年代初,大型活塞发动机时代结束时,主要有两种类型:风冷径向发动机和直列水冷 V-12 发动机。后者的典型是罗尔斯-罗伊斯的梅林发动机(图6.15),它被用于许多著名的二战盟军飞机,包括喷火和野马。直列式 V-12 发动机采用水冷,因为很难用空气对所有气缸进行均匀冷却。现代轻型飞机发动机通常是风冷式的,4个或6个气缸排成一个平面结构。

图6.15 经典的罗尔斯-罗伊斯的梅林液体冷却 V-12 发动机,在第二次世界大战期间安装于许多著名的盟军飞机,包括喷火和野马。该发动机安装了一个大型机械增压器

6.23 增压和涡轮增压

活塞式发动机的功率输出可以通过使用无增压器对气缸中的空气进行增

压,从而在每个工作冲程中使用更大质量的空气。因此,使用机械增压器可以提高发动机的功率重量比。

机械增压器的一个重要优点是,它能使发动机在比正常吸气(非增压)形式更高的海拔上运行。随着海拔高度的增加,空气密度下降,如果不进行增压,每一个工作冲程所吸收的空气质量就会下降。因为氧气少了,可以燃烧的燃料就少了,因此会造成动力损失。

机械增压器使飞机能够在炎热的天气从高海拔机场起飞。通过在高空巡航,飞机有时也能利用强大的尾风。

机械增压器通常由曲轴驱动的离心压气机组成。涡轮增压器与机械增压器相似,只是压气机由涡轮驱动,涡轮由废气中的残余能量提供动力。与机械增压器不同,涡轮增压器的转速与发动机转速没有直接关系。由于涡轮增压器利用了其他方面的废热,因此它本质上比普通的机械增压器效率更高,并已成为通常使用的类型。对于给定尺寸和重量的发动机,这两种装置都可以使输出功率增加一倍。

对于小型飞机来说,涡轮增压的缺点是它增加了发动机的成本和复杂性,而增压压力又是飞行员必须监测或控制的另一个变量。使用涡轮增压器没有什么好处,除非飞行员能够利用高空作业的好处,这反过来意味着飞机必须加压,或者必须提供氧气面罩和供氧系统。民航法规要求,高空作业必须安装附加仪器、导航和通信设备,飞行员必须具备相应的使用资格。近年来,出现了一些涡轮增压轻型飞机,如塞斯纳百夫长飞机。Garrison(1981)对涡轮增压轻型飞机的优劣势进行了细致的描述。

6.24　技术革新的需求

制造真正大型活塞发动机飞机的尝试因功率不足而受阻。布里斯托尔布拉巴松号(图 6.16)有八个大型发动机成对地通过巨大的齿轮箱与反向旋转的螺旋桨相连,这是此类尝试脱离实际的典型结果,在该部位更换火花塞会极其困难!其设计仅能运载 100 名乘客,还不如现代的小型支线航班,如 BAe146(图 6.26)。

图 6.16　活塞发动机功率

巨大的布里斯托尔布拉巴松 1 号使用八个大活塞发动机成对耦合到四组对转螺旋桨上。作为一个不间断的横跨大西洋的豪华航班,它被更快更舒适的喷气式客机淘汰。即使是涡轮螺旋桨飞机 Brabazon 2 也在完工前被废弃。多年来,活塞发动机运输继续用于货运和二等客运[照片由英国航空航天公司(布里斯托)提供]

6.25　燃气涡轮

　　燃气涡轮最初主要是作为提供喷气推进的实用装置而开发的,因为人们意识到这将克服螺旋桨推进的速度限制。促使它最初发展的另一个因素是人们认识到它在高海拔地区能高效地运行。与前面描述的高速涵道风扇一样,空气在高速飞行中进入燃气涡轮时速度减慢,这意味着进气口处的空气压力和密度增加,这种增加可以补偿高空的低大气密度。无论是用于军用飞机的高速飞行还是高空飞行都具有明显的优势。

　　燃气涡轮的一个主要特点是它可以在高速前进时产生相当大的功率。产生的有效功率是推力和前进速度的乘积。例如,一台推力为 250 kN(约 50 000 lb)的大型涡轮喷气发动机将以 240 m/s(约 500 mph)的速度产生约 60 兆瓦(约 80 000 bhp)的功率。最强大的活塞发动机产生的功率不超过 2.5 兆瓦(约 3 400 bhp)。1939 年,海因克尔 He-178(图 6.17)首次试验性涡轮喷气式飞机飞行时,发动机在最大速度下产生的功率与当时最强大的量产活塞式发动机相当。

图 6.17　第一架涡轮喷气式飞机

海因克尔 He－178 飞机于 1939 年 8 月进行了首次飞行(图片由英国皇家航空学会提供)

与活塞发动机相比,燃气涡轮发动机的其他优点是功率重量比高,无需往复式部件,维护难度更简单,维护频率更少。

6.26　燃气涡轮效率

燃气涡轮推进系统的整体效率取决于两个主要因素:弗劳德效率(你可能记得,它与产生滑流和喷气式飞机的能量消耗率有关)和热效率(与产生热废气浪费能量的速率有关)。

如前所述,纯涡轮喷气发动机的弗劳德推进效率较低,因为推力是通过使少量空气在速度上发生较大变化而产生的。然而,对于固定推力,随着喷气式飞机或燃气涡轮推进飞机速度的增加,通过发动机的空气(质量)流量也会增加。空气质量越大,速度变化越小,弗劳德效率就越高。然而,对于稳定水平飞行的飞机,所需推力等于阻力。由于阻力随速度而变化,所需的推力也必须同样变化,因此总的推进效率取决于飞机的阻力特性。推进装置和飞机空气动力学之间的相互依赖性是飞机飞行的一个重要特征,在第 7 章中有进一步的描述。

6.27　热力学效率

在燃气涡轮中,燃烧过程使空气在几乎恒定的压力下被加热,与活塞式发动机相反,活塞式发动机的空气几乎以恒定的体积加热,压力迅速上升。两种发动机的(热力学)效率都取决于初始压缩过程中的压力比。增加压力比会增加最高温度,因此效率受到发动机受热最严重的部件材料所能承受的最高温度的限制。

在燃气涡轮中,温度限制更为严重,因为最高温度是持续保持的,而在活塞式发动机中,在每个循环中,温度限制仅在一秒钟内达到。很长一段时间以来,这一因素导致人们认为,与活塞式发动机相比,燃气涡轮不可避免地效率低下,因此不值得为此深入探索。

在高海拔地区,大气温度降低,因此对于给定的压气机出口温度,允许入口和出口之间有更大的温度差和压力比。因此,热力效率有随海拔升高而升高的趋势。这一因素,再加上第 7 章所述的高空飞行优势,使得高速涡轮喷气式飞机成为一种令人惊讶的高效运输方式。事实上,正如我们在第 7 章中所展示的,对于远程亚声速喷气推进运输,使用设计为慢速飞行的飞机没有经济优势。

燃气涡轮的热力效率在前三十年的发展中显著提高,这主要是因为在生产能够承受高温的材料方面取得了进步,关键部件的冷却得到了改善,压气机和涡轮机的空气动力学设计也得到了改善。

6.28 燃气涡轮发展

20 世纪 30 年代,英国的惠特尔(Whittle)和德国的冯·奥海恩(von Ohain)等人独立提出了使用燃气涡轮产生喷气推进的想法。惠特尔和其他先驱者们都没有真正发明燃气涡轮;这个概念已经存在了一段时间,他们的天才之处在于意识到这样一种看起来毫无希望和低效的发动机形式将为高速和高空飞行建立基础。

惠特尔在 1930 年申请了他最初的喷气推进专利,他的实验发动机于 1937 年 4 月首次运行。奥海恩的记录在战争中丢失了,但是人们认为冯·奥海恩/海因克尔(Heinkel)的发动机实际上在一个月前运行。然而,这台发动机是一个以气态氢为燃料的初步实验装置。

第一架喷气发动机飞机是海因克尔 He - 178,如图 6.17 所示。1939 年 8 月 27 日,它的首航是在 1939 年 8 月 27 日,比英国格洛斯特/惠特尔 E28/39 早了大约 21 个月。

一些燃气涡轮使用离心式压气机,如图 6.18 所示。这种方式用于早期的英国喷气发动机并且和机械增压器相类似。空气从中心进入旋转盘,并在增加的压力和相当大的旋转速度下向外旋转,下游有一个扩散器,由固定的弯曲叶片或通道组成,用于通过消除涡流成分来减缓流速。速度的降低伴随着压力的进一步上升。

图 6.18 离心式压气机

空气从中心进入,然后旋转到外面

惠特尔和冯·奥海恩发动机都使用离心式压气机,但到 1939 年,竞争对手英国和德国的团队已经在研究轴流式压气机,这种压气机可以提供更高的效率和更小的迎风面积。

如图 6.19 所示,轴流式压气机由一系列多叶风扇组成,这些风扇由一排排外形相似的固定定子叶片隔开。可动叶片用来增加压力和密度而不是速度,定子叶片消除涡流并产生进一步的压力上升。

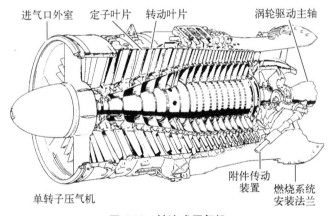

进气口外室 定子叶片 转动叶片 涡轮驱动主轴

单转子压气机

附件传动装置 燃烧系统安装法兰

图 6.19 轴流式压气机

需要多排交替移动的"转子"和固定的"定子"叶片(来自罗尔斯-罗伊斯喷气发动机的插图)

单排或单级可获得的压力上升比不上离心式压气机,因此需要多级设计。尽管总压比越来越高,但由于设计的改进,现代发动机能够使用更少的级数。

最早成功的带有轴流式压气机的涡轮喷气发动机是由鲜为人知的安塞尔姆·弗兰兹领导团队开发的容克斯(Junkers)Jumo 004 发动机。1942 年,这台发动机被用于为世界上第一架喷气式战斗机 Messerschmitt Me 262 提供动力(图 2.18)。

Jumo 发动机,其轴流式压气机和环形燃烧室更像现代发动机而非惠特尔或冯·奥海恩发动机,该发动机是独立开发的,没有得到惠特尔的帮助。

惠特尔的丰功伟绩在他的 *Jet*(1953)和戈利(1987)的书中有很好的记录。格林·琼斯在 *The Jet Pioneers*(1989)中对早期喷气发动机进行了全面的描述。

尽管轴流式压气机通常用于大型涡轮喷气发动机,但小型发动机和涡轮螺旋桨发动机通常至少有一个离心级(见图 6.20 和图 6.21)。离心式压气机比轴流式压气机更简单,成本也相当低,在直升机推进等应用中,增大的直径意义不大。

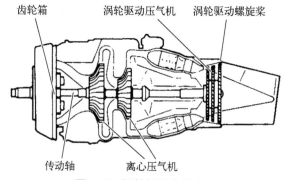

图 6.20   涡轮螺旋桨发动机

所示设计采用离心式压气机级。对于涡轮螺旋桨发动机,通常使用至少一个离心压气机级。齿轮箱和附件传动装置占发动机总重量的很大一部分(插图由罗尔斯-罗伊斯股份有限公司提供)

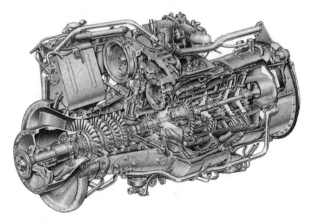

图 6.21   罗尔斯-罗伊斯宝石涡轮轴发动机

末级采用离心式压气机(插图由罗尔斯-罗伊斯股份有限公司提供)

6.29 涡轮螺旋桨

简单的涡轮喷气推进在低速时效率低下,当不需要较高飞行速度时,使用燃气涡轮驱动螺旋桨是更好的选择,于是诞生了涡轮螺旋桨系统,如图6.20所示。

在涡轮螺旋桨发动机中,废气中的大部分能量由涡轮抽出,并提供给螺旋桨,几乎所有的推力都来自螺旋桨,而不是像喷气推进那样直接来自发动机。因此,涡轮螺旋桨比纯涡轮喷气发动机具有更高的弗劳德推进效率。

涡轮螺旋桨保留了涡轮喷气推进的许多优点和特点,包括高功率重量比,以及随飞行速度增加的功率输出。它的主要缺点是,当与常规螺旋桨一起使用时,它被限制在马赫数小于0.7的情况下使用。

由于涡轮的高转速,涡轮螺旋桨通常使用减速齿轮箱来连接涡轮的传动轴。对于大型发动机来说,齿轮箱是一个非常大、沉重和复杂的部件,降低了该系统的一些理论优势。

尽管早期人们对纯涡轮喷气式飞机的经济可行性持怀疑态度,但第一架喷气式客机德哈维兰彗星(图9.3)在1952年5月投入使用时开始了航空运输的一场革命,大约在维克斯子爵商用涡轮螺旋桨飞机首次飞行两年之后。研究发现,愿意为这架涡轮喷气式飞机提供的速度明显更快的服务而支付高价的乘客不乏其人。1958年,更大、更快、更高效的涡轮喷气式客机波音707的引入,导致了用于远程民用运输的大型涡轮螺旋桨飞机的淘汰,并开始了更高效喷气式客机之间的长期竞争。然而,涡轮螺旋桨在短途飞行中保留了一席之地,在这种情况下,提高速度并不会显著缩短整个行程时间。在短途飞行中,涡轮螺旋桨飞机舱内更大的噪声也更容易被接受。

6.30 多轴发动机

当空气流经压气机时,其压力和温度都会升高。温度升高意味着声速增加,因此在不涉及高气流马赫数的情况下,我们可以让后级(高压级)以高于前级(低压级)的速度运行。因此在现代发动机上,通常使用两个或多个转轴,每个转轴由单独的涡轮级驱动,以不同的速度运行。图 6.22 显示了基于安装在协和式飞机上的罗尔斯-罗伊斯奥林巴斯 593 的双轴布局。

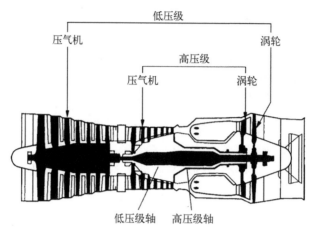

图 6.22　双轴涡轮喷气发动机

这种发动机被用于协和式飞机和老式拦截飞机。最近的战斗机设
计使用旁路或涡轮风扇发动机

在涡轮螺旋桨发动机中,从一个单独的涡轮级驱动螺旋桨,从发动机的主段或核心段驱动螺旋桨是正常的。因此,螺旋桨和核心发动机的转速可以部分独立控制。

图 6.21 所示的罗尔斯-罗伊斯(Rolls – Royce)宝石(Gem)发动机被描述为涡轮轴发动机,因为它旨在驱动直升机旋翼转轴而不是螺旋桨。它结合了上面描述的许多特性,使用三个转轴,一个用于驱动单级高压离心压气机,一个用于驱动多级低压轴流压气机,另一个通过齿轮箱驱动旋翼转轴。

6.31　旁路或涡轮风扇发动机

在一定推力下,增大空气质量流量,降低射流速度,可以提高弗劳德效率。如图 6.23 所示,这可以通过增加低压压气机级的尺寸,以及将一些压缩空气通过燃烧室和涡轮机外部来实现。如图所示,单独的转轴通常用于低压旁路和高压芯级。热射流和冷射流在出口处的速度大致相同。

低压旁路级是有效的涵道风扇,旁路喷气发动机被描述为涡轮风扇。在英国,这个词最初只适用于高旁通比发动机(如下所述)。

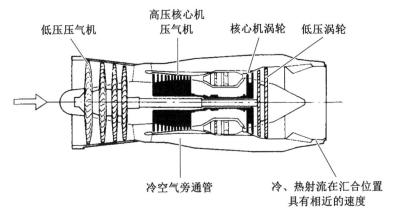

低压压气机　高压核心机压气机　核心机涡轮　低压涡轮

冷空气旁通管　冷、热射流在汇合位置具有相近的速度

图 6.23　一台双轴低旁通比喷气发动机（或低旁通涡轮风扇）

只有一部分空气通过燃烧室。剩下的部分绕过核心。这种类型的发动机比图 6.2 所示的简单发动机更安静、更省油。它常用于高性能军用飞机

6.32　高旁路比涡轮风扇或风扇喷流

通过增加旁路比（通过核心发动机的空气量与通过它的空气量的比率）可以进一步提高效率，增加旁路比需要使最低压力级的直径更大。

图 6.24 所示为高旁路比的罗尔斯-罗伊斯 RB-211 涡轮风扇，该风扇使用三个转轴，其中一个用于风扇驱动。总推力的很大一部分来自风扇叶片之间的

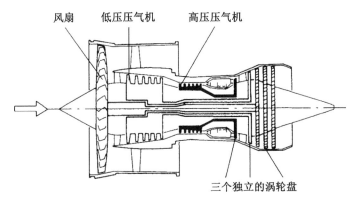

风扇　低压压气机　高压压气机

三个独立的涡轮盘

图 6.24　基于罗尔斯-罗伊斯 RB-211 的三轴涡轮风扇发动机

这种高旁路比发动机有三个转轴以不同的速度运行。很大一部分推力是由前低速风扇提供的。所有较新的民用喷气运输机的设计都使用高旁通涡轮风扇

压差,就像螺旋桨一样。

大尺寸一次风机使发动机的直径比以往的简单布局要大得多。图 6.25 明显地展示了风机的大直径风扇设计。

图 6.25 高效跨声速飞行的高旁通涡轮风扇

波音 777 上安装的大直径高旁路发动机在这张照片中很明显

在涡轮风扇发动机中,整流罩壁面周围的空气相对速度是亚声速,但是相对于移动的风扇叶片,它是超声速的。然而,如前所述,由于激波形成对风扇造成的损失比简单螺旋桨的损失要小。导流罩有助于抑制来自风扇的一些噪声,而且由于喷气速度低,涡轮风扇发动机可以非常安静,射流噪声与射流速度的八次方有关。图 6.26 所示的 BAe 146 是噪声较少的涡轮风扇推进飞机的一个突出例子。

图 6.26 噪声较少的高旁路比涡轮风扇是 BAe 146 的一个主要卖点

对于常规螺旋桨,涡轮风扇在马赫数高于 0.6 至 0.7 的极限值时提供了一种实用的推进方式。它也代表了低效率涡轮喷气发动机的一个替代方案。

低旁路发动机现在通常用于战斗机,甚至设计用于超声速飞行的机型。高旁通发动机主要用于民用和军用亚声速运输机。

6.33　超高旁路(UHB)发动机、道具风扇和非导管风扇

为了提高效率,设计了比早期涡轮风扇大得多的高旁路比发动机。设计了涵道和非涵道设计,并在图 6.27 中示意性地说明了示例。在一些设计中,为了降低旋转,从而降低叶尖速度,齿轮箱被纳入其中,通常使用对旋风扇。

这类发动机没有标准的分类,术语"螺旋桨风扇"不严谨地用于描述各种不同类型的发动机。难以界定一个新设计是应该被归类为无涵道风扇,还是略有改良的螺旋桨。

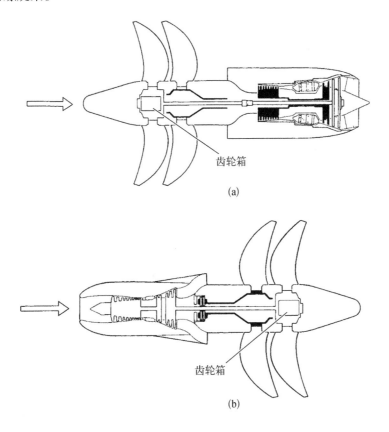

齿轮箱

(a)

齿轮箱

(b)

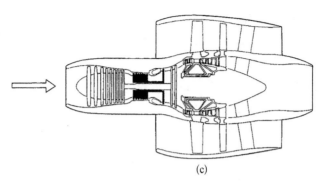

(c)

图 6.27　超高旁路(UHB)比发动机,有时被称为螺桨风扇。术语无涵道
风扇也包含了多种无涵道类型(a)牵引无涵道;(b)后推无涵
道;(c)后推无涵道螺桨风扇。大型推进风扇直接连接到对旋
涡轮盘,不使用齿轮箱

高旁通比发动机的主要问题是超声速叶片尖端产生的噪声。发动机的后装
可以降低座舱噪声和噪声引起的结构疲劳。这也消除了在叶片断裂的情况下,
增压机身被叶片刺穿的可能性。不幸的是,从实际考虑,后装发动机限制了发动
机的数量只能安装两个或三个。

对于真正的大型跨大西洋飞机,首选四个发动机,在这种情况下,必须使用机
翼安装。图 6.27(c)和图 6.28 所示的涵道设计旨在用于此类飞机,以高亚声速马
赫数巡航。如前所述,可以通过涵道获得的降低进气马赫数对于在这样的马赫数
下飞行是一个优势。在叶片脱落的情况下,涵道还提供一些噪声屏蔽和控制。

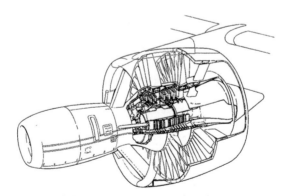

图 6.28　罗尔斯-罗伊斯对旋超高旁路风扇概念。未使用
齿轮箱,风扇叶片直接连接到对转涡轮上

对于双引擎运输机和巡航马赫数高达 0.86 的情况下,更高效率的无涵道设
计是可取的。图 6.29 所示为安装在 MD-80/UDF 演示机中的通用电气无齿轮

无涵道风扇(UDF®)，其燃油消耗量极低，社区噪声低，座舱环境甚至好于当今的涡轮风扇飞机。它的商业可行性还有待证明。

图 6.29　无涵道风扇推进

装有无齿轮通用电气 UDF® 发动机的麦克唐纳道格拉斯 MD－80 无涵道风扇演示飞机;在开发此动力装置类型的竞赛中处于领先地位。在设计中省却了齿轮箱大大降低了发动机的重量和机械复杂性

6.34　再热或加力燃烧

在燃气涡轮推进飞机中,经常需要短时间的增加推力,特别是对于需要快速加速的高性能军用飞机。与活塞发动机不同的是,燃气涡轮只使用通过它的空气中的一小部分可用氧气来燃烧,因此,如图 6.30 所示,通过在一个被称为加力燃烧室或再热室的加长尾管段中燃烧更多的燃料,可以获得显著的推力提升。

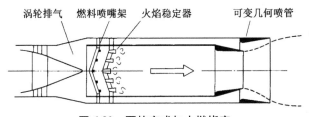

涡轮排气　燃料喷嘴架　火焰稳定器　可变几何喷管

图 6.30　再热室或加力燃烧室

燃气涡轮的排气中仍含有很大比例的氧气,可用于在再热室中燃烧额外的燃料,这会产生相当大的额外推力。在高机翼载荷的战斗机上,通常采用再热起飞。它也用于高超声速,以及快速加速和爬升

用这种方法,推力可以增加一倍左右,而重量只增加一小部分。在低飞行速度下,再热效率极低,通常只用于起飞,并产生短暂的快速加速。在超声速飞行中,它变得更有效率。大多数现代超声速飞机使用再热低旁路涡轮风扇。

再热需要使用可变面积排气喷管,额外的排气尾管长度和燃烧室在不使用时会产生额外的摩擦损失。

6.35　反推力

涡轮喷气推进系统的一个早期问题是,安装它的高速飞机往往具有很高的着陆速度。由于没有螺旋桨阻力来帮助它们减速,它们需要很长的跑道。解决这个问题的一个办法是把反推装置安装成一个可移动的装置,使废气射流向前偏转。反推装置有多种形式,可以使用压气机的冷空气或热废气,图 6.31 显示

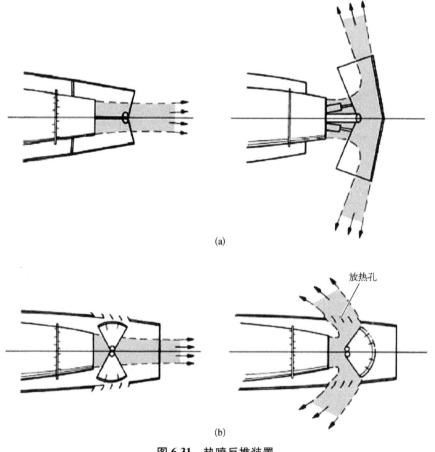

(a)

(b)

图 6.31　热喷反推装置

(a) 斗式;(b) 贝壳型

了两种典型的热射流偏转器设计。协和式飞机上使用的热射流偏转器的放热孔如图 6.32 所示。

图 6.32　在协和式发动机安装的热端视图中可以看到
可变几何出口喷嘴和反推装置的放热孔

尽管增加了成本和重量损失,推力反向器现在甚至在小型公务机上也很受欢迎。除了减少着陆跑量外,该功能使飞机在地面上利用自身动力更容易操纵。

关于喷气发动机部件的更详细描述可查阅罗尔斯–罗伊斯出版的 *The Jet Engine*(1986)。

6.36　超声速飞行推进

进气道设计

现有的涡轮喷气发动机和涡轮风扇设计在进气口处无法吸入超声速气流,但通过将发动机置于适当形状的管道中,可以在进入前将空气减速至亚声速。

在超声速时,使用简单的管状"皮托管"式进气口,气流必须通过分离的正激波减速,这造成了相当大的损失,如果通过一系列斜激波来压缩气流,则可以获得更高的效率。图 6.33 显示了协和式飞机上使用的进气系统。通过一系列斜激波、一个无激波压缩区和一个弱正激波,气流被压缩,速度降低。在飞行中,为了与接近气流的马赫数相匹配,为了捕捉激波,必须改变进气道的几何形状。可移动斜板用于此目的,为给低亚声速飞行提供额外的进气道区域。这种类型

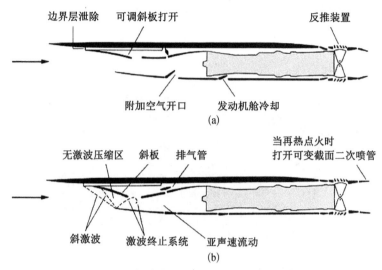

图 6.33　超声速飞行的二维变几何进气道

协和式飞机采用这种进气方式。在超声速巡航中,空气被减慢到亚声速,并通过
一系列斜激波和弯曲的活动斜板产生的无激波压缩区域进行压缩
(a) 亚声速布局;(b) 超声速外形

的进气道被归类为二维进气道,并用于许多战斗机。

注意,部分压缩是由机翼产生的激波提供的,这反映了将发动机进气道设计与机翼设计相结合的重要性。

另一种轴对称布置是使用轴向可动或可变几何整流锥,如图 6.39 所示。在本图所示的设计中,显示了外部和内部激波的组合。轴对称整流锥型进气道用于 SR - 71 黑鸟,如图 6.40 所示。带有侧向进气道的飞机可以使用两个半轴对称进气道,如 F - 104(图 8.8)或四分之一轴对称的进气道版本,如 F - 111(图 6.35)。

超声速进气道的设计是一个极其复杂的课题,更多信息将在 Seddon 和 Goldsmith(1985)以及 Küchemann(1978)的文献中找到。

虽然可变几何进气减少了激波造成的损失,但它会导致重量和复杂性的增加。现代战斗机上可以看到各种固定和可变进气道。狂风(图 3.15)和 F - 14(图 8.2)使用二维可变几何进气道,而 F - 16 采用更简单的固定皮托管式进气道。

进气道类型的选择主要取决于作战需求。狂风是为多用途设计的,包括持续的超声速飞行,因此有效的超声速巡航是必要的。

为了避免强烈的雷达反射,"隐身"飞机可能有不寻常的进排气装置,如图 6.34 所示。这些不一定经过空气动力学优化。

图 6.34 隐身设计

在 F−117A 隐形战斗机/轰炸机上,进气口隐藏在雷达吸收网后面。采用薄的二维排气喷嘴,下唇突出,以隐藏排气孔。平面的使用有助于减少雷达信号。由此产生的形状看起来像是从一张硬纸板上折起来的,这对洛克希德空气动力学专家来说肯定是一个相当大的挑战

排气喷管

废气以亚声速离开涡轮,而对于亚声速飞机来说,它们通常通过一个简单的固定收敛喷管来加速。在这种喷管中可以获得的最大马赫数是 1,但由于气体很热,排气中的声速比周围大气中的声速快。因此,收敛喷管理论上仍然可以用于超声速飞行。实际上,设计用于超声速飞行的飞机通常需要一个可变几何喷

图 6.35 F−111 上的四分之一环形侧向进气道

注意上角的四分之一整流锥产生外部压缩激波,以及用于去除边界层的狭缝,这张照片显示的是美国宇航局改装的飞机,安装了实验性的可变弧度"任务自适应机翼"(图片由美国宇航局提供)

管,该喷管可以调节以产生高速飞行的收敛-扩张结构。在收敛-扩张喷管中,射流可以加速到马赫数大于1。

超声速飞机会频繁利用再热,这就要求使用可变几何喷管。这些设计往往很复杂,涉及大量的活动部件,此类部件都必须能承受非常高的温度。协和式飞机的可变几何出口喷管复杂交错的片状结构如图 6.32 所示。

如果采用二维设计代替传统的轴对称布置,可以降低喷嘴机构的复杂性。二维喷管采用可变几何开槽的形式,如图 6.36 所示,可布置成产生推力矢量控制用于短程起飞与着陆。

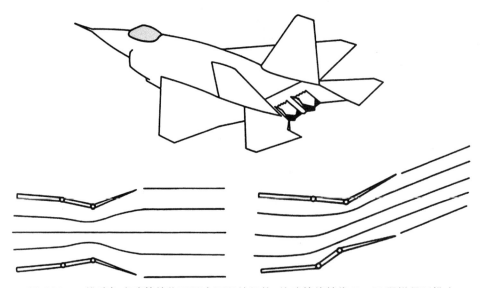

图 6.36　二维喷气式喷管简化了可变面积的机构,使喷管能够像 F-22 那样用于推力矢量控制。出于隐蔽的原因,喷管呈锯齿状

6.37　冲压发动机推进

当空气进入喷气发动机的进气口时,其转速降低,压力相应升高。这种冲压压缩效应意味着随着飞机速度的提高,压气机逐渐变得多余。当马赫数超过约3(声速的三倍)时,完全不需要压气机就能获得有效的推进。取消压气机意味着涡轮机也是不必要的。所需要的只是一个适当形状的带有燃烧室的管道。这种极其简单的喷气推进方式被称为冲压发动机。冲压发动机的基本原理如图6.37所示。推力主要由作用在进气道内壁上的高压产生。为了在高马赫数下高

效运行,需要更复杂的进气几何结构;与如上所述用于超声速涡轮喷气推进的类型类似。

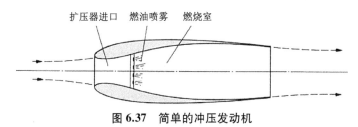

扩压器进口　燃油喷雾　燃烧室

图6.37　简单的冲压发动机

喷气推进的最简单形式。然而,它在马赫数3以下是低效的,并且在低速下根本无法启动

　　冲压式喷气发动机的问题是在马赫数约为3的情况下效率低下,如果没有足够的速度,则根本无法工作。需要其他形式的推进来提供初始速度,对于导弹,通常初始使用助推火箭。在二战后早期,法国 Leduc 公司生产了一些冲压发动机驱动的实验飞机,这些飞机成功完成了飞行(图6.38)。它们通常是从母机上起飞,以滑翔机的方式降落。

图6.38　1946年法国 Leduc 010 实验冲压发动机飞机

这架飞机是从一架改装过的客机上空中发射,并以滑翔机的方式降落。飞行员俯卧在这个鼻锥体上需要很大的勇气。后来1954年的 Leduc 022 实现了超声速飞行

　　在很高的马赫数下,燃烧区必须有超声速流动。这被称为超燃冲压发动机(超声速燃烧冲压发动机)推进。传统的燃烧系统只需在气流中加入煤油等燃料的方案在此处就不能使用,因为火焰的传播速度不如气流快,因此只会爆炸。无人机 X－43A 高超声速研究飞机由超燃冲压发动机驱动,如第8章所述,如图

8.24 所示。

6.38　双模涡轮冲压发动机

作为空中发射或助推器的替代品,可以使用某种形式的双模或多模推进。一种方法是在冲压发动机管道内使用涡轮喷气发动机,如图 6.39 所示。在低速时,发动机表现为传统的涡轮喷气发动机。然而,在高马赫数下,部分或全部空气可能会绕过主核心发动机,并用于加力燃烧室以产生冲压式喷气推进。

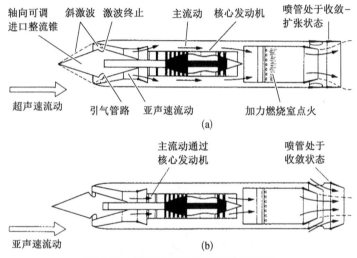

图 6.39　涡轮冲压发动机布局示意图

在高超声速下,一次流通过核心涡轮喷气发动机,加力燃烧室用于提供冲压发动机推进。中心整流锥向前移动,以使进气道几何形状与飞行条件相匹配。为了有效地工作,整流锥激波应该正好击中进气口边缘。当"启动"进气道波系时,整流锥也会移动

(a) 超声速冲压发动机模式;(b) 亚声速涡轮喷气模式

与传统涡轮喷气发动机相比,这种布置的优点是,由于涡轮和压气机中的能量退化被消除,冲压发动机在高马赫数下变得更为有效。图 6.40 所示的 SR－71 采用涡轮冲压发动机推进。

不幸的是,在冲压发动机推进处在有效马赫数的情况下,动力加热效应使传统的铝合金和制造技术变得无法承受。几乎没有制造出马赫数为 3 的飞机,而且大多数都仅仅是实验或研究用飞行器。图 6.40 所示的 SR－71 侦察机是一个罕见的具有马赫数 3+能力的量产飞机,现在已经退出现役。

图 6.40　超高速飞行用涡轮冲压发动机推进

　　洛克希德 SR - 71 的飞行速度为马赫 3+。注意轴对称发动机进气口中产生中心激波的整流锥,排气喷管完全打开以进行再热操作。这张照片是在飞机以大攻角操纵时拍摄的。机身边条和机翼产生的强烈锥形旋涡由于产生的水蒸汽云(而不是烟雾)而变得可见。发动机熄火留下了壮观的火球。发动机具有非常复杂的内部可变几何结构,一旦出现任何不匹配都容易导致燃烧失败,引发熄火(照片来自 Duncan Cubitt, Key 出版社)

6.39　纯火箭推进

　　纯火箭将在极高的高度和太空的真空中工作。然而,高速的喷出气体和必须携带的氧化剂附加重量意味着它与较低高度的吸气式发动机相比效率极低。

　　火箭发动机的推力来自燃烧室壁和排气喷管的高压。相同的高压会导致喷气的加速度和动量变化。火箭曾被用来助推起飞,并用于试验性高空高速研究飞机,但二战时后掠无尾的梅塞施密特 Me - 163 是其中一架量产的火箭动力飞机。发动机使用了两种化学物质,其中一种化学物质会具有很强的反应活性,如果在坠落过程中没有爆炸,很可能会溶解机上人员。据说它不受飞行员们的欢迎!

6.40　吸气式火箭混合动力

　　混合火箭发动机的一个例子如图 6.41 所示。在所示的设计中,火箭用来驱动涡轮并产生热喷流。在低空,推力的一部分来自加热和膨胀的空气,就像涡轮喷气式飞机一样。在非常高的高度,空气密度对吸气式发动机来说太低了,它在实际上就变成了纯火箭动力飞机,目前已经研究了各种各样的可供选择的吸气式或混合设计。

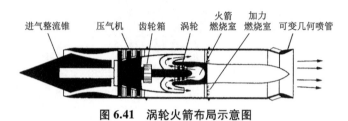

进气整流锥　压气机　齿轮箱　涡轮　火箭燃烧室　加力燃烧室　可变几何喷管

图 6.41　涡轮火箭布局示意图

在大气层外,发动机可以用作简单的火箭。在大气中使用空气时,发动机的行为更像涡轮喷气发动机,比纯火箭效率更高

到目前为止,已经有人提议将高超声速导弹和吸气式火箭发动机结合使用,但迄今为止只将其用于飞行器和吸气式发动机的组合。第 8 章对高超声速飞行器的推进作了进一步的讨论。

6.41　发动机安装

在许多早期的多引擎喷气式飞机中,发动机都埋在机翼根部,就像英国彗星客机(图 9.3)以及火神和胜利者轰炸机一样。安装在美国波音 707 客机机翼下的塔架和 B - 47 轰炸机开创了大型亚声速飞机发展至今的潮流。翼吊式布局的主要优点是它减少了机翼弯矩,因为发动机重量部分抵消了机翼升力产生的向上力。另外,较短的对称翼吊布局方式下的进气道气动损失较小,更易于维护。

机尾或后机身安装曾经是所有类型运输机的选择。这种布局产生了一个空气动力学上更干净的机翼,但这种优势被机翼弯矩减缓不足以及在飞行中紧随机翼的发动机进气口问题所抵消。对于大型飞机,翼吊布局是首选,但尾部安装仍然是小型运输机(如图 10.22 所示的 Hawker 800 商务喷气式飞机)的首选。

6.42　理想的推进系统

对飞机推进这一主题的必要的简要介绍表明,有各种各样的系统可用。选

择取决于所需的速度或马赫数范围以及飞机的作用,没有完美的全能系统。图
6.42 总结了上述一些推进系统对民用运输应用的适用性,该分类方法在现实中
的不同类别之间存在相当程度的重合。

图 6.42 各种推进系统的主要民用运输应用

6.43 推荐阅读

Golley, J., Whittle: the true story, Airlife Publishing Ltd, Shrewsbury, 1987.

Jones, G., The jet pioneers, Methuen, London, 1989. Includes a good description of both German and British work.

Procs RAeS Conference, Advanced propellers and their installation in aircraft, September 1988.

Rolls-Royce, The jet engine, 4th edn, Rolls-Royce plc, Derby, 1986.

Whittle, F., Jet: the story of a pioneer, Muller, 1953. From the horse's mouth.

第 7 章

性　能

在前面的章节中,我们研究了飞机的各个部件。在本章中,我们将从操纵角度考虑飞机。我们还将研究由于相互冲突的需求和约束之间需要做出的妥协。在我们观察飞机本身之前,有必要先了解一下飞机的飞行环境和飞行中的飞行员获取外界信息以计划行动的方式。因此,我们首先考虑大气层以及飞机速度和高度的测量方式。

7.1　大气

大气层的状况显然取决于当地的天气状况等因素,这些因素每天都在变化,而且还取决于飞机的运行位置。由于这些变化,许多"标准大气"被定义为代表世界不同地区的平均条件,飞机性能通常与这些标准条件有关,并对实际大气中的运行进行了适当的修正,这与标准假设并不完全一致。

就飞机的运行而言,最重要的因素是密度和温度。密度之所以重要,是因为它对空气动力的主要影响,而温度则是因为它控制着声速,声速是高速飞机的一个非常重要的参数(第5章)。

我们将不深入研究大气的物理性质,而将满足于对这些性质如何随高度变化的简单陈述。图 7.1 总结了这些变化,显示了适合温带纬度的大气条件。这被称为国际标准大气(international standard atmosphere,ISA)。

7.2　速度和高度测量

到目前为止,当我们使用"速度"这个词时,我们指的是飞机和空中的相对

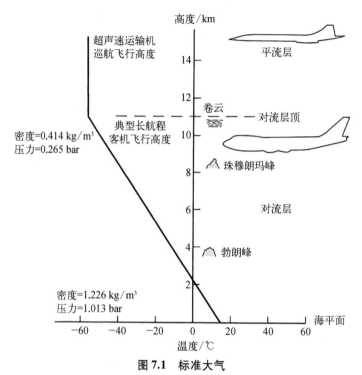

图7.1 标准大气

对流层的温度随着海拔高度的增加而下降,而平流层的温度是恒定的(−56.5℃)。对流层和平流层的气压和密度都随高度的增加而下降

速度,这个量被称为真空速(true air speed)。

测量空气速度最常见的方法是利用运动产生的压差。这种压差可以通过在滞止点(空气相对于飞机静止)进行一次测量和在飞机表面上局部压力等于周围大气压力的点进行第二次测量来获得(图7.2)。伯努利方程(第1章)告诉我们,这个压差将等于$1/2\rho v^2$(其中ρ是空气密度,v是气流速度)。因此,只要我们知道密度,我们就可以根据测得的压差来计算气流的速度。

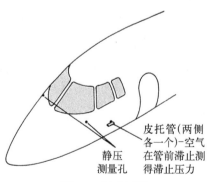

图7.2 风速测量

"指示"空气速度是根据皮托管和静压之间的差值得出的

原则上,通过测量大气温度和气压可以找到局部密度,但由于历史和现实原因,通常不这样做。相反,密度被假定为标准大气中的海平面值(1.226 kg/m³)。根据测得的压

差,使用此恒定密度值计算出的空气速度称为当量空速(equivalent air speed, EAS)。

正如我们所见,密度的实际值将随位置、天气和海拔高度而变化,因此,只有在标准条件下,在海平面上,当量空速才会与真空速一致。随着高度的增加,实际密度降低,当量空速低于真空速。

虽然乍一看这会是一个极其严重的问题,但就驾驶飞机的实际任务而言,情况并非如此。例如,飞行员需要知道他什么时候有失速的危险。在第 1 章中,我们看到作用在飞机上的气动力与动压成正比($1/2\rho v^2$)。如果飞机减速,通过增加迎角来补偿动压损失,使升力保持与飞机重量相等。由于动压与等效风速直接相关,失速攻角将发生在特定的等效风速下,而不是真实风速下。

如果飞行员必须根据真实的飞行速度工作,失速时的风速读数将取决于高度和当时的天气情况,对于必须快速做出决定的飞行员来说,这太不方便了!

飞机周围的详细流场会因飞机姿态、襟翼等装置是否展开等因素而改变。流场中的这些变化会对用于测量空气速度的两个测压孔产生一些影响。这意味着飞行员在其航速指示器(air speed indicator, ASI)上显示的等效风速中会出现误差(称为位置误差)。因此,实际 ASI 读数与等效风速略有不同,称为指示风速(indicated air speed, IAS)。

幸运的是,在给定的飞行条件下这些位置误差至少是相同的。因此,尽管 ASI 上显示的指示风速与无位置误差的等效风速略有不同,但失速总是会出现在相同的 ASI 读数下,而这正是飞行员的全部需求。

从导航的角度来看,ASI 给出的指示风速用途有限,尽管在简单的轻型飞机中,这可能是唯一可用的速度信息。在这种情况下,飞行员必须根据其对高度和当地盛行风速的了解来估计相对于地面的实际速度。在更复杂的飞机上,可以使用各种导航辅助设备,它们要么是基于地基发射机的 GPS,要么是可以在飞机内独立安装使用的惯性导航。

在第 5 章中,我们看到马赫数在高速下是非常重要的,这在第 8 章和第 9 章会变得更加明显,在飞机上会装有马赫表。

飞行员需要知道的另一个重要参数是飞机的高度。传统上,这可通过压力测量得到,该方法需要的是局部静压或局部大气压力。正如我们在本章开头所看到的,这种静压会随高度而变化。压力测量并不是获得真实高度所需的全部,因为局部静压将取决于当地的天气条件以及高度。因此,假设大气具有国际标准大气规定的特性,则对高度表进行校准(图 7.1)。

在这种国际标准大气假设下测得的高度表读数称为压力高度。就飞行员而言,主要问题发生在着陆时,压力高度可能与要着陆的机场的实际高度不符。因此,可以调整高度表读数,以便在机场获得正确的指示。这是由飞行员在着陆前立即响应地面管制员提供的信息来完成的。由于高度是由静压测量得出的,它也会受到位置误差的影响。

在大多数军用和商用飞机上,除了气压高度表外,通常还提供其他高度测量手段。这些无线电高度表是基于地面无线电波的反射测量的,不受上述误差的影响。现在还可使用 GPS 系统。

我们上面描述的仪器是飞行员用来获取有关飞机空气动力学性能的信息的,被称为主要驾驶仪表,爬高度指示器也属于这一类的仪器。还有一种是人工水平仪,它能给飞行员提供相对地面的飞机姿态信息,这种仪器依靠陀螺仪提供稳定的参考。图 10.2 所示为现代典型轻型飞机的仪表板。

7.3　巡航飞行

在大多数情况下,飞机的飞行至少可以分为三个不同的阶段——起飞和爬升、巡航、下降和着陆。在本章中,我们将主要关注飞机的巡航性能。着陆和起飞将在后面的第 13 章讨论。

巡航的性质将根据飞机的用途而改变。例如,一架商用客机必须尽可能经济地运行,因此减少给定航线上的燃料消耗是最重要的。然而,正如我们稍后将看到的,对于操作者而言,这并不是唯一的因素。对于巡逻机,如机载雷达系统、预警机或警用观察机(图 7.3 和图 4.9),续航时间可能是首要考虑因素。对于战

图 7.3　对于像波音预警机这样的巡逻机来说,长续航时间可能是主要的性能考虑因素

(照片由波音公司提供)

斗机来说,它的关键性能是飞行速度,以便进行拦截,此外还需要再加上续航时间和航程,这取决于所执行的特定任务。在这种情况下,飞行的"巡航"阶段可以细分。其他机型也是如此。例如,一架商用客机必须经常花费时间等待轮到它降落在繁忙的机场,因此引入了一个重要的"等候"阶段,这是纯粹出于组织目的而需要的。

7.4　水平飞行性能

在第 1 章中,飞机机翼所产生的升力必须始终等于稳定水平飞行的重量。对于爬升角度不大的稳定爬升来说也是大致如此。当速度降低时,通过使用升降舵提升机头,增加机翼的攻角来保持升力不变,如第 10 章所述。为了保持新的速度,飞机的阻力必须由发动机推力精确平衡,所以通常需要调整油门实现。

我们在第 4 章中看到了飞机直线和水平飞行时尾涡阻力、表面摩擦力和边界层压阻是如何共同产生如图 7.4 所示的典型变化的。

重要的是要了解图表中机翼攻角已经进行了调整以在每一个速度提供相同的总升力。要注意图中曲线最重要的特征是,阻力在特定速度下有一个最小值,即最小阻力速度。通常情况下,飞机将以大于最小阻力值对应的速度运行,例如,速度的变化可能导致图 7.4 中的操纵点从 A 移动到 B。阻力增加通常意味着必须改变发动机设置以产生所需的额外推力。

图中绘制的曲线,让我们更好地理解发动机推力在不同的油门设置是如何随速度变化。在图 7.4 中,给出了典型涡轮喷气发动机在恒定高度下的曲线。完全相同的情况会出现在任何动力装置上:飞机的稳定飞行"操纵点"出现在阻力和推力曲线相交的位置(即当推力 = 阻力时),对 A 点和 B 点交点的表明,B 处需要更高的油门设置。

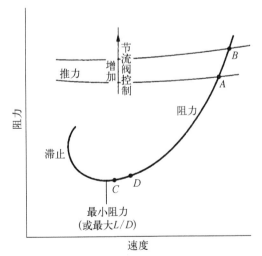

图 7.4　涡轮喷气动力飞机的阻力和推力曲线

飞机在推力和阻力曲线的交点处稳定飞行。因此,从 A 到 B 的速度增加需要增加油门设置这非常符合直觉,如果我们想跑得更快,我们增加油门设置,并放下机头,以减少随着速度增加的攻角。然而,这种简单的观点可能会产生误导。在许多情况下,操纵点将非常接近最小阻力点,如图 7.4 中的 C 点。因此,当我们移动到 D 点时,速度的变化将导致机身阻力的相对较小变化。此外,对于涡轮喷气发动机,推力随前进速度的变化通常不是很大。这样的最终结果是,即使是相当大的速度变化,所需的油门设置变化会非常小。在这种情况下,主要是通过升降舵调节攻角的变化,进而改变速度。

这一点将在第 10 章中进一步讨论,届时还将说明在最小阻力速度以下进行操作会导致出现一些不稳定情况。

7.5 机翼载荷对阻力曲线的影响

如果在保持重量不变的情况下改变了飞机的机翼面积,机翼载荷(飞机重量/机翼面积)也会随之改变。其效果如图 7.5 所示,在图 7.5 中可以看出,机翼载荷增加的结果是在不改变阻力值的情况下将阻力曲线移到图片右侧。

对此的解释很简单。在图 7.5 中,在任何一点上,升力(等于飞机的重量)由升力系数乘以机翼面积和动压($1/2\rho v^2$)得出(第 1 章)。假设减小了机翼面积,如果只改变机翼的尺寸,但其几何形状和攻角保持不变,则升力系数不变。那么就可以通过提高速度来提高动压,从而补偿面积减小,进而获得相同的升力。

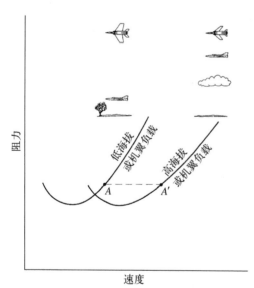

图 7.5 机翼载荷和高度对阻力的影响
增加高度或机翼载荷会使阻力曲线向右移动

对于较小的机翼,阻力系数也将保持不变。因此,由于动压与机翼面积的乘积不变,阻力也将保持不变。只需将 A 点水平移动至 A'(图 7.5),整个曲线如图所示移动并稍微变长,最小阻力与之前保持相同。

值得指出的是,上述说法存在部分近似简化,这是因为除非机身和尾翼组件的缩放方式与机翼相同,否则当我们从 A 点到 A′ 点时阻力系数会发生变化(图7.5),此时最小阻力值会有所变化。

此处忽略的另一个因素是,机翼尺寸的变化会伴随结构重量的变化,因此我们的恒重假设是不合实际的,特别是当我们考虑到机翼面积发生较大变化时。

然而,通常情况下,增加机翼载荷意味着飞机可以飞得更快,而阻力的增加几乎没有损失,这导致许多机型的机翼载荷增加,这在第 9 章中有进一步的描述。必须记住,机翼载荷的任何增加都意味着更高的最小飞行速度,因此必须在巡航、着陆和起飞性能要求之间达成妥协。

7.6　高度对阻力曲线的影响

高度对阻力曲线的影响非常相似。随着高度的增加,密度降低,这可以通过增加巡航速度来补偿,以保持动压恒定。如果飞机姿态保持恒定,升力和阻力系数将保持不变,阻力曲线将以与之前完全相同的方式向右移动(图 7.5)。

7.7　最大速度

从图 7.4 可以很简单地推导出飞机在水平飞行中所能达到的最大速度。为了达到最大速度,我们需要阻力曲线和发动机推力曲线之间的交点尽量右移,此时发动机处于最大油门设定值。

以下讨论似乎是非常理所应当的情况,但有必要进行严谨分析。我们先前假设了一个比较简单的阻力曲线形式,对于某些飞机,压缩效应可能会对其产生重要影响。抖振边界(第 9 章)等因素可能会限制最大速度。高速飞机也可能受到最大允许结构温度的限制,这可能是由于动力加热效应引起的(第 8 章)。这些因素可能会限制允许的速度最大值,低于"可用推力"标准所提到的速度值。发动机的操作条件约束还会产生一些其他限制(第 6 章)。

增加机翼载荷的主要作用是在不增加阻力的情况下将整个阻力曲线移动到更高的速度(图 7.5)。因此,从获得高速的角度来看,高机翼载荷和小机翼是可取的。

类似观点可能会让读者认为,高海拔也适合高速行驶。这在某种程度上是正确的,但必须记住,海拔的增加意味着温度的降低,从而降低了声速。这意味着在高空给定的飞行速度下,飞行马赫数将增加。因此,压缩效应在较低的空气速度下会很明显,这将产生重要限制,特别是设计用于亚声速或跨声速飞行的飞机。

7.8　经济和航程最佳速度

正如我们在本章前面所提到的,飞机的"最佳"运行速度取决于它被设计来发挥的特定作用。如果飞行目的是把乘客从 A 地运送到 B 地,那么一个重要的考虑因素就是燃料的消耗量,这通常会保持在飞行任务的最低限度,实现最大航程也是一个非常相似的问题。在这种情况下,我们不需要使用最小燃油量飞行特定的距离,而是需要在给定燃油载荷的条件下飞行最大距离。

如果我们简化此类问题,假设发动机效率恒定,那么对于最佳航程和经济性的要求是,当飞机从 A 移动到 B 时,所做的总功应尽可能低。

所做的总功是力乘以它移动的距离。在这种情况下,通过有效距离移动的唯一力是阻力(图 7.6),其移动的距离等于飞机在起始点和停止点之间飞行的距离。因此,我们可以看到,为了获得最佳经济性,在这个简化的视图中,飞机应该以其最小阻力速度飞行。需要注意的是,这种速度在飞行过程中会发生变化,因为飞机的重量会随着燃油的消耗而减少。

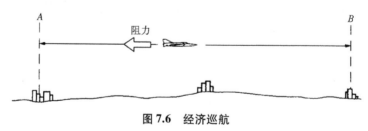

图 7.6　经济巡航

飞机从 A 飞到 B 所消耗的总能量等于阻力乘以飞行距离

机翼载荷和高度的变化大约只会改变最小阻力速度的出现条件,而不改变其数值大小。因此,就机身而言,在给定航程中必须消耗的总能量与机翼载荷和高度无关。

从第 6 章我们知道,在现实中,发动机效率不是恒定不变的,不同类型的动力装置有各自特点。因此,我们将考虑运行完整的机身/发动机组合以获得最佳经济性的问题,以下主题将会与所使用的动力装置类型相关。

7.9　活塞式发动机的最佳经济性

使用螺旋桨驱动的活塞式发动机所需的燃料流量与产生的功率大致成正比(第 6 章)。在低于 $Ma = 0.65$ 的典型巡航速度范围内,无论飞机选定的巡航速度,我们发现发动机/螺旋桨组合可以设计成具有大致相同的效率。

因此,如果我们回顾图 7.5,并选择任何机翼载荷曲线的最小阻力速度作为我们的操纵点,可以设计一个活塞/螺旋桨组合,无论所选的特定机翼载荷,它将以相同的效率工作。

当我们改变机翼载荷时,发动机设计的主要变化是发动机的尺寸。如果选择面积较小的机翼,则载荷较大,最小阻力速度较高。我们已经知道,对于图 7.5中的所有曲线,机身的最小阻力值将是相同的,因此工作速度的增加意味着所需的功率(等于阻力乘以速度)将更大;因此需要更大的发动机。

如果我们把发动机的尺寸扩大一倍以增加一倍的功率,我们的燃料流量也会增加一倍。因此,如果我们选择一个较小的机翼面积和两倍的最小阻力速度,我们将使发动机尺寸加倍,并以两倍于以前的速度使用燃料。然而,我们将用一半的时间完成旅程,这样就可以使用相同的燃料总量。

当然,我们又犯了一次过度简化的错误。较大的发动机会增加飞机的重量,而我们假设这是不变的。如果我们还记得大型机翼意味着结构重量的增加,我们现在可以看到必须做出的设计妥协。如果我们选择高工作转速,那么发动机重量将很大。另一方面,如果我们选择低速,机翼会很大,结构也会很重。因此,设计师必须在两端之间寻找一个最佳点。

图 7.5 还表明,高度的增加也意味着最小阻力速度的增加。这就需要一个更强大的引擎,但这会引起重量的增加——这是限制活塞发动机飞机巡航高度的好理由。此外,即便是在机械增压器的帮助下,活塞式发动机在高海拔地区工作效率并不好(见第 6 章)。

到目前为止,我们只从巡航性能的角度考虑了所需发动机的尺寸。在真实的飞机中,所使用的发动机会稍大一些,因为将发动机与低空时的最小阻力速度

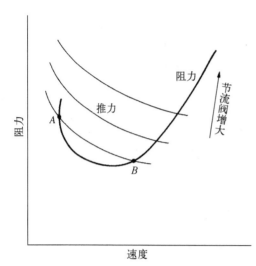

图7.7 活塞发动机飞机的阻力和推力曲线

对于低油门设置(或使用小发动机),点 A 和 B 之间的速度范围变小

相匹配将使得飞机仅能在非常有限的速度范围内飞行(图7.7),因此需要额外的动力使飞机具有可接受的速度范围。

为了在给定重量下充分利用发动机,应在最大油门附近操作。由于空气密度降低,发动机的功率输出随着海拔高度的增加而下降。因此,在可用发动机功率与最小阻力附近所需功率匹配的情况下选择巡航高度。

还有其他的操作要求,比如需要在恶劣天气运行,这将影响巡航高度的实际选择,但总的来说,几十年前的活塞驱动客机与今天的涡轮喷气式客机相比,巡航高度相对较低。我们接下来讨论后一种飞机巡航高度增加的原因。

7.10 喷气发动机的最佳经济性

燃气涡轮发动机中的燃料流量仅取决于节气门的设置,并且与发动机产生的推力(而不是功率)近似成比例。与活塞式发动机不同,涡轮喷气发动机(第6章)的效率随着动压的增加和温度的降低而提高。因此,为了获得最佳的发动机效率,飞机需要飞得又快又高。

因为发动机效率随着速度的增加而增加,最佳飞行速度是在机身和发动机要求之间的折中。因此,与活塞发动机飞机不同,最佳巡航速度将略高于最小阻力速度(图7.4)。

由于发动机的工作方式,现在需要尽可能高的动压(因此也需要工作速度)。因此,我们需要设计和操纵飞机以便以尽可能高的速度获得最佳机身性能。高速的要求对商业运营商来说是个好消息,我们很快就会谈到。飞机还应飞行在高空中,这样空气温度较低,以进一步提高发动机性能。

如我们所见,减小机翼面积使我们能够增加动压以进行补偿。因此,为了高速飞行,我们需要一架机翼面积尽可能小、具有可接受低速性能的飞机。

　　飞得高也有其局限性。空气密度越低,飞机失速速度越高(第 2 章)。传统跨声速客机的最大速度将取决于与高马赫数相关的问题的出现(抖振边界,第 9 章),因此随着高度的增加,飞行会处在越来越受限的速度范围内(图 7.8)。从操作角度来看,必须考虑到安全余量,以允许意外的速度变化和操纵,例如转弯,这会对机翼升力产生额外要求,如下文所述。

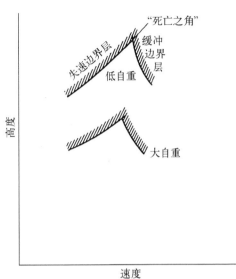

图 7.8　重量对失速和抖振边界的影响
使用燃油时飞机重量的减少意味着失速和抖振边界之间的交点出现在更高的高度

7.11　巡航爬升

　　随着飞行的进行,燃料逐渐消耗,飞机重量将发生变化。这一变化可能是非常显著的,在远程运输机上可能高达总重量的一半,升力将相应减小。因此,为了在最佳升力系数下运行,我们需要降低动压。如果飞机由燃气涡轮驱动,我们不希望降低速度,否则发动机效率会受到影响。降低速度的唯一选择是在飞行过程中通过爬升来降低空气密度。幸运的是,即使我们在上一段描述的极限高度附近操作,这也是可能的。随着飞机重量的减少,该极限高度增加(图 7.8),我们可以在不被挤压到"死亡之角"的情况下实现所需的高度,此时失速和高速抖振以相同的速度发生。这种技术被称为"巡航爬升"。

7.12　一些实际考虑

　　实际上,其他因素可能会影响巡航高度的选择方式和巡航爬升技术的操作方式。

首先,我们必须记住,巡航只是飞行的一部分。飞机还须考虑着陆和起飞,飞行计划必须作为一个整体在所有阶段进行优化,而不仅仅是在巡航期间。因此,对于短途飞行,巡航高度可能低于长途飞行。

就巡航爬升而言,诸如空中交通管制要求等因素使飞行员并不能像希望的那样密切地遵循这项技术。例如,为了实现飞机之间保持安全距离,高度可能取决于安全性而不是经济性,飞行员在改变高度之前必须获得空中交通管制部门的许可。

7.13 飞行器尺寸

在过去的几十年里,任何一个对商用飞机有所观察的人都会注意到,客机的尺寸已经大大增加,特别是用于更远航程的飞机,因此出现了如图 13.12 所示的 A380 客机。这种变化的原因很简单,除了机翼外,造成飞机整体阻力来自其他各种部件,包括机身。对于类似的机身,容量随着直径的立方而增加,而表面积只随着平方而增加。由于阻力取决于表面积,这意味着每名乘客产生的阻力减小,从而提高了运行经济性。

当然,其他因素也会限制尺寸。为了使机组服务更加有吸引力且有效,航空公司必须在给定的航线上进行合理频率的服务。如果这导致飞机不得不在大量座位空置的情况下运行,显然会抵消由于尺寸增加而带来的其他改进。

其他因素包括机场提供的客运设施,这些设施必须能够服务大量的乘客进出大型飞机。如果有读者碰巧遇上大型客机改飞的突发状况,就会亲身体验到接收机场因未做充分准备而引发的混乱情形。

7.14 其他类型的动力装置

到目前为止,我们将讨论限制在两种最常见的动力装置类型上,以说明最佳经济性条件随我们决定采用的动力装置类型而变化的方式。当然还可以使用其他类型的动力装置,这些替代方案在第 6 章中提到。

在这些替代品中,最常见的可能是涡轮螺旋桨,这有点像活塞发动机和涡轮喷气发动机之间的中间过渡形态。燃气涡轮的基础效率会随着转速的增加而提高,但螺旋桨效率会因压缩性的影响而随转速的增加而恶化。使用更先进的螺旋桨和第 6 章中提到的无涵道风扇,将有助于克服这些问题,并扩大这种动力装置的速度范围。

在更高的速度下,其他形式的推进方式,如冲压发动机或涡轮火箭,这些技术也很有吸引力,特别是如果我们对飞机的经济性有更全面的看法,而不是简单地计算在给定有效载荷下完成一个特定航程所需的燃料。

7.15　高速飞行时的经济性

在上面的讨论和第 6 章中,我们发现喷气发动机的效率随着速度的增加而提高,最终会比活塞式发动机/螺旋桨组合式发动机的性能更高。当我们提高巡航速度或马赫数时,我们可以使用效率稳步提高的动力装置。

机身/发动机组合的总体效率可通过将机身效率(最佳升阻比)乘以发动机效率得到。其结果如图 7.9 所示,并表明这种总体效率可以保持与速度惊人的恒定。因此,对于给定的飞行任务,原则上我们可以制造一架高速巡航的飞机,

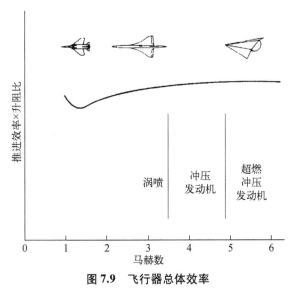

图 7.9　飞行器总体效率

图片代表了能够实现的最佳效率。随着机身效率的下降,可
实现的推进效率增加对总体效率进行补偿

并且只使用与低速竞争对手相同的燃油量。

上述论点并不表示单个飞机的整体效率不随速度而变化。这仅仅意味着我们可以设计特定的外形,用于以不同的速度运行,具有相似的整体效率。

商业飞机的经济运行不仅仅是一次航班上每位乘客所用燃料的多少。飞机花费巨大,每天必须完成尽可能多的飞行以支付费用。机组人员必须按小时计酬,而提供最快服务的航空公司通常会吸引最多的乘客(如果其他因素相同)。这些因素显然使高速飞机成为一个非常有吸引力的选择。

同样,我们必须谨防从这样的论点中得出过于笼统的结论。为填补市场上某一特定的空缺而设计的飞机是非常复杂的。开发成本非常高,特别是对于超声速和高超声速的配置,在以前几乎没有经验的情况下。我们还必须记住,我们只考虑了这个问题,假设我们可以在整个飞行过程中以最佳速度巡航。协和式飞机是超声速运输机的一个例子,为了避免激波对地面造成太大的干扰,不得不在飞行的大部分时间里以亚声速巡航。它可能还要花一些时间排队等待着陆。这些因素可能会显著增加飞行过程中的燃料使用量,燃料价格的相对较小变化可能会抵消上述其他商业优势。尽管有这些困难,协和式飞机仍显示出良好的营业利润。

在经济巡航速度的尺度上,我们也发现了某些"自然间断"。在亚声速与超声速的飞行马赫数衔接区间,我们知道在同样的升力下,阻力会迅速增加。还需要显著提高发动机的效率才能弥补这一问题。正是因为如此,在飞行马赫数约为 0.8 的大多数飞机和以马赫数 2 进行巡航的协和式飞机之间,运输机的巡航速度会存在明显的间断。

协和式飞机反映了另一个极限,即动能加热极限。在这个马赫数以上,传统轻合金材料开始遇到严重问题,必须接受极大增加的开发和制造成本。

然而,针对长期发展的高速飞行更为普遍的看法是,从天马行空的想法中探索可行方案。正如 Dietrich Küchemann(1978),一位为高速飞机发展做出巨大贡献的空气动力学专家所指出的那样,发展半轨道高超声速客机在几个小时内从英国飞往澳大利亚可能是一个明智的长期目标。

7.16　续航时间设计

飞机的目的并不总是在两个地点之间运送人员或货物,有时飞机被用作雷达或视觉观察平台,在这种情况下,主要的设计考虑将是它能在空中停留的时间长度。

在这种情况下,我们需要的不是给定距离内的最小燃油流量,而是单位时间内的最小燃油流量。在这里,我们将采用和以前一样的方法,从理想化的角度来观察机身,从而对物体的行为方式有一个初步的了解。在此之后,我们将研究发动机的实际性能,以更准确地了解整个飞机的运行要求。

我们做一个初步的猜测,假设操纵机身达到最大续航时间的最佳方式是在单位时间内需要花费最少的功来克服阻力的条件下飞行。做功的速率等于功率,所以这个工作点相当于飞行速度和相应的飞机姿态,从而产生最小功率,而不是最小阻力。

因为我们现在关心的是功率,而不是阻力,我们将考虑机身和动力装置所需的功率,并以类似于图7.4中阻力曲线的方式绘制它们。功率需求曲线很容易从阻力曲线导出。我们所要做的就是将阻力的每个值乘以它发生的速度,如图 7.10所示重新计算。然后为我们正在研究的动力装置叠加功率曲线,而不是推力曲线。

我们发现,当速度略低于最小阻力速度时,功率达到最小值。在构造功率曲线时,我们必须再次记

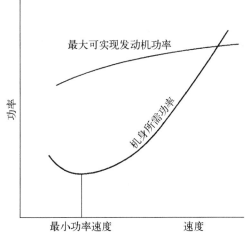

图 7.10　飞机和发动机功率曲线

通过将阻力值(图 7.5)乘以飞机速度得到功率曲线。最小功率速度约为 3/4 最小阻力速度

住,飞机是在恒定重量下直线和水平飞行。现在我们将对不同动力装置类型必须达成的折中方案做一个简单的分析,正如我们在考虑如何以最佳经济性和航程运行时所做的那样。

7.17　使用活塞发动机的续航时间

我们在上面看到,活塞发动机/螺旋桨组合在给定燃料流量的飞机典型工作速度范围内提供近似恒定的功率。因此,就发动机而言,在尽可能低的额定功率

下运行时,我们将获得最佳的续航时间。幸运的是,这与机身要求一致,因此我们以最小功率速度运行(图 7.10)。

现在让我们进一步研究对飞机运行的影响,就像我们在研究最佳经济情况下所做的那样。因为此处对低功率感兴趣,所以不仅要在巡航速度方面,而且要在巡航高度上尽量减少所需的功率。正如在本章前面看到的,所需功率(等于阻力乘以空气速度)随着高度的增加而增大,因为给定阻力所需的空气速度更高。因此,在我们的简化情况下,我们将通过在低空运行来获得这类动力装置的最佳续航时间。

为了进一步降低所需功率,我们可以使用较低的机翼负载来降低速度以获得最小功率。因此,为续航时间而设计的活塞发动机飞机往往具有相对较大的机翼面积。

7.18 使用涡轮喷气发动机的续航时间

对于涡轮喷气式飞机,燃油流量与发动机产生的推力大致成正比,与速度或高度无关。因此,最佳续航时间将出现在最小推力时,因为这将提供最低的燃油流量。当飞机以最小阻力速度飞行而不是以最小功率条件飞行时,将获得尽可能低的推力,从而获得最佳的续航时间。

飞机可以保持在空中的最大时间与机翼载荷和高度基本无关,因为最小阻力的大小不受这些参数的影响。然而,获得最小阻力的速度,以及获得最佳续航时间的速度,随着机翼载荷和高度的增加而增加。

7.19 爬升性能

爬升性能一般包含了两个具体的性能目标,在爬升角和爬升率之间前者通常会首先被想到。例如,如果我们讨论起飞时的性能,主要考虑的是避免撞上机场附近的高层建筑,为此,爬升角至关重要。在其他情况下,更令人感兴趣的性能目标是爬升率,例如对于拦截飞机来说确实如此。在这一部分,重要的是要认识到最大爬升角和最大爬升率不是同时发生的,它们位于两个不同的操纵点。

7.20　最大爬升角

图 7.11 显示了在稳定爬升过程中作用在飞机上的力。如果爬升是稳定的，那么就不会有净力作用在飞机上，无论是沿着飞行路径还是在垂直方向。如果我们考虑作用在飞行路径上的力，可以看到（图 7.11）爬升角的正弦值由推力和阻力之差除以飞机重力得出。因此，为了在可能的最大爬升角下运行，我们需要推力减阻力所得计算结果的最大值。

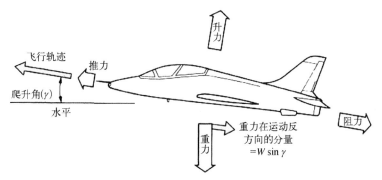

图 7.11　飞机稳定爬升时的力

升力平衡重力分量（$W\cos \gamma$）。推力平衡阻力加重力分量（$W\sin \gamma$）。Sin γ＝（推力-阻力）/重力

如果推力减去阻力等于重力，我们有一个垂直爬升，例如鹞式战斗机（图 7.12）。如果推力减阻力大于重力，那么飞机将处于加速状态，而不是稳定爬升。

图 7.12　垂直爬升

许多战斗机可以产生大于其重力的推力，使其能够进行垂直加速爬升。推力矢量装置使鹞式战斗机能够做到这一点，同时保持水平姿态（照片由 N. Cogger 提供）

然而,如果推力和阻力之差小于飞机重力,机翼仍必须提供一定的升力。飞机必须能够在所有的高度产生比飞机更大的推力。

例如,如果飞机是直线和水平飞行,我们就可以画出我们熟悉的阻力随飞行速度的变化。假设飞机在这条曲线上的 A 点飞行,如图 7.13 所示,增加油门设置将给出可用推力减去爬升阻力差。如果我们知道在新的油门设置下的发动机特性,就可以优化空速,以提供最佳的推力/阻力差。

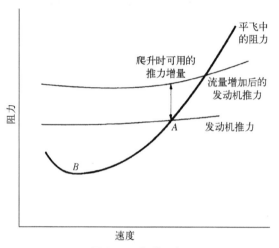

图 7.13 爬升飞行

增加油门设置使推力超过爬升阻力,当推力减阻力最大时,得到最佳爬升角

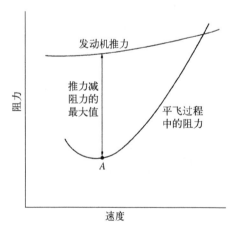

图 7.14 最大爬升角-喷气发动机

由于推力随速度变化不大,所以在最小阻力速度附近可获得最大爬升角

在此我们必须把注意力再次转向使用的动力装置的类型。如果我们处理的是涡轮喷气发动机问题,在考虑的工作范围内,推力不会随速度变化太大。因此,我们需要做的就是感激地接受发动机所给予的最大推力,并以最小阻力的速度飞行(图 7.14 中的 A 点)。

如果我们使用活塞式发动机/螺旋桨组合,已经知道推力会随着速度的增加而下降,因此我们必须在机身和动力装置的要求之间达成妥协,并在略低于最小阻力速度的速度飞行,以达到最大爬升角(图 7.15)。

在此需要谨慎考虑,我们用直线和水平飞行的阻力曲线估算了最佳爬升角。当飞机爬升时,在垂直于飞行路径的方向上进行受力分析,图 7.11 表明机翼的升力将会受爬升角余弦值影响而减小,不再等于飞机重力。因此,我们的阻力曲线需要修改,这反过来可能会影响爬升的最佳速度。

大量的飞机,如民用客机和军用运输机,不需要进行特别剧烈的操纵。虽然爬升率可能相当高,但由于前进速度也很快,爬升角往往不是很大。在这种情况下,我们最初的近似处理不会产生太大误差。

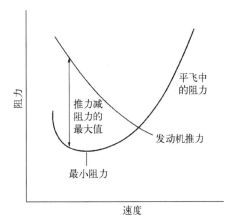

图 7.15　最大爬升角-活塞发动机

由于推力变化速度,最佳爬升角出现在低于最小阻力(和最小功率)速度的速度

7.21　爬升率

当我们考虑爬升率时,主要考虑的是尽可能快地增加飞机的势能,假设我们同时不希望改变前进速度,以便在稳定爬升过程中动能保持不变(图 7.16)。

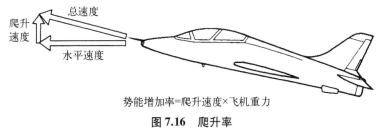

势能增加率=爬升速度×飞机重力

图 7.16　爬升率

增加的势能必须由超过水平飞行所需的发动机功率提供

如果是配有活塞发动机的飞机,所需进行的操纵已经相当清楚了。我们要做的就是尽可能地使发动机产生的功率大于克服阻力所需的功率。这将提供最大的额外功率,以尽可能高的速率增加飞机的势能(图 7.17)。如果我们简化假设发动机功率是恒定的,那么我们应该以与所需最小功率相对应的前进速度飞行——与我们计算的水平飞行中最大续航所需的速度相同。

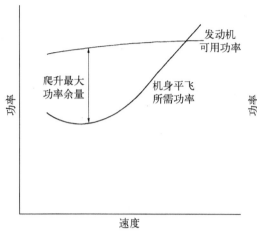

图 7.17　最大爬升率-活塞式发动机

在接近爬升速度的情况下,飞机所需的最佳速度几乎是恒定的

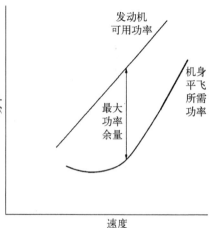

图 7.18　最大爬升率-喷气发动机

由于发动机功率随速度增加,爬升的最大功率是在超过最小功率所需速度和最小阻力速度时获得的

对于涡轮喷气发动机,功率随着速度的增加而增加,因此,我们将再次需要在发动机和机身要求之间妥协。为了获得最大的额外功率,我们必须以超过最小功率速度的速度运行(图 7.18)。

7.22　滑翔飞行

滑翔飞行和爬升飞行非常相似,主要区别在于现在我们是下降而非上升!操作要求也很相似。我们希望在空中停留尽可能长的时间,在这种情况下,需要以尽可能低的下降速度飞行,或者如果我们希望在滑翔过程中尽可能远地飞行,在这种情况下,我们需要的是最小滑翔角。这两个要求是不同的,飞行员将在不同的飞行速度下获得最小下降率和最小下降角。

上述情况的解决思路也与爬升情况非常相似。但这一次,我们不必过多担心发动机性能的复杂性。

如果我们关注的是最小下降率,我们只需要以最小所需功率的速度飞行,因为在滑翔飞行中,这必须由飞机势能的损失来提供,当然这是与下降速度成比例的(图 7.19)。

对最小下降角的讨论与最大爬升角非常相似。在这种情况下,作用在飞行

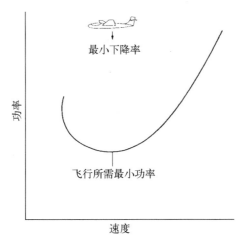

图 7.19 滑翔最小下降率

在最小功率转速下,势能损失必须提供的功率最
小,从而获得最小下降率

方向上的重力分量必须精确平衡阻力(图 7.20)。当阻力最小时,该分量将处于
最小值,并且该条件将对应于最小阻力速度。

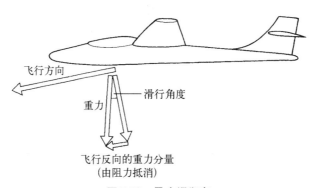

图 7.20 最小滑翔角

最小下降角出现在最小阻力下,因为运动方向上的重力分量将最小

7.23 转弯飞行性能

到目前为止,我们认为飞机总是处于直线飞行,现在主要讨论飞机的转弯
特性。

我们首先看在恒定高度转弯的情况。任何交通工具在转弯时,无论是自行车、汽车、火车还是飞机,都必须向转弯中心施加力,因为会有一个加速度指向中心。对于汽车或自行车,这种力由轮胎提供;对于火车,则由铁轨提供。对于飞机来说,必须找一些其他方法,该动作是通过倾斜或倾斜飞机来实现的,这样机翼产生升力的一部分作用在所需的方向上(图7.21)。因此,机翼必须产生比正常直线和水平飞行更大的升力。

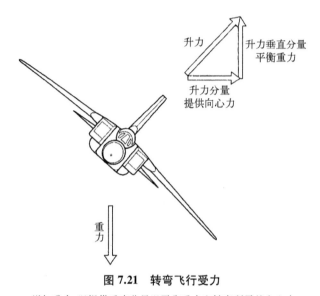

图 7.21 转弯飞行受力

增加升力,以提供垂直分量以平衡重力和转弯所需的向心力

这种额外的升力意味着,对于给定的速度,机翼在转弯时必须以更大的攻角操作,此外,升力的增加将伴随着阻力的增加。这种阻力反过来意味着维持稳定转弯所需的功率大于以相同速度直线飞行所需的功率。维持倾斜角、升力增量、阻力和所需功率的增加都会随着转弯半径的减小而增加,发动机的功率限制了所能达到的最小转弯半径。另外,额外的升力需求可能会导致机翼在达到这一点之前失速,因此失速也可能是限制因素。

7.24 推荐阅读

Mair, W. A. and Birdsall, D. L., Aircraft performance, Cambridge University Press, Cambridge, 1996, ISBN 0521568366. A good general text on aircraft performance.

第 8 章

超声速飞行器

这本书的章节顺序对读者来说可能会有些困惑。在第 5 章中,我们看到了速度是如何从亚声速到跨声速再到超声速和高超声速的。因此,我们的讨论在达到更高的速度之前,似乎应该考虑跨声速飞机的设计。然而,正如我们在第 5 章中所看到的,跨声速流动在许多方面比完全发展的超声速流动复杂得多,因此我们首先考虑超声速飞行器。不过,我们需要认识到,超声速飞行器也需要完成跨声速飞行,因此下一章概述的考虑因素也将影响超声速飞行器的设计。

飞行器最引人注目的一个方面是所使用的各种外形。图 8.1~图 8.4、图 8.8、图 8.16 和图 8.18 中显示了其中一些外形。我们看到有些机翼是直的,有些是后掠的,有些较小,有些较大。所有这些都为超声速飞行问题提供了可行的解决方案。

与大多数工程设计问题一样,答案在于设计过程是一种折中过程。虽然飞机可能设计为纯粹的高速飞机,但除非它是空中发射的导弹,否则它仍然需要着陆和起飞,因此必须能够以低速和高速飞行。

除了飞机所需的速度范围外,其他考虑因素,如所需的机动性程度可能会对总体配置产生重要影响。

在本章中,我们将探讨机翼和整机的设计方法,以达到令人满意的折中效果。所选择的具体解决方案很大程度上取决于飞机设计要发挥的具体作用。

闪电(图 8.1)被设计成载荷相对较轻的高空拦截飞机。最近设计的格鲁曼公司的 F-14(图 8.2)需要扮演多种飞机角色。欧洲台风战斗机(图 8.3)被设计成高度机动的跨声速和超声速"空中优势"战斗机。协和式飞机(图 8.4)是一种以超声速经济飞行的客运交通工具,但它需要有一个合理有效的亚声速巡航以及良好的机场性能。

图 8.1 大后掠翼

闪电作为拦截飞机,以高速和爬升率为主要目标,采用了薄截面高后掠机翼(由 N. Cogger 拍摄)

图 8.2 摆动翼

格鲁曼公司的 F-14 战机设计用于多种作战模式。机翼可以向前摆动,以便着陆和起飞,以及进行亚声速巡航。在高速飞行中,机翼可进行后掠变形(照片由格鲁曼公司提供)

图 8.3 鸭翼和三角翼

欧洲台风战斗机需要完成多种任务,但选择了一种更简单的固定外形,因为这样可以减少重量、复杂性和成本

图 8.4　协和式飞机必须在超声速和亚声速两种经济方式下巡航,细长的三角翼为低速飞行提供了足够大的机翼面积,同时保持了一个细长的整体平面形状以降低波阻

［图片由英国航空航天公司(布里斯托)提供］

8.1　超声速机翼

我们花了一些时间来考虑亚声速流中产生升力的方式(第 1 章),超声速流动有一些相似之处。升力是由上下表面之间的压力差产生的,无论流动是亚声速或超声速的,都需要在上表面具有较高的速度,在下表面具有较低的速度。

尽管这两种情况有许多共同之处,但高速和低速情况下的流动模式有相当大的差异。例如,在高速情况下,激波的产生是一个重要因素,而采用合理设计以尽量减少这些激波形成所造成的阻力是极其重要的。考虑到这些要点,很可能在超声速条件下表现最好的翼型看起来会和它们的低速同类翼型有很大不同。

在第 5 章中,我们研究了一种典型亚声速翼型的气流随上游马赫数增加而变化的情况(图 5.18)。流动的特点是在前缘和后缘形成波系。在超声速流场中,除了滞止点区域的钝前缘上有一小片亚声速流动外,流场完全是超声速的。

因为产生了较强的弓形激波,此类机翼的波阻会非常大。因此,这种机翼不适合用于超声速飞行,除非采用机翼后掠设计以降低有效来流速度(见第 2 章)。

为了减弱弓形激波的强度,最好令机翼前缘锋利。这将消除与钝前缘相关的正激波区域,从而减少波阻。图 8.5 所示的超声速翼型是一种特别简单的形式,即"双楔形"截面。我们在第 5 章简单讨论过这个问题,现在看起来它似乎非常适用于超声速实际应用中。

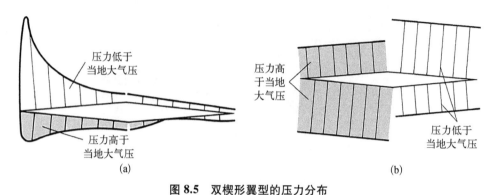

图 8.5 双楔形翼型的压力分布

(a) 亚声速(很低攻角);(b) 超声速

图 8.5 还提供了亚声速和超声速小攻角下双楔形翼型表面压力分布的比较。在亚声速情况下,我们希望在上表面前缘附近获得典型的吸力峰值,然后在我们向后缘移动时产生再压缩。在下表面,我们会得到一个滞止点,下表面更高的压力也将有助于整体升力的提高。

超声速气流中机翼上的压力分布要简单得多,钻石型横截面的四个表面都受到了几乎恒定的压力。这是因为两个前向表面上的流动是均匀的,因为弓形激波只会使整个流动发生偏转,直到它与机翼表面平行(第 5 章)。类似地,由上下表面顶点产生的膨胀波使气流转向,使其与后向表面平行。这也会在这些表面产生均匀的压力。

然而当我们加大攻角时,出现了惊人的意外情况。我们已经知道,对于低速、薄的机翼,甚至那些前缘锋利的机翼,会在相对较小的攻角下失速。即使气流成功通过了锐利的前缘,但在前后表面交界处,由于表面方向的突然变化将再次导致分离,这次分离发生在机翼后部[图 8.6(a)]。

然而,当我们观察超声速流动时,我们发现由弓形激波引起的流动偏转消除了尖前缘的问题,气流在前缘分岔,而不是像亚声速气流那样在下表面滞止点处分流。

气流也很乐意通过膨胀波[图 8.6(c)]来应对随后表面方向的突然变化,因为正如我们在第 5 章中看到的,局部顺压梯度在超声速下是有利的(即压力在运动方向上降低)。然而,在亚声速下,有一个局部不利的逆压梯度,因即便是在攻角小得足以防止尖头处的早期分离,此边界层仍会在逆压位置分离。

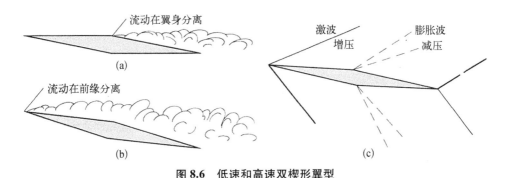

图 8.6　低速和高速双楔形翼型

（a）低速-增加攻角；（b）低速-进一步增加攻角；（c）超声速流动-流动未分离

因此,我们发现具有尖锐前缘和表面突变的机翼在超声速范围内表现良好,这些因素会导致低速时灾难性的性能。与一种典型的低速翼型(L/D 在 40 左右)相比,它们的性能看起来并不那么令人满意。当然,相对较差的性能是由于必须克服的波阻。然而,这种困难在许多军事应用中是可以克服的,因为速度是最重要的。对于民用运输机来说,较小的升阻比也可以接受,因为提高巡航速度可以更好地利用飞机,巡航速度乘以升阻比可以更好地衡量整体效率(第 7 章)。

唯一的问题是,尽管这些简单的翼型部分在超声速下很好,但它们的性能,正如我们所看到的,进行低速飞行会非常困难。然而,有一种"飞机"根本不需要低速飞行,如空对空导弹。因此,这些装置通常采用此类翼型截面。

在高速飞行器气动设计中,低速时最大升力系数较差的问题并不是唯一的难题。在第 5 章中,我们看到了当超声速流动类型建立时,机翼上的压力中心是如何向后移动的。压力中心位置的变化会导致纵向配平发生较大变化,必须通过提供大的尾翼控制面或通过其他方式进行调节。例如,协和式飞机使用燃料前后输送来改变飞机重心的位置,如第 10 章所述。

如果我们想在常规跑道上起飞或降落飞机,并获得合理的亚声速性能,以及以超声速飞行,我们需要使用一种低速和高速性能都可以接受的机翼,当飞机在其速度范围内加速时,机翼的流动特性不会发生任何剧烈变化。正是出于这样的妥协,才在实践中诞生了各种各样的解决方案。

8.2　超声速飞行平面形状

到目前为止,我们只研究了机翼横截面形状对升力面气动性能的影响。我们知道,在亚声速飞行中,平面形状起着至关重要的作用,在超声速中也是如此。

8.3 无后掠翼

让我们先来看看无后掠翼。我们已经看到了当考虑二维截面和忽略尖端任何影响时的流动情况。现在考虑一个更现实的情况,机翼的翼展是有限的,这样翼尖会对机翼的性能产生影响。

当我们考虑亚声速机翼(第2章)时,我们看到了翼尖对流动的影响。在超声速气流中,我们发现(第5章)由于压力扰动的传播方式,只有一个有限的流动区域会受到飞行器的影响。因此,我们发现翼尖的影响仅限于一个有限的区域,机翼的中心部分表现为一种纯粹的"二维"方式,就好像尖端根本不存在一样。

来自尖端的压力扰动可以传播的区域将以"马赫锥"为界(图8.7)。构成锥表面的马赫线由沿着线上每个点的局部流动条件决定。因此一般情况下,马赫线的局部斜率,以及马赫锥表面的局部斜率,都会发生变化,表面会轻微翘曲。此外,圆锥的几何形状也将取决于机翼的入射角。在中心区域,在翼尖马赫锥外,流动对尖端区域的存在一无所知,流动是前面讨论过的简单二维流动。

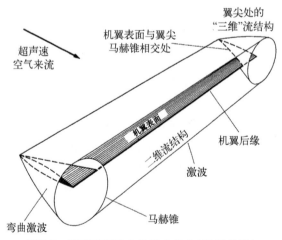

图8.7 超声速气流中的翼尖效应(无后掠翼)

在离表面较远的地方,翼尖马赫锥与机翼中心部分产生的弓形斜激波相交(图8.7)。因此,激波在翼尖区域发生改变,翼尖流动的外部区域受到锥形激波的限制,如图所示。

由于翼尖可以影响其马赫锥内的流动,因此该区域的流动会产生一个翼展方向的分量,而这种分量在机翼的二维中心区域是不存在的。这种沿翼展方向的速度导致翼尖周围从高压下表面到低压上表面的环流。因此形成了类似于亚声速机翼产生的尾涡。

如果机翼是无后掠角的,就需要一个锐利的前缘来减少波阻,但由于这种机翼部分的低速性能较差,因此在低速性能方面很重要的情况下,飞机通常不采用这种机翼。图 8.8 显示了 F-104,其中一架飞机采用了这样的平面形状来实现高速飞行。

图 8.8　超声速飞行用无后掠翼

在超声速飞行中,F-104 的无后掠翼是较为有效的,但在亚声速飞行中,高负荷的薄机翼提供了较差的操纵性和较高的失速速度。和闪电号飞机一样,它被设计成一种高性能的拦截飞机,当时几乎完全依赖空空导弹,因此认为机动性和狗斗能力并不重要(照片由 N. Cogger 提供)

8.4　后掠翼

在第 2 章中,我们看到了如何利用机翼后掠角来降低与机翼前缘成直角的速度分量。如果机翼后掠角足够大,使这个速度分量小于声速,那么机翼的行为就像在亚声速气流中一样。

为了简化讨论,我们将回到对无限长翼展机翼的假设。这样一来,我们一开始就可以忽略翼尖和机翼中心部分的问题。

8.5　亚声速和超声速前缘

垂直于前缘的速度分量应为亚声速的要求意味着后掠角必须大于当地马赫

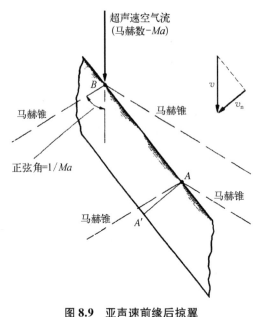

图 8.9 亚声速前缘后掠翼

接近截面 AA' 的气流受 B 点影响,但 A 不影响 B

角(第 5 章)。这样我们可以从图 8.9 中看出,机翼上的截面 AA' 位于从 B 点发出的马赫锥内。B 点不仅影响 AA' 截面,而且影响接近 AA' 截面的气流。当 A 和 B 之间的距离增加时,来流首先受到影响的 A 的前方距离将增加,对于无限长翼展机翼,来流和 AA' 截面上的流动(忽略边界层效应)精确地等价于亚声速 v_n 下 AA' 上的流动。

这似乎是在曲折地复现我们已经学习过的现象。然而,这种全新角度的问题分析方法将在我们后续研究机翼尖端和中心部分流动时显现出价值。

机翼前缘后掠角大于马赫角的机翼称为拥有一个亚声速前缘。如果后掠角小于该值,则前缘是超声速的(图 8.10)。在这种情况下,截面上的气流本质上仍是超声速的,尽管马赫数由于后掠设计而明显减小。

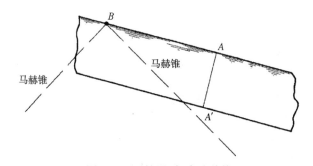

图 8.10 后掠翼-超声速前缘

截面 AA' 不受 B 的影响,后掠角小于马赫角

8.6 中间部分

对于任何带有亚声速前缘的后掠机翼,其性能与在亚声速下完全不同,因为

其翼展必须有一个限制。为了简化问题,我们将首先研究后掠机翼的简单情况,机身不分成两半(图 8.11)。

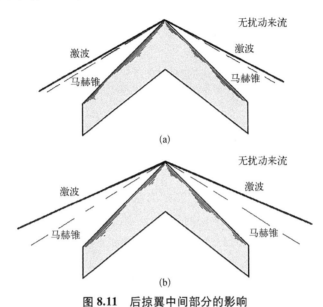

图 8.11　后掠翼中间部分的影响

对于较厚的机翼,弓形激波的后掠角比马赫锥小
(a) 小攻角薄翼;(b) 增加厚度或攻角

在这种情况下,气流只能在有限的上游距离受到影响,对于小攻角的非常薄的机翼,其影响区将由机翼顶点处的马赫波近似确定[图 8.11(a)]。如果由于机翼厚度或攻角的增加,对气流的干扰变大,则在顶点处形成激波[图 8.11(b)],并且由于其较快的传播速度,机翼的影响区将在上游方向略微延伸。

我们现在看到,即便是真正意义上的后掠机翼,仍然会因为这个弓形激波而产生波阻。但好在我们仍有所收获,因为这种机翼的大部分翼展范围内在亚声速和超声速下的工作方式基本相同。这意味着在高速和低速之间选择一个合适的折中机翼截面比以前容易得多。

如果我们现在引入机身,整体情况看起来不会有太大的不同,在翼身交界处进行一些巧妙的空气动力学设计是非常有价值的,后续会详细讨论这一点。

8.7　翼尖区域

与我们在本章前面讨论的无后掠机翼不同,翼尖区域位于所有上游机翼截面的马赫锥内。因此,该区域的行为方式与亚声速对应区域(第 2 章)非常相似,机翼后缘将产生一个尾涡片,这将卷起形成两个大涡旋,在靠近翼尖的位置流向机翼下游。

8.8　亚声速和超声速后缘

对于无锥度的机翼,后缘与前缘平行。因此,如果前缘是亚声速的,那么后缘也可能是亚声速的。在这种情况下,术语"亚声速"和"超声速"的含义对后缘来说与前缘完全相同;如果后缘的后掠角比局部马赫角大,那么它是亚声速的——如果后缘的后掠角小于马赫角,那么它就是超声速的。

这里值得指出的是,除非机翼向前扫掠,否则后缘后掠必须小于前缘后掠,否则机翼会沿翼尖方向变宽(图 8.12)。因此,传统后掠机翼的后缘后掠比前缘后掠小。

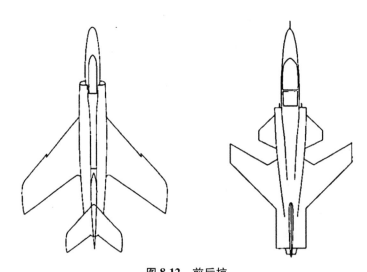

图 8.12　前后掠

除非机翼前掠,否则后缘后掠小于前缘后掠

我们已经知道前缘和后缘同时处于亚声速或超声速时会发生什么。但是如果我们令前缘亚声速和后缘超声速会怎么样?这又是一个确定影响范围的问题。首先,让我们再看一看前缘和后缘均为亚声速的机翼,这一次的重点是马赫线相对于后缘的变化。考虑到后缘的 A 点(图 8.13),其影响到图中阴影区域。再次注意,如果机翼没有中间部分,但却一直延伸到无穷远,机翼上的任何一点

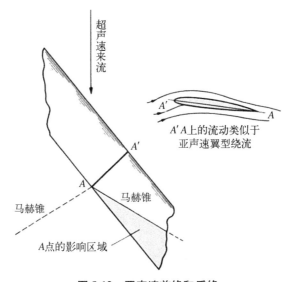

图 8.13 亚声速前缘和后缘

后缘后掠角比局部马赫锥大

都会受到后缘某点的影响,将回到等效的亚声速流。

如果我们现在减少后缘的后掠,机翼表面的任何位置将无法感觉到它的存在(图 8.14)。此区域的气流看起来会像是无后掠的超声速翼型,气流通过一对

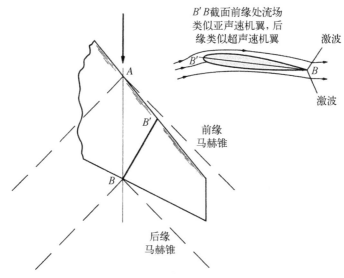

图 8.14 亚声速前缘和超声速后缘

A 点可以影响右侧的机翼;B 点不能影响机翼上的任何位置

后缘激波发生偏转,上下表面之间的压差维持在后缘。

对于亚声速后缘,由于不存在激波,因此不可能存在这种载荷。因此,上下表面之间的后缘不会出现压力间断。

图 8.15 显示了迄今为止我们考虑的所有情况下载荷分布(下表面和上表面之间压差)的比较:

(a) 超声速前缘和后缘;

(b) 亚声速前缘和后缘;

(c) 亚声速前缘和超声速后缘。

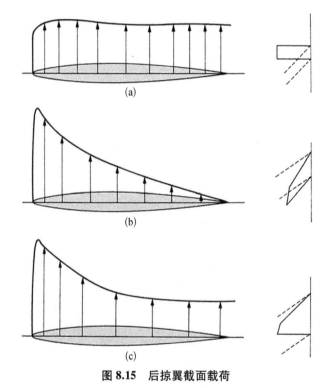

图 8.15　后掠翼截面载荷

(a) 超声速前缘和后缘;(b) 亚声速前缘和后缘;(c) 亚声速前缘和超声速后缘

上面我们看到,亚声速前缘的一个主要优势是,当飞机从亚声速加速到超声速时,其性能不会出现太大的差异,同时在超声速条件下保持合理的阻力从而具有良好经济性。无后掠翼的主要问题是,超声速飞行所需的薄截面和锋利前缘由于边界层分离而导致低速性能较差。超声速后缘不存在这样的困难,这里的主要问题是载荷分布的变化导致升力中心的后移

［图 8.15（c）］。

值得注意的是，方案（c）是超声速飞行问题中最常见的解决方案之一。这是因为较小的后缘后掠角所带来的优势（如改善结构性能）远远超过上述的空气动力学损失。

8.9 超声速后掠翼与边界层

我们对边界层在后掠翼流动发展上的作用作了很少的参考。我们迄今为止假设的沿翼展方向的速度分量，实际上会改变边界层的形成方式。在第 3 章中，我们看到，由于该速度分量导致的气流指向后掠翼的尖端，因此，翼尖处的边界层往往比中间部分更厚。

因此，在设计后掠机翼时，我们需要注意第 3 章中概述的各种困难。翼尖区域最容易出现边界层分离，导致机翼局部失速，这在高载荷操纵和低速着陆进场中尤其值得关注。尖端是特别危险的位置并且失速会首先发生于此，因为如果一个翼尖先于另一个翼尖失速，此时将产生强烈的俯仰力矩和滚转力矩。更糟糕的是，这一区域的流动分离可能会严重影响副翼的有效性，因此将失去滚转控制。

8.10 大掠角机翼

随着飞机飞行马赫数的增加，保持亚声速前缘所需的后掠角也随之增加，保持附流的问题变得更加严重。然而，我们在第 2 章中看到了如何在大后掠角机翼上使用尖锐前缘，以便在机翼上表面上方形成卷起涡流，从而实现受控良好的流动分离。

这种分离涡流使超声速飞行可以采用大的后掠角，同时提供可接受的低速特性，包括相当好的亚声速巡航能力。正是由于这些原因，协和式飞机采用了这种流动外形（图 8.4），因为额外具备亚声速巡航的飞行能力是一项必须要求，因为在人口稠密地区的超声速飞行会受到限制。

在协和式飞机机翼的例子中，采用超声速后缘，给出了改进的细三角形或卵形布局。这具有明显的结构优势，为低速运行提供了足够的机翼面积，同时产生了低强度弓形激波所需的细长整体平面形状,以限制波阻。然而,它确实涉及飞机从亚声速加速到超声速飞行时,升力中心的向后移动问题。在通常提供必要的配平调整时,将承受恶劣的空气动力学性质,但正如我们之前所见,所采用的复杂曲面形状限制了升力中心移动,通过在前后油箱之间泵送燃油作为配平装置,可以缓解气动问题。

在超声速后掠翼中可以采取多种形式利用产生的前缘涡。在 F - 18(图 2.25)中,它们只在前缘的一部分由非常高的后掠翼根部分产生。

8.11 可变后掠机翼

为了满足大速度范围所产生相互冲突的要求,最直接的方法之一是使用一些改变机翼后掠角的机制。虽然这似乎是一个有吸引力的解决方案,但在这种设计中所面临的机械问题是相当困难的。铰链机构必须准确地位于机翼的根部,而这正是弯曲力矩和结构要求最大的位置。可能还会遇到其他重要的机械问题,例如,在军用飞机上,当后掠角改变时,需要使导弹或燃料箱等翼下外挂物与自由流方向保持一致。这也会限制发动机的位置,因为安装在机翼上显然会导致严重的并发问题。

尽管存在这些困难,该方案已在许多飞机上投入使用,包括设计用于执行从攻击飞机到高速拦截飞机等各种角色的狂风战斗机(图 11.12)和 F - 14 战斗机(图 8.2)。这两种飞机都要求在低空高速飞行。如果机翼在相对较高的载荷下工作,则由于向上强风引起的攻角增加将小于单位面积上具有较低载荷的机翼的攻角增加。这是因为更高载荷的机翼将以更大的攻角飞行。因此,在给定飞行速度下的强风将产生较小的攻角变化百分比,这比机翼在减轻载荷飞行时产生的变化要小。这对于高速低空飞行来说是一个特别重要的考虑因素,而可变后掠机翼可以产生一个合适的折中方案。

另一种已提出的后掠变化方法是在飞行中简单地使整个机翼偏转,如图 8.16 的 NASA AD - 1 所示。不过,这种解决方案并非没有自身的复杂性,而且可能仍然需要一些机械铰链(例如任何安装在机翼上的组件,具体比方说是垂直尾翼或是翼身连接部件)。此外,在后掠布局中,外形会出现不可避免的不对称,这很可能导致额外的阻力,因为需要附加的气动配平。

图 8.16　剪刀翼飞机

美国宇航局 AD－1 研究飞机。对于低速飞行,机翼通过旋转形成传统的
直机翼。对于高速飞行,它可以旋转到 60° 的后掠角(图片由美国宇航局提供)

8.12　关于平面形状的最后几点意见

在第 5 章中,我们讨论了在跨声速范围内的阻力突增。不同的飞机被设计成在不同的速度范围内有效地运行。所有飞机都需要至少能够在亚声速范围内起降,并在跨声速范围内安全地加速或减速。然而,例如我们上面讨论过的狂风战斗机,部分飞机可能需要在各种跨声速和超声速状态下长时间飞行。因此,选择合适的平面形式必须是一种折中。

图 8.17 显示了不同平面形状的阻力随马赫数的变化情况,由此可以看出选择图 8.1～图 8.4、图 8.8、图 8.16 和图 8.18 中所示各种平面形状的原因是为了满足特定性能要求。

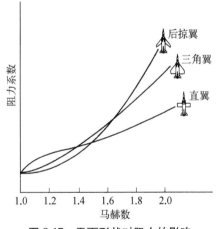

图 8.17　平面形状对阻力的影响

8.13　飞行器整体

到目前为止,我们集中讨论了使超声速机翼不同于跨声速和亚声速机翼的

图 8.18　为马赫 3 设计的外形

SR‑71 使用了提升机身和高度后掠三角翼(照片由洛克希德加州公司提供)

因素,并了解了为特定飞机选择特定平面形状的一些原因。尽管有一些飞机,如图 8.18 所示的黑鸟,已经设计了一体化的机身和机翼几何结构,但到目前为止,绝大多数的超声速飞机保留了传统的独立机身与机翼进行连接的布局。

当我们观察超声速机翼时,主要关注的是激波,以及由此产生的升力面带来的波阻。此前曾简短地提到,机翼的厚度和攻角都会对波阻产生影响。"厚度"也适用于飞机的其他部件,特别是机身。由于飞机的主要目标是运载,我们通常考虑的是尽量减少相对于飞机体积的波阻,所以波阻通常分为两部分来考虑,即体积引起的波阻和升力引起的波阻。体积波阻主要受截面面积分布的影响。

8.14　超声速面积律

通过对简单旋成体的理论分析,可以近似得到最佳体积分布的概念。由此产生的最小波阻体被称为 Sears‑Haack 体。在合理的相似程度下,当实际飞机外形的横截面积符合 Sears‑Haack 分布时,就可以得到给定体积的飞机外形的最小波阻。这种对最佳面积分布的方式被称为面积律。

对于现实中的飞机,局部横截面积不仅由机身提供,还需考虑机翼和尾翼组件,必须正确分配总横截面面积。超声速面积律的应用并不像看起来那么简单。重要的不是与中轴垂直的平面上的面积分布,而是沿局部马赫锥方向的分布。

当我们在下一章讨论跨声速飞行器时,将遇到另一种形式的面积律。

8.15　有利的干扰效果

在超声速飞行中,通过仔细注意机翼和机身等部件之间可以获得的有利干扰,可以进一步细化升阻比。我们将在短暂地研究高超声速飞机时探究这一原理的一些特别的应用。

发动机安装是另一个问题,仔细注意这种干扰效应可以带来巨大的回报。例如,协和式飞机上发动机和进气系统的安装位置。机翼下表面在进气口区域产生的局部流场影响在本设计中起着非常重要的作用(第6章)。

8.16　高超声速飞行器

在第6章中,我们看到了从超声速到高超声速飞行的转变并不像从亚声速到超声速的转变那样突然和剧烈。高超声速飞行表现出与超声速飞行相同的基本流动现象,但由于我们在较低马赫数下所作的一些假设被打破,以及由于动能加热的重要性变得显著,分析流动问题变得更加困难。

在撰写本文时,高超声速飞行器主要是导弹和返回舱,以及真正的高超声速滑翔机:美国航天飞机(图8.19)。

图 8.19　高超声速滑翔机

美国宇航局的航天飞机使用了一个小三角翼。大部分升力是由机身产生的
(图片由美国宇航局提供)

在下一节中,我们将讨论与再入大气层有关的问题。我们还将简要考察飞行器的发展前景,这些飞行器可能能够以更传统的方式运行,以提供长期的客运和货运服务。

8.17 "航天飞机"型飞行器

这是出于更经济系统的需要,这种系统可将目标载荷投入地球轨道并降落在常规跑道上,这引发了航天飞机的发展(图 8.19)。该飞行器由助推火箭发射,由自身的火箭发动机推动进入轨道。在重返大气层时,它先后是高超声速、超声速、跨声速和亚声速滑翔机。

如果我们研究航天飞机的气动特性,我们会发现它的升力面是一个细长的三角形结构,这与协和式飞机的机翼有很多共同之处。我们已经看到,这种类型的机翼在亚声速到超声速的过程中表现出了令人满意的进步。事实上,正是着陆要求决定了航天飞机机翼的总体尺寸。

我们已经看到(第 1 章)如何利用流动分离帮助这种类型的机翼获得良好的性能,大范围的攻角下在机翼上表面产生一对有序的涡旋。如果攻角增大到极值,涡结构会逐渐破裂,直到获得常规的无序分离尾迹。这种流动条件在超声速客运上是不理想的,因为产生了大量的阻力。然而这种经济限制并不影响飞行器再入,在大部分高超声速的再入阶段,正是使用这种流动状态。

选择使用大升力飞行剖面,大大缓解了与再入大气层相关的加热问题。利用陶瓷瓦来保护结构的关键部分,无需烧蚀防护罩。

航天飞机利用助推火箭进入轨道,航天飞机本身构成了运载火箭的第二级。如果使用常规火箭推进,通常需要两级将有效载荷注入地球轨道。因此,需要对第一级进行昂贵的回收和翻新,此外,虽然可以使用跑道着陆,但在任务开始时必须提供发射架和维护。从经济角度看,单级飞行器的吸引力是显而易见的,它既能从跑道上起飞,又能将有效载荷送入地球轨道。

8.18 单级轨道飞行器

在上述火箭发射的飞行器中,飞行开始时相当大一部分的质量是氧化剂用于燃烧燃料。其中很大一部分是在大气内使用的,因此,如果在飞行的初期阶段使用吸气式发动机和气动升力,就有可能节省大量费用。

然而,如果必须携带额外的发动机而不是燃料,那么演示验证的目标就失败了。使用双模态发动机,如第 6 章所述的涡轮火箭,提供了一个可能的解决方案。重量的节省足以使单级进入地球轨道,同时大大节省了运行成本。"Skylon"飞行器(图 8.20)正是基于这种发动机先进形式而提出的设计。2009年宣布投资 100 万英镑进一步发展该项目。

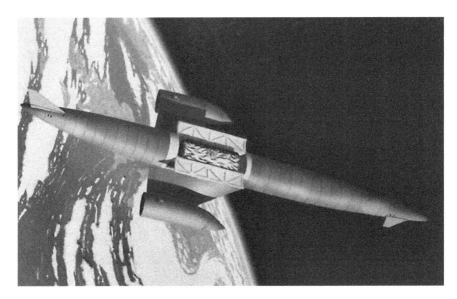

图 8.20 "Skylon"航天飞行器

该飞行器设计为使用单级进入轨道,在传统跑道上起飞和降落(图片由反应发动机有限公司提供)

对于设计用于在地球大气层外进行短时间飞行且速度低于轨道(亚轨道太空飞行)所需速度的航天器,一个可行的解决方案是从传统动力母舰上发射。这一成本效益高的方法已经被用于维珍银河飞船 2 号和它的白色骑士母舰。本项目的目的是在"太空旅游"领域开拓一个新的市场,最终可能实现高速、远距离的商业运输。

8.19 乘波体

在高超声速下,有可能使用不同的方法来产生升力。这种外形的一个例子是所谓的"尖脊翼"(图 8.21)。在这种情况下,与所有的相似构型一样,顶面与气流对齐,因此不会对升力产生任何影响。机翼在高超声速巡航马赫数下具有超声速前缘,下表面产生的激波被困在前缘。激波后的压力增加产生所需的升力。

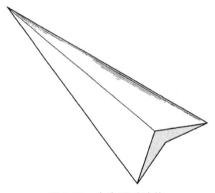

图 8.21 尖脊翼乘波体
激波在两个后掠前缘之间延伸,并在下表面产生高压

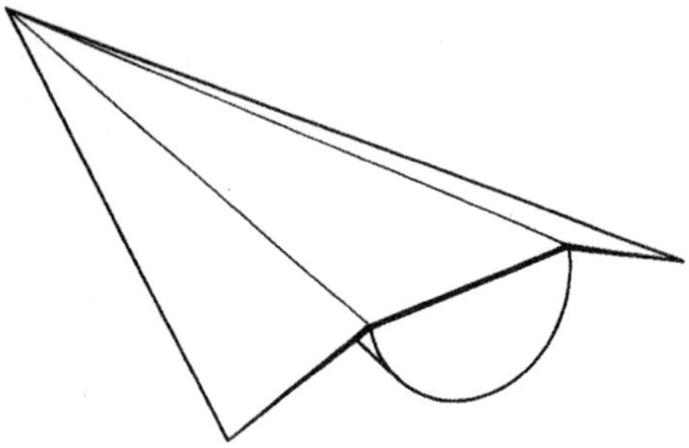

图 8.22 替代乘波外形
激波是由锥形机身产生的,并被困在机翼下面

其他外形使用机身产生的激波,而非利用厚机翼:这种激波同样被机翼"困住",如图 8.22 所示。这种外形在高超声速下提供了可接受的升阻比。它们还有一个额外的优势,即它们的气动特性在超声速和亚声速范围内都是可行的,因为它们是有效的细长三角翼。

有趣的是,可以观察到这些外形要么是钝机翼后缘,要么是钝机身,要么两者兼而有之。在亚声速下,从阻力产生的角度来看,这种特性是非常糟糕的。然而,对于乘波体,很难设计出不具备这些特征的合适的"激波捕捉"形状。幸运的是,由此产生的基础阻力并不显著。

在任何情况下,钝的底座为发动机提供了一个适合安装的位置,通过从底座喷出热气,我们可以消除该区域的阻力。这是另一个一体化飞机的例子,其中推进系统是飞机气动系统的一部分。

高马赫数飞行开辟了许多有趣的推进可能性。由于激波产生的压缩作用,燃料可以直接喷射到气流中燃烧,有效地产生了一个外部冲压发动机(图 8.23)。这是完全可行的,这不仅在飞机的基础上,而且在升力面上,从而产生一个一体化的升力/推进系统。

但是必须记住,这种装置将在低速下停止工作,所以即使会导致重量增加,仍有必要使用另一种可替代低速飞行的推进方式。

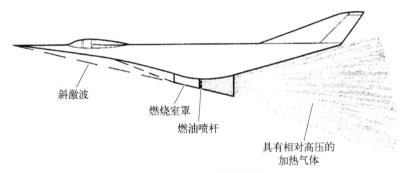

图 8.23　表面燃料燃烧

　　提出的一种乘波体飞机的布置示意图。空气通过一系列激波被压缩。燃料像在冲压发动机中一样被喷射和燃烧。加热后的气流处于相对较高的压力下,作用于机翼的后下表面,产生升力和推力

8.20　超燃冲压发动机推进的高超声速飞行器

　　自 20 世纪 60 年代末以来,使用超燃冲压发动机的高超声速飞行一直是航空工程师的梦想。美国国家航空航天研究计划(NASP)设计了原型 X - 30 研究飞行器。然而,在该项目耗资约 24 亿美元后,该项目于 1994 年被放弃。随后,该项目采用了一种低成本的方法,包括使用 12 ft 长的无人驾驶飞行器 X - 43,如图 8.24 所示。该飞行器是安装在飞马座助推火箭的机头,两者的组合是从一架 B52 轰炸机的机翼下发射的。在第一次飞行中出现重大故障,后来又成功地进行了两次飞行,终于在 2004 年 X - 43A 在燃料燃烧约 11 秒后,达到马赫数 9.68

图 8.24　以超燃冲压发动机为动力的高超声速飞行

　　小型 X - 43A 无人超燃冲压发动机驱动的高超声速研究飞行器,2004 年达到马赫数 9.68

的最高速度。因此验证了以超燃冲压发动机为动力的高超声速飞行可行性,虽然可能还不具备经济实用性。

8.21　推荐阅读

Küchemann, D., The aerodynamic design of aircraft, Pergamon Press, 1978, ISBN 0080205143. A masterpiece from the 'Father of Concorde' which stands the test of time.

Peebles, C., Road to Mach 10: Lessons learned from the X－43A flight research program, AIAA, Reston VA, USA, 2008, ISBN 9781563479282. A fascinating and detailed description of the X－43 project.

第9章

跨声速飞行器

在出现显著压缩效应($Ma=0.7$)和完全进入超声速飞行时出现阻力系数剧增($Ma=1.4$)之间的飞行称为跨声速飞行。跨声速飞行的航程是空气动力学研究中最困难的问题之一,但它具有极其重要的现实意义。不仅仅要求在跨声速范围内能够安全地改变速度,而且当前有许多超声速飞机的巡航速度被设计成接近于声速。

该现象的原因在前面几章中已经进行过说明。由于燃气涡轮发动机的效率随着设计速度的提高而增加,我们自然会希望飞行越快越好。然而,当飞机的速度接近声速时,阻力会显著增大,并且还会伴随产生其他问题,如发生在地表的声爆。对于大多数运输机和一些被设计用于地面攻击等任务的军用飞机而言,一个可行的解决方案是通过将巡航速度限制在稍低于阻力显著增加的马赫数范围内。

在第 5 章中,我们讨论了随着接近声速,压缩效应和激波是如何增大阻力的。常见的飞行器阻力随马赫数变化情况如图 5.19 所示。在声速附近阻力系数的快速增加是显而易见的,在该阻力上升现象出现之前,机翼部分有时还会出现阻力的轻微减少,图 9.1 展示了此种现象。这是由图 5.19 中升力系数的增加而引起的,对于在恒定升力而非在恒定攻角下工作的机翼,阻力系数的少量增加被该升力系数的增加抵消了。

在直觉上,站在为了获得更经济的巡航条件角度来看,保持远低于阻

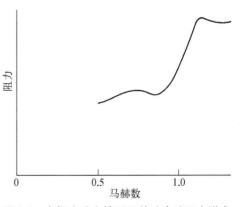

图 9.1 在恒定升力情形下的跨声速阻力增大

力增大时的马赫数似乎是最好的。然而正如我们在第3章中所看到的,燃气涡轮效率会随着马赫数的增加而提高,因此,将巡航速度尽可能地接近声速,在机身和发动机性能之间取得两者的最佳折中是具有重要价值的。同时,充分利用前文所述阻力系数出现的最小值也有其价值。

以上因素导致了在民航客机的整个发展过程中,其巡航速度始终稍慢于出现跨声速阻力上升时的速度,这样做的额外好处是为航程需求各异的出行人群提供了快速的交通方式——速度始终是航空运输的最大优势之一。

本章我们将考虑跨声速飞行器的气动发展历程,其与运输机的关系尤为紧密,但必须说明的是,许多军用飞机如地面攻击机(图9.2)也主要是为跨声速作战而设计的,在适当的情况下也会谈及这类飞行器。

图9.2　英国宇航公司的鹰式教练机同时用于训练机和跨声速
地面攻击战斗机,其机翼具有适中的后掠角与展现比

图9.3展示了民用运输机在约30年间的发展,图中所示的两架飞机跨越了从最早的喷气式运输机德哈维兰彗星到后来诞生的空客A340的发展历程,图3.9所示的三叉戟客机(Trident)是介于两者之间的发展结果。在某些方面,它们三者的外形看起来非常相近,最明显的进展是采用了翼吊式发动机,而非德哈维兰彗星所采用的埋式安装。通过更深层次的研究揭示出其他的变化,首先,对于特定的飞行器重量,机翼的平面形状面积在减小,换言之,机翼载荷在增加。其次,起初的发展趋势是飞行器的后掠角在不断增大,但其随后令人意外地在更现代的设计中减小了。此外,通过对飞行器进行细致观察还会发现所用的机翼截面存在着很大差异。

如何选择后掠角是一个需要结合多方面综合考虑的问题,即利用足够的后

图 9.3　跨声速客机的发展变化：超过三十年的时间差距诞生了具有最大翼载 **3.61 kN/m²**（**75.5 lbf/ft²**）的德哈维兰彗星（图上方）和具有最大翼载 **6.85 kN/m²**（**143 lbf/ft²**）的空客 **A340**（图下方）

掠角来减少压缩效应的影响（在后文中将会进一步解释）和避免不期望出现的低速操纵效应（第 2 章）。希望发展大机翼载荷的原因是在重量确定的前提下减小面积，这一点的必要性已经在第 8 章进行过讨论。

正如前文所述，所有飞行器都进行了折中设计，实际采用的最小面积很可能是由着陆要求而不是巡航要求决定的。因此，机翼载荷的增加在很大程度上要归功于"低速专家"（对较低速度飞行深有研究的专家们）的成果，即他们研究出更为复杂和有效的大升力装置，供飞行器起飞和着陆时使用。其中一部分已经在第 3 章中进行过描述，这可能是未来相当长一段时间内空气动力学研究和发展的一个重要课题。

即使是上述段落中的用语"低速专家"也必须谨慎考虑，因为即便是飞行器本身在低速飞行中速度远低于声速，然而在诸如前缘缝翼的装置上表面可能会产生极低的压力，表面上看可能是低速流动，实际可能包含着接近或甚至是超过声速流动的局部区域。

在稍稍偏离了"非设计"性能的必要问题之后,我们现在重新回到设计在巡航条件下具有良好性能机翼的问题。在此阶段需要强调的是,对于我们所考虑的飞机类型,其巡航速度将略小于声速,以尽可能避免前文所述的跨声速阻力影响。因此,最基本的问题是尽量增大机翼载荷,同时将阻力增大现象推迟延后到尽可能高的马赫数。大机翼载荷的要求意味着机翼上表面较低的局部压力,从而导致较大的局部速度。问题在于这些高速局部区域将可能引起激波的形成,从而成为跨声速阻力上升的原因。我们将把注意力集中转向解决这一难题。

9.1 跨声速条件下的机翼

再次讨论传统机翼

在第 5 章中,我们观察到了传统机翼上的流动特性随着自由流马赫数的增加而产生的变化情况,从低速流无激波[图 5.18(a)]到跨声速阶段出现了激波[图 5.18(b)]再到更高马赫数情形下发展出的完整激波[图 5.18(c)]。在跨声速飞行器中,我们注意到图 5.18(b)所示的过渡阶段来流仍是亚声速的。

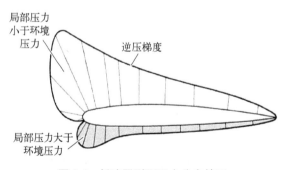

图 9.4 低速翼型面压力分布情况

表面马赫数低于 1.0,注意上表面前缘吸力峰值区和逆压梯度

首先再次观察传统翼型截面上的压力分布(在图 9.4 中再次进行了展示),其与来流的关系如图 5.18(b)所示。我们能直接观察到存在两个潜在问题,首先,在机翼前缘附近具有很大的吸力,这意味着这个区域的流动速度很大,因此马赫数也很高。第二个问题的发生是因为在吸力峰值点的下游一侧存在着很大的逆压梯度,这将可能合并形成一个相对较强的激波[图 5.18(b)激波终止了一部分超声速流动],这还可能会导致边界层分离,由此将产生一系列问题!

较薄的截面

翼型截面上表面速度的增加是由两个因素引起的:截面的厚度及其攻角。

因此,可以采用较薄的截面以限制顶部的当地马赫数,但是正如我们在第 2 章中所提到的,这将会引起气动方面的代价。首先,机翼在非失速情况下工作的攻角范围将缩小,其次,随着截面厚度的减小,制造所设计的机翼结构将会变得更加困难(第 14 章)。

超临界截面

迄今为止,我们已经通过尽可能薄的截面来限制由于厚度而引发的速度增加,旨在发展适合跨声速飞行的机翼截面。然而在接近声速时,除非局部流动出现超声速,否则可用的机翼载荷是十分有限的。因此我们必须设计超临界翼型,使此类超声速流动得到充分满足。

9.2　跨声速超临界翼型

我们看到传统翼型在很大程度上依赖于前缘的吸力峰值区来提供升力。这意味着大部分升力集中于前端而后方则相对较少。改善该情况的方法是在避免引发局部马赫数过高的情况下,将载荷峰值区向机翼后部"扩散",从而产生如图9.5 所示的分布类型,称为"屋顶"(roof top)分布。

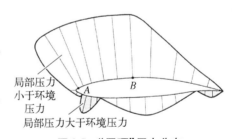

局部压力小于环境压力

局部压力大于环境压力

图 9.5　"屋顶"压力分布

在 A 点和 B 点之间的局部表面马赫数接近 1.0

这样做的具体办法是减少翼型前端的弯度(此处的弯度甚至可能为负值),并沿后端增加,如图 9.5 所示,在此给出了典型的截面。该方法可以避免传统翼型产生的局部高马赫数和强激波。

我们在第 5 章中观察到,如果在压缩区内得到的马赫线没有汇聚,流动中将可能存在无激波压缩区。在图 5.15 中给出了一个例子,在表面的圆角附近出现了无激波压缩区域(等熵)。同样的技术也可以用在超临界翼型的再压缩流动中从而避免形成激波。

由于在小范围的局部超声速区域外还存在着亚声速流,该情况下的这一过程十分复杂,在两个声速边界以及机翼表面之间(图 9.6)将会发生复杂的波系反射。因此,压缩区的局部表面斜率必须进行细致设计,以尽可能抑制压缩波在

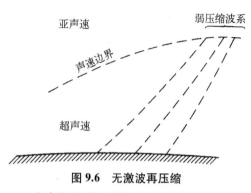

图 9.6 无激波再压缩

超声速区的弱压缩波在形成激波之前抵达声速边界

超声速区域内聚集成激波的趋势。

在图 5.15 中,远离表面的激波形成是无法避免的,因为在任何区域的流动都是超声速的。但如果通过我们的精巧设计,在机翼超声速区域产生的波系在汇聚之前先到达亚声速流动区域,在这种情况下将不会有激波形成。

具体的设计过程将会比以上的描述要复杂得多,虽然对单一设计点可以获得较为满意的设计方案,但是还必须确保非设计流动区域在保持稳定的同时又不受到阻力快速增大的影响。此外,防止在非设计条件下发生不期望的激波/边界层相互作用还需要更多的细致设计。正因如此,这种翼型通常不会在完全无激波再压缩的情况下工作,但是超声速流动区域会被一个低强度的正激波所终止。这一特征可以很好地改善抖振特性,随后将对此进行讨论。

伴随着计算方法的改进,超临界翼型的设计正在迅猛发展。图 9.7 展示了现代超临界机翼上的压力分布,类似于空客 A320 上的压力分布。顶部表面采用了大面积的超声速流动,通过近似无激波压缩使损失保持在较低的水平。这意味着该区域的局部载荷可能较高,导致其会比

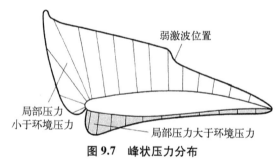

图 9.7 峰状压力分布

顶部表面流动为超声速到弱激波

图 9.5 所示的"屋顶"分布更具有"峰状"的分布情形。

在超临界截面设计中会涉及非常严重的气动问题,其中的一个例子是在通过计算机求解基本流动方程时经常会产生不合实际的结果。

9.3 抖振边界

在设计机翼时,不仅仅是要考虑巡航工作时某一特定设计点,还要考虑非设

计条件。此前已经讨论过这一问题,着陆或起飞时应具备必要的低速要求,飞机还必须能够安全地在设计速度范围内加速到巡航状态。飞机只有一个"设计点"的想法本身就不正确,一架普通的运输机必须在多条不同的航线上运行,因此也应该能在不同的航程上运行。它还需要承载多种不同的有效载荷,例如,军用飞机(图9.8)也可能需要携带各种翼下外挂物,如导弹、炸弹或燃料箱(以扩大航程)。它必须能够安全地执行这些任务,而且在巡航条件下出现的意外因素,例如强风状况或小范围的飞行员失误,不会使飞机处于危险之中。

图9.8　外挂物部件

多功能战斗机的气动设计,如狂风战斗机,必须具备在亚声速和超声速下搭载大量各类外挂物的能力

跨声速飞行器的一个问题是能进行安全工作的速度裕度相当小,例如一架大型客机(图9.9)的失速速度和巡航速度之间的差距只有60 m/s。这或许看起来小得惊人,但实际上我们所描述的还只是处于理想状态、襟翼打开的飞机,由于飞机通常的巡航高度相当高,密度较低,这意味着失速速度还将增大(第2章)。此外,由于空气温度也较低,声速会因此降低,巡航马赫数所对应的速度将会低于我们的预期(第5章)。

图9.9　大型客机在高空的巡航速度与失速速度之差可能只有60 m/s

(图片由波音公司提供)

如果我们在机翼上施加一个额外载荷,比如由于强风,或是允许马赫数继续增大,我们将会遇到另一个速度限制因素,不是由于动力不足或是阻力过大,而是因为潜在危险的"抖振"效应。

我们已经观察到超临界翼型所具有的一个设计特点是,在最坏的情况下,超声速流动在上表面被一个相对较弱的激波重新压缩,如果激波距离截面后部不远,尽管可能会形成一个较小的分离泡,但它将不会引起大范围的边界层分离。但如果交点靠近截面后缘,则可能引起大范围的分离现象(图9.10),这将会导致非定常流动,其中激波在截面上出现快速的前后移动——这显然不是可接受的理想状态。截面上的载荷将会显著波动,抖振现象也将会发生。

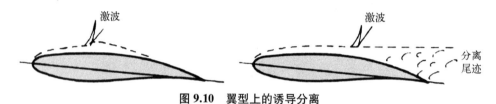

图 9.10　翼型上的诱导分离

激波向后缘移动导致流动完全分离

因此,除了需要在设计点具有良好特性外,还必须确保在发生抖振之前具有充足的速度裕度,以克服抖振发生所具有的突然性和灾难性。通常在翼型最大厚度点的前侧或下游不远处出现弱激波,将有助于改善飞行器的抖振性能。

图9.11给出了典型跨声速翼型的工作范围限制的描述,在此展示了失速边

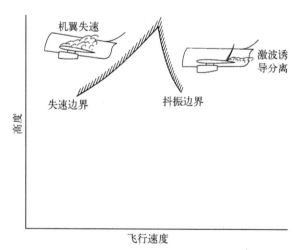

图 9.11　失速边界和抖振边界

由于被挤压在两个边界之间,飞机飞得越高,其速度范围越小

界和抖振边界。

除截面设计外,还可以通过其他装置改善抖振特性。在三维机翼上可采取的方法是从最大厚度点附近开始引入一系列"体"部件,并一直延伸到后缘以外(图 9.12),由于两位科学家分别独立地提出了此类部件的设计,该部件通常被称作屈西曼体(Küchemann carrots)或惠特科姆体(Whitcomb bumps)。这些部件产生的局部流场在激波向后缘移动时将其分解,从而改善抖振特性。

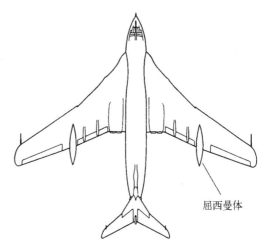

屈西曼体

图 9.12　屈西曼体或惠特科姆体
调整了压力分布,防止机翼上表面后缘附近的激波产生不利影响

9.4　跨声速后掠翼

在第 2 章和第 8 章中,我们已经对后掠翼有过一些讨论。在本节中,我们将探讨在跨声速范围内采用后掠翼所具有的优势,重点讨论如何解决几个相互冲突的设计要求,并为飞行器设计创造合理的折中解决方案。

我们在第 2 章中讨论过机翼后掠是十分有效的,因为只有与机翼前缘成直角的速度分量才有助于气动性能的提升,同时因此自由来流马赫数明显降低(图 2.17)。超声速机翼具有以下两个优点,首先是降低了弓形激波的强度,其次是使机翼在低速和高速时的特性更为相近。

在跨声速流动中,出于相同的基本原理,后掠翼也能起到作用。然而对于仅为跨声速巡航设计的一些典型飞机,迎面而来的流动速度将略小于声速,并且后掠翼用以保持较高的巡航马赫数,同时将机翼部分所等效的马赫数恰好减少到低于出现跨声速阻力增大时的马赫数。

后掠翼是跨声速空气动力学研究的重要技术,但也有其局限性。其仍然需要使用相对较薄的截面,用以尽可能地延后跨声速阻力上升,因此机翼往往非常柔软,由此产生的问题将在随后进行介绍。此外,后掠翼还引发了稳定性问题(第 11 章和第 12 章)。同时,升阻比也有所降低,对此在第 2 章中已经给出了具体的原因。

由于这些问题,后掠角需要保持在尽可能小的水平,跨声速机翼截面通常仍比亚声速机翼截面薄得多。因此此类机翼的低速性能不是很好,薄截面所预期的失速通常发生在相对较小的攻角:正如第 2 章所述,翼尖的局部载荷更趋向于增大会加剧此种影响。

正是由于这些原因,该类飞机在低速飞行时,通常需要同时使用前后缘的缝翼和襟翼来改变剖面几何。它们尽管在重量和机械复杂性方面成本较高,但确实能够对薄截面的结构进行调节补偿,以在低速时提供足够的性能。这种装置的设计是一个十分复杂的过程,因为在巡航、着陆和起飞,甚至是空中交通管制可能会提出以低速状态进行等待(或避让)的要求,对以上活动有着不同的性能需要。

必须再次强调对于所采用的特定机翼,后掠设计将会使我们能够采取的巡航马赫数比出现阻力上升马赫数要更大。这仅仅是一种能提供可接受巡航性能的技术,该技术的进一步发展还需要与其他不断改进的细节设计相结合。

在以上的讨论中,我们仅仅是从面向来流方向无限翼展机翼的角度来考虑后掠翼,与超声速后掠翼一样,实际上还要考虑翼尖部分和中心部分,这个问题将会变得较为复杂。

此外,基本的平面形状将改变尾涡面的形成方式(第 2 章)。因此,载荷分布会受到相关影响,如我们前面所提到的,载荷将会更加集中在翼尖附近,而这是我们希望避免的。首先,向翼尖方向的集中意味着机翼根部的弯曲力矩将更大,其次,翼尖截面载荷峰值的增加将导致更加严重的失速问题。

为解决该问题,虽然我们已经通过后掠设计化解了一部分现有的问题,但是传统机翼结构的弯曲特性会导致机翼其余部分的翼尖攻角减小(图 9.13)。在某种程度上,这是一件好事,因为在翼尖减小了载荷。然而这会使整个机翼的压力中心前移,从而改变飞机的纵向配平。

图 9.13 后掠翼弯曲导致翼尖迎角减小

通过对上述负面后果的介绍,读者们可能会认为应该尽可能避免后掠设计,但事实并非如此,这仍是设计此类飞行器的关键技术。但是以上讨论至少表明,需要谨慎对待该技术,这并不是一个马上就能得到答案的简单问题。

9.5　合理分配载荷

截面及沿翼展方向几何入射角恒定的后掠翼载荷分布(图 9.14)表明,除了翼尖的局部载荷增加外,在中间部分有所减小。高载荷区域意味着机翼上表面的低压,这反过来意味着局部的速度、马赫数会很高。因此翼尖截面将会成为首先遇到跨声速阻力增大和失速的区域,而机翼的其他部分,特别是中心部分,则承受相对较小的载荷。

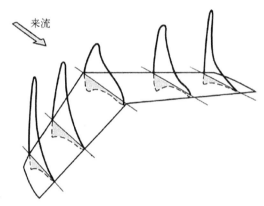

来流

图 9.14　简单后掠翼上的压力分布

翼尖前缘附近有很强的低压峰值

如果不解决这些状况,机翼效率将会有所下降。尽管可以认为这不会造成太大的问题,因为马赫数可以稍稍提高,接近翼尖位置的性能下降可以容忍。然而,翼尖区域马赫数的增加会导致不可接受的激波诱导流动分离,从而引发抖振甚至是失速。

我们在第 2 章中看到,可以通过修改机翼平面形状来改变翼展上的载荷变化,这也适用于后掠翼。但是为了抵消顶端载荷峰值并且提高中心部分的载荷,需要反梯形机翼,从结构上看,这显然不是一个好主意,这里通常采取另一种使用了弯曲设计的方案。图 9.15 展示的飞机示例就具有非常罕见的反梯形机翼。

图 9.15　共和 XF‑91 战斗机具有反梯形机翼

通常跨声速运输机的机翼在翼展上会有 5% 的冲蚀(减少了对翼尖的几何入射角),并采用结构上更容易接受的常规梯形机翼。

但是,使用扭转来修正载荷分布仅能在特定的设计攻角下产生预期的结果。随着速度的减小,载荷分布将趋向于恢复到原本的形式,还必须使用前缘和后缘襟翼来采取进一步的修正。

9.6 关于翼尖流动

翼尖区域问题不仅仅是受限于上述边界层和局部载荷分布的困难,这一问题因该特殊位置的后掠设计引起效率损失而恶化,这可通过在机翼表面绘制的等压线观察到。等压线对大多数人来说都很熟悉,因为它们通常出现在气象图上。等压线是通过在具有相同压力的机翼表面上的点绘制成线来得到的,从而提供了一份压力分布的"等高线图"。图 9.16(a)显示了等压线在翼尖区域较密,从而降低了几何后掠角的效率。

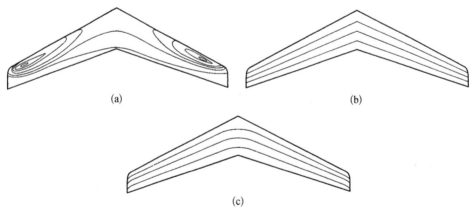

(a)

(b)

(c)

图 9.16 后掠翼上的等压线。要产生如(b)和(c)中的分布,
需要沿机翼有相当大的弯曲和弧度变化

(a)未修正的等压线分布;(b)理想的分布;(c)可实现的分布

这种影响可以通过在该区域使用较薄截面来抵消。但好在从结构的角度来看,由于其弯曲力矩较小,机翼的外侧部分最容易用这种方法处理。通过对局部的弯曲和扭转,也可以改善尖端区域的载荷削弱其"峰值",但这些修改也只能"调整"到单个设计攻角。另一种能在攻角范围内生效的方法是改变平面形状

(图 9.17),图 9.17(a)所示的特殊渐细方式,虽然从"纯粹"空气动力要求的角度来看,产生了有效的结果,但在考虑到安装控制面或大升力装置的需要时存在着明显缺点。在这种情况下,采用直后缘具有显著优势,图 9.17(b)对其平面外形进行了展示。即使如此,仍无法获得完全理想的平面外形,考虑到结构设计,需要借助平直的前缘和后缘以便在翼展上安装前缘缝翼。

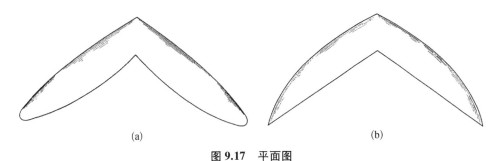

(a)　　　　　　　　　　　　　　　　(b)

图 9.17　平面图

(a) 恒定翼展截面升力系数的平面图;(b) 具有平直后缘的平面图

9.7　设计机翼中间部分

我们在前文中提到,机翼部分和翼尖部分都存在一些问题。虽然在真正的飞行器上通常必须要考虑到机身,但可以首先通过独立地讨论机翼,以对当前的基本问题建立一定的了解。

该问题在一定程度上与此前讨论的翼尖问题非常相似,能看到此处等压线的分布与在翼尖的情况类似[图 9.16(a)]。然而,由于更外侧的机翼部分之间相互影响和来自尾涡系统的影响,中间部分的载荷并非变得更大而是更小了(图 9.14),此外,中间部分的总载荷也因此变得更小。

这两种影响都不是我们所期望的,如果中间部分的载荷"峰值"变小,则会出现更严重的失速倾向并首先发生在翼尖区域,这是此前讨论过不可行的,中间部分的总载荷损失也是不可取的,因为这意味着机翼的总效率将有所降低。还存在着结构层面的问题,因为如果载荷过于集中在翼尖,机翼上的弯矩将增大。

用于翼尖的方法可同样用于中间部分问题——我们可以改变翼型的厚度、弯度,或是弯曲机翼来改变局部攻角。也可以改变该区域的平面形状,但这又带来了结构和其他问题,我们将在稍后进行研究。

通过引入截面的局部变化,使载荷分布尽可能接近于无限剪切机翼的分布。为了保持中间部分等压线的平缓,可在该截面上使最大厚度点前移。此外,在局部采用负弯度同样也能将截面载荷中心前移。通过这些方法,我们可以在设计条件下实现合理有效的载荷分配,同时,促使内侧截面在翼尖区域之前发生失速。

9.8 结合机身考虑

如果将机翼结合到机身上,从修正局部载荷分布的角度来看,该问题与单独考虑机翼上的情况基本相同,但是还必须叠加机身产生的气流。

单独考虑机身,其在气流通过时会加速局部的流动,而这也正是在加入机身时机翼中心区域的局部气流所产生的变化。这意味着机翼上的局部马赫数将增大,从而增加了形成局部强激波的可能性。机翼和机身连接处的流动细节可能非常复杂,一般情况下最好应避免出现锐角,由此得出结论,中单翼可能是最好的选择。然而在运输机的设计中,该解决方案尚不可行,因为对运输机而言,清晰明确的机身轮廓是必不可少的。实际上,机翼的安装位置是低是高还取决于诸如地面发动机的空间间隙或底盘尺寸等因素,而不只是纯粹的空气动力学问题。

如果在机身几何结构上还有一些其他选择,不仅仅局限于使用直管形,我们会发现有另一个设计参数可供考虑。除了通过改变机翼本身的形状来改变机翼中间部分的局部流动外,还可通过修改机身局部横截面的形状来改变流动,以便使局部流线遵循它们在无限展长机翼上的形态。抑或是机身的基本形状必须保持不变的前提下,可在机翼机身连接处采用合适的圆角设计。

9.9 跨声速面积律

我们在前一章中看到,从减小体积引起激波阻力的角度来看,横截面的分布对于成熟的飞行器设计是非常重要的。在跨声速范围内也是如此,如果横截面分布不平整,则跨声速阻力会大大增加。

因为我们更关心接近声速区域的马赫数,所以在所有超声速流动的区域中,马赫波的方向都是垂直于运动方向的,因此跨声速面积律只考虑垂直于中心线的横截面,而不同于超声速情形(第8章)。

　　根据不同的设计要求,要获得满意的横截面分布所采取的方法各不相同。在运输机中,通常无法脱离大体上呈圆柱形的机身设计,除非细致研究沿飞机长度的面积变化,否则面积律对横截面分布的影响并不明显。然而在其他情况下,如罗克韦尔 B - 1B"枪骑兵"战略轰炸机(罗克韦尔 B1,图 9.18),机身的设计并不受此限制,而逐渐变细的机身清晰地展示了面积律的影响。

图 9.18　面积律
罗克韦尔 B - 1B 战略轰炸机在机翼连接处机身出现少量"收缩",以保持总横截面积合理的纵向分布

9.10　机翼设计中的若干非气动因素

　　我们已经讨论过结构问题及其如何影响机翼最终的设计。还有一些其他考虑因素,在此进行简要讨论,以提醒我们不能完全仅仅以空气动力学的角度进行设计。

　　除了提供升力以外,机翼通常具备其他重要功能,其在大多数飞行器中还具有的功能是充当主油箱,借助机翼具有许多优点,首先,它避免为了续航目的而额外安装一个形状怪异的储油罐。其次,燃料重量可以分散在机翼上,而不必集中在机身上,这样我们就可以避开因机翼结构较轻而导致的机翼弯曲力矩过小问题。

　　对于许多飞行器,尤其是运输机,将所有燃料都储存在机翼上是非常方便的,但这样就直接导致了机翼必须具有最小体积,与我们先前提到的结构问题完全不同,这很可能意味着在机翼的气动性能方面必须做出一些退让,这正体现了此类问题导致的设计过程复杂性。由于气动性能的降低,需要更多的燃料,设计者必须在选择机翼容量和性能之间不断地迭代,直到得到符合条件的解。

除此之外,让我们来看看其他那些不那么显著的设计抉择。第一个问题是主起落架的布局,在使用前轮起落架时,主起落架必须明显位于飞机重心的之后,否则飞机在地面静止时会向尾部倾翻。为了得到一个合理的起落架轮独立并保持机身清晰明确,通常最好是安装在机翼底盘位置。然而,对于后掠翼而言,重心可能位于后缘附近,但后缘的机翼太薄,无法容纳收回的起落架轮,并且局部过于脆弱无法支撑飞机的重量。通常采用的解决方案是使用弯曲后缘(图9.19),而这又恰好与一些其他已经被视为适用于中心部分的要求非常吻合。此外,可以使用较厚截面在该区域延展翼弦,这是容纳起落架和结构设计所需的;或者可以减小厚度-弦长比,以提供在空气动力学上更薄的机翼,鉴于机身的存在提高了中间部分的局部流速,该方法将有助于将局部马赫数保持在较低水平。还有一个重要特点,使用靠近机身的直后缘使得机翼机身连接处的后缘襟翼更容易安装。

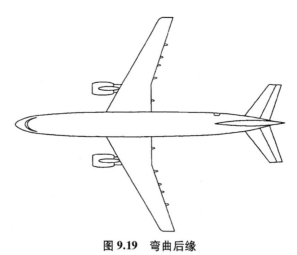

图 9.19　弯曲后缘

该设计能使起落架处于合理位置,它还为发动机吊舱提供了可安装的空位

另一个意外因素可能会影响机翼内侧曲柄部分的设计。显然,后缘襟翼需有一个缺口以配合安装翼吊式发动机,因此这很自然地在后缘的后掠区和非后掠区之间的衔接处安装发动机(图9.19)。从飞机在发动机故障时的可控性角度来看,发动机与中心线的距离具有十分重要的意义,特别是在全推力起飞时。

在这种情况下,发动机安装位置越远,垂直尾翼和方向舵所能提供的控制力就越大。这是另一个必须仔细考虑的因素,因此我们无法仅仅通过考虑机翼本身来实现最佳设计,因为机翼设计的变化可能还会对飞机的其他方面产生重要影响。

　　另一个会影响机翼几何形状的现实问题是制造过程。如果要使用轻型合金的传统机翼结构,只能实现有限复杂度的三维表面,如果完全不加以限制,将不可能经济地获取我们想要的弯曲和弯度变化。相形之下,更现代的复合材料更具有其优势——它不仅提供了定制刚度特性的可能性,而且还能够承担制造比更传统的结构材料更加复杂的形状(见图 14.6)。

9.11　前掠翼

　　设计用于跨声速巡航的飞机,使用前掠翼而非后掠翼具有一定优势。通过常规向翼尖的渐细设计可获得优化的展向载荷分布,边界层向翼尖漂移导致的失速问题也得到了缓解。由于沿前缘的速度分量现在指向内侧,边界层更倾向于向翼根而非翼尖加厚。

　　读者可能会想,为什么前掠翼有这么多的优点却没有完全被采用。其主要问题在于机翼的结构性能。与后掠翼不同,当机翼加载时攻角会增加(图9.13),因此,翼尖升力增加,导致挠度加剧,随后机翼会逐渐产生越来越大的扭曲,这种情况称为发散,在第 14 章中会再次提到。更糟的是因为前掠翼尖端载荷的增加将产生一个前仰俯仰力矩,整个机翼的攻角增加,从而导致再次增大了载荷。

　　在前掠翼的早期尝试之后(如 1942 年的 JU－287 轰炸机),引发的结构问题导致了该设计的失败,然而,近些年材料结构的进步使人们对这一概念重新产生了兴趣。现代复合材料(第 14 章)允许在机翼中加入适当的弯曲性能,以防止发散的发生。另一种可以采取的技术是

图 9.20　前掠翼。除前掠翼外,X－29 试验机还采用了许多技术创新,例如固有不稳定性和部分位于后纵梁的三组俯仰控制面

(图片由格鲁曼公司提供)

在发生扭转时自动感知,通过计算机驱动系统使副翼相应地偏转,以消除扭转效应。

X-29飞机(图9.20)是一个进行实验性前掠布局的例子。然而,如前掠翼这样的激进设计,使成本更加昂贵并引入了更大的商业风险。因此,可能还需要很多年的发展才能挑战传统的后掠布局。

9.12　飞翼与翼身融合概念

长期以来,飞机设计师一直梦想着能生产像B-2轰炸机那样的没有独立尾翼或机身的民用客机(图4.19),其优点包括空气阻力非常小,重量轻,但是存在几个问题。民用飞机上的大部分结构载荷来自由机舱增压而产生的应力,到目前为止采用的最有效的横截面形状是圆形。可采用水平双泡或多泡的空间布置,但泡间的乘客通道则成为一个难题,基于纵向稳定性的考虑意味着重心位置范围相对受限,因此可能需要限制乘客的移动,在人员进出和安装乘客观察窗方面也存在困难。以上问题并非无法克服,但进行如此激进的设计将会带来非常高的经济成本。

9.13　结束语

到目前为止,我们对在跨声速范围内进行亚声速巡航飞行器的讨论一直与运输机有关,运输机不需要进行高强度的机动,其巡航高度可在空中交通管制的限制范围内选择,以提供更加经济的性能。在结束该主题之前还必须提醒读者的是,还有其他类型的跨声速飞机,它们各自对应着不同的设计要求。

图9.2所示的飞机恰好符合上述描述。例如"鹰"(Hawk)喷气式战斗机需要在低空进行跨声速飞行,并携带大量翼下导弹和炸弹进行地面攻击,高机动性的要求意味着需要具有相对刚性的有限翼展机翼。另一个具有特殊作战需求的军用跨声速飞机例子是鹞式战斗机,在前文已经提到过,考虑到在设计中着陆要求不再产生那么大的影响,所以使用发动机喷管产生的喷气升力意味着飞机可以采用相对较小的机翼,向下喷管的使用也确定了高翼布局。

9.14 推荐阅读

Jenkinson, L. R., Simpkin, P. and Rhodes, D., *Civil jet aircraft design*, Arnold, 1999, ISBN 0340631708. An excellent account of the practicalities of transonic transport design.

第 10 章

飞 行 器 控 制

10.1　控制要求

　　飞行器可按图 10.1 所示的六种不同方式自由运动,这些运动方式被称为六自由度,每个自由度可能需要控制飞行器的多个状态。例如,我们不仅需要调整俯仰角,还需要控制角度变化的速率,甚至希望能够调节它的加速度,所以需要有十八种或是更多方式来控制。更复杂的是,不同的运动之间往往存在着相互干扰和交叉耦合。正如我们在下文中将看到的,飞机的滚转同时总会引起转向(偏航)。由于任意两个因素之间都潜在地存在关联,因此需要考虑大量的交叉耦合可能性。

　　考虑到以上众多因素,试图设计飞行器控制系统似乎是一项艰巨的任务。但幸运的是,对传统飞行器而言,许多交叉耦合效应都是微不足道并且可被简化的。对重要问题的传统处理方法是部分基于经验,部分通过简化和近似。早在理论设计程序完全诞生之前,就已成功设计了许多可靠的飞行器。但是每当尝试一些非传统构型时总会出现一些问题,这就导致人们对非传统设计持有非常谨慎的态度,鲜有制造商能从创新设计中获得经济收益,但从长远来看他们的确是为航空航天产业做出了贡献。

　　近些年来已经可以设计较为复杂的控制系统,并且具有相当的可靠性。最关键的交叉耦合因素可以通过风洞实验或试飞改型飞机来预测、模拟和验证。将数字电子技术引入到控制系统中,使得对飞机的控制响应进行修正和调整成为可能。

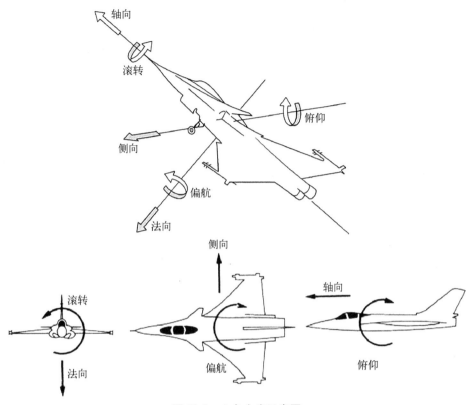

图 10.1 六自由度示意图

10.2 飞行员的控制装置

在早期的常规飞机上,飞行员可以进行的三个主要控制动作是俯仰、滚转和偏航,如图 10.1 所示。在大多数军用拦截机上,以上控制动作仍是通过与早期飞机上相同的操纵杆进行的,而这在多数的其他类型飞机上,则通常借助某些把手,要么直接安装在如图 10.2 所示的仪表板上,或是安装在可移动的控制杆上。

由于引入了完全电子操作的电传操纵系统(将在稍后进行描述),其中操纵杆并不提供对控制面的直接机械操作,因此引入了一种称为侧杆的新型控制方式,其如图 10.3 所示。这是一种由单手操作的小型操纵杆,安装在飞行员座椅的侧面。如图所示使用侧杆可以避免在驾驶舱中可能出现的一些混乱。

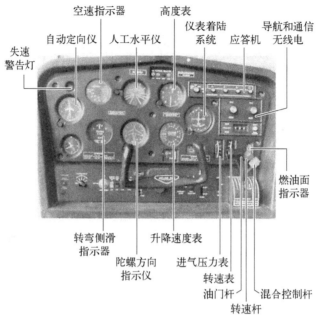

图 10.2　设备完善的小型飞机上的控制装置和仪器(模拟器)

图 10.3　空客 A320 驾驶舱。与老式客机相比,侧杆和显示屏更为简洁

(图片由英国航空公司提供)

　　在常规控制的飞机上,向后拉操纵杆或把手会产生机头向上的俯仰动作。但是请注意,在重量较轻的悬挂式滑翔机或微型飞机(图 11.10)中,控制操作是相反的,飞行员操纵控制杆将重心前移,倾向于产生俯冲动作。常规飞机的飞行

员在改为驾驶微型飞机时需要非常小心,反之也是如此。

在常规飞机上顺时针转动把手,或是将操纵杆推到右边,其将产生使飞机进行顺时针转动(以及相应的右转趋势)的效果,此处的左右指的是飞行员操纵视角下的左右。

偏航控制由踏板提供,用右脚踩踏板会使飞机向右偏航。多数人会觉得这样的踏板动作很自然,但这实际上很奇怪,因为与其他控制装置不同,踏板的工作原理与所需的转向正相反。例如在自行车上,推动右侧车把会使自行车左转。

注意,手柄的旋转幅度将会影响滚转速度,而不是飞机滚转的角度。

10.3　指示仪表

飞行员是飞机控制系统的关键环节,他需要对自己的行动结果有清晰的了解。图 10.2 展示了典型小型飞机上具有的主要仪器,在一些飞机上,许多独立仪表现已被计算机屏幕上的显示器所代替,如图 10.3 所示。

10.4　偏航控制

对于常规飞行器,偏航控制踏板会连接到一个受控的方向舵,该方向舵连接到垂直尾翼上,如图 10.4 所示。方向舵的操作有效地控制垂直尾翼的控制面,从而产生侧向力。还有一种较为少见的方式,整个方向舵控制面被转动,使其向来流方向倾斜。由于还有侧向力作用在重心的后侧,所以会产生偏航力矩。

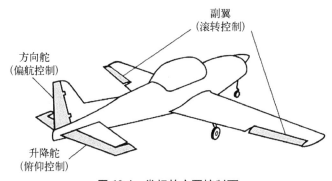

图 10.4　常规的主要控制面

出于一些原因(我们将稍后解释),除非是在地面或非常接近于地面的高度进行操纵,偏航控制将不作为改变方向的主要手段。

主要是出于安全考虑,在大型飞机上可以提供若干个独立驱动的方向舵(在同一个垂直尾翼上)。使用多个舵还可以根据使用的是上舵还是下舵来控制偏航和滚转之间的平衡。在多尾翼飞机上,可能采用了两个或是多个相互平行控制的方向舵。

10.5　偏航与滚转的耦合

当飞行器向右偏航时,左侧机翼的移动速度将略快于右侧机翼,因此速度更快的左翼将会产生更大的升力,飞行器将倾向于顺时针滚动(左翼向上)。但与此同时,垂直尾翼和方向舵通常安装在机身顶部,会高于重心,当飞行器偏航时,尾翼上的侧向力产生一个逆时针的滚转力矩。这两种相反运动趋势的最终结果取决于飞行器的设计。飞行器偏航滚转运动的交叉耦合是飞行器稳定与控制的重要特征。

10.6　俯仰控制

图 10.4 展示了常规飞机的俯仰控制面,在传统布局中,水平尾翼的后部用铰链连接构成升降舵,在图 10.5 中的老式"奥斯特"侦察机上也能观察到同样的布局。通过使升降舵后部向上偏转,使水平尾翼产生一个负弯度,从而产生向下的力(负升力)。当机尾被向下拉时,机翼的攻角会增大,因此升降舵上偏的最终结果是使机头向上的俯仰力矩增大,总升力增大。

在对俯仰力矩做出反应之前,由于尾部受到方向向下的力在增大,飞机的起始受力变化是升力暂时减小。在惯性较小的小型飞机上,这种升力减小现象非常短暂,以至于几乎可以忽略不计。但对于大型飞机,尤其是无尾布局飞机,这种影响可能会相当严重,而且飞机可能在机翼攻角增大生效之前伴随着下降一定的高度。在协和式飞机上,升降舵控制与油门相连以避免该问题在低速飞行中发生。

由于尾翼需要产生上下方向的力,在巡航过程中力的大小较小,因此通常会

图 10.5 老式"奥斯特"侦察机的尾翼面

可以看到在水平尾翼面下方安装有方向舵操纵线。注意方向舵如
何前引顶部的铰链轴线,以提供气动平衡。木块用于在飞机停放时防
止方向舵移动

给出一个接近对称或无弯截面。

全动式尾翼面

对于亚声速飞机,如图 10.5 所示,通常有固定的尾翼面和可操控的升降舵。
然而超声速飞机通常都装有一个全动尾翼面,其中俯仰控制是通过改变整个水
平尾翼面的入射角(机身相对倾角)来实现的,在图 10.6 中的 F - 18 战斗机上可
以看到全动式尾翼平面,这种布局有利于飞机高速飞行,因为在超声速流动中,

图 10.6 F - 18 战斗机具有全动尾翼、双方向舵和在机翼上的全翼展控制面

在亚声速飞行时发动机喷管处于面积最小构型

弯度变化不会对升力产生显著影响。如图 10.7 所示,传统铰链式升降舵的偏转确实会引起升力的变化,但这主要是因为它改变了飞机的有效攻角。正如已经在第 5 章中所描述的,超声速气流可以轻易地通过尾翼倾斜产生方向上的急剧变化,而在超声速气流中尾翼平面产生的阻力比弧面要更小。

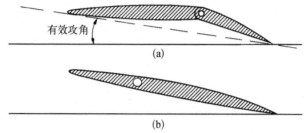

图 10.7 主要由于明显地改变了攻角,超声速流动下传统变弯度升降舵的偏转会使升力增大,平面尾翼面产生的阻力较小。在超声速流动中,空气可以产生方向上的急剧变化

(a) 变弯度控制面;(b) 变倾角平面控制面

平面尾翼在小型飞机上也广受欢迎,其一部分原因是通过整个控制面的偏转可以产生更大的控制力,另一部分是一旦在操纵中无意触发了失速情况,它可以使尾翼脱离该危险。

还有一种特殊的尾翼既具有升降舵又能改变尾翼的倾角,这种设计通常用于大型 T 形尾翼飞机。可变倾角的操作通常用于实现飞机稳定飞行的配平或平衡,而升降舵则是用于在运动中进行有效控制,这种操作模式要求对变倾角机构和升降舵分别进行独立控制。另一种布局则是将以上两个机构相连,结合使用弯度和倾角的控制,使表面能够比在独立使用时提供更大的力,控制面所能提供最大的力通常会受表面失速因素的限制。这种全动式尾翼在控制方面的优势需要与伴随更多的复杂性和重量相平衡。

鸭翼控制面

在图 10.8 和图 10.1 所示的鸭式布局中,通过使用鸭式前翼以获得机头向上的俯仰力矩,偏转鸭式前翼增加倾角以增大其升力,从而增大整机的升力。

在鸭式布局上操作升降舵装置可以立即增大升力,从而对俯仰控制做出更高效的响应。结合一些后续讨论的其他因素,因而有许多飞机采用了鸭式布局,特别是三角翼飞机,如图 10.8 所示,在其中可以看到平板型鸭式前翼,前置面能

图 10.8　台风战斗机上的平板式鸭翼控制面

这些控制面能够提供在极端条件下的机动能力

够进行大幅度的转动。

如图 9.20 所示,验证机 X-29 拥有不少于 3 组俯仰控制面,这让控制系统设计师更加头疼。

10.7　V 形尾翼

V 形尾翼是最后一种要讨论的尾翼设计,如图 10.9 所示,铰链式后缘控制面通过差动(一个向上,另一个向下)以提供类似方向舵的侧向力分量,也能够通过同向移动(同时向上或向下)提供类似常规尾翼的垂直分量。据了解,V 形尾翼的优点是减少了控制面数量,从而减小了阻力和重量,图 6.34 所示的

图 10.9　一种少见的喷气推进式小型飞机安装有 V 形尾翼

F-117A隐形战斗机就采用了V形尾翼,减少了容易引起大量雷达反射的直角。

10.8　滚转控制

如图10.10所示,通常由机翼外侧的副翼提供对飞机的滚转控制。副翼是差动操纵的,即在操纵时一升一降,两翼有效弯度的差异导致在升力上的差异,从而产生滚转力矩。

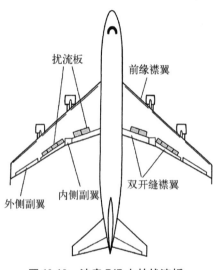

图10.10　波音747上的扰流板、副翼和襟翼

在莱特飞行者一号(Wright Flyer)和其他早期飞机中没有使用副翼,取代之的是通过巧妙的钢索系统而使整个机翼不同程度地翘曲,翘曲机翼是一种有效的控制方法,因为机翼几何形状的连续性没有被破坏。当飞机速度增加,由于出现了不可接受的表面变形,这种方法引发了一些问题(后文对此将有进一步的描述),对该设计的使用就停止了。近年来,由于复合材料能够精确地控制机翼的刚度,人们对翘曲机翼重新燃起了兴趣。

扰流板的滚转控制

扰流板被设计用于使机翼气流紊乱从而降低机翼升力,它们通常以小铰链平板的形式进行布置,向上进入到机翼上表面的气流中。

扰流板最初被用于增大阻力以减慢飞机速度,它们还安装在滑翔机上,以控制进场着陆时的下降速度,缩短着陆距离,使飞机在着陆后尽快停下来。如今大多数大型飞机都安装了扰流板,通过在一个机翼上展开的同时在另一个机翼上缩回,以提供滚转控制,或者在两个机翼上同时展开用于增大阻力和减小升力。图10.10展示了波音747上扰流板、副翼和襟翼的位置。

由于扰流板通常以复杂的方式与副翼结合使用,且只能在一定的飞行条件下工作,因此扰流板控制机构需要一定的自动化程序。Davies(1971)对扰流板在大型飞机上的使用情况进行了细致的描述。

10.9　滚转对飞行方向的影响

当飞机侧向倾斜(绕着滚转轴转动)时,此时的受力情况会产生如图 10.11 所示的侧滑趋势。在侧滑运动中,垂直尾翼产生侧向力,从而产生偏航力矩,如图 10.11 所示。因此,除非通过使用反向的方向舵进行补偿抵消,飞机的侧向倾斜将导致其向下侧机翼的方向偏转。这是不同类型运动之间交叉耦合的又一个典型例子。

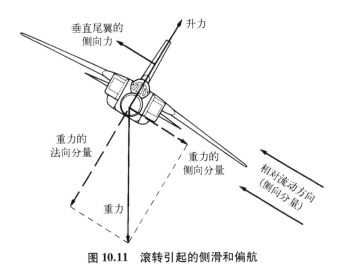

图 10.11　滚转引起的侧滑和偏航

当飞机滚转时,重力的侧向分量导致飞机发生侧滑。一旦开始侧滑,垂直尾翼将产生一个侧向力,使飞机产生向右移动的倾向,并向侧滑方向偏航

10.10　如何正确地转弯

与汽车不同,单靠偏航控制不能完美地使飞机转弯,这是因为无法提供进行转弯所需的向心力。飞机的向心力只能由空气动力提供,当方向舵偏转使飞机偏航时,它所产生的力实际上是向外侧的,这与需要的向心力方向相反。

如图 10.12 所示,为了正确地进行水平转弯,飞机必须保持倾斜,并增大升力,使升力的水平分量恰好提供转弯所需的向心力,竖直分量正好与重力相平衡。为

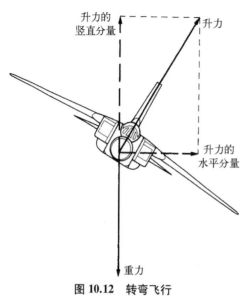

图 10.12 转弯飞行

对于正确的倾斜转弯,必须增大升力,以使其竖直分量准确地平衡重力,水平分量提供所需的向心加速度

了使飞机维持在设定的方向上,通常需要通过一定的方向舵进行控制。然而过度使用方向舵可能会产生打滑转弯,产生不适的侧向加速度,并可能引发成为更为危险的侧滑情形。

滚转和偏航之间具体的耦合方式因飞机设计而异,一般来说,副翼和方向舵的组合运动是必需的,但大多数飞机单独使用副翼也可以完成滚转,甚至一些早期的 Farman 飞机根本没有方向舵。方向舵和副翼控制之间的平衡也取决于飞机是爬升、下降还是平飞状态。更细致的描述可以在 Birch 和 Bramson 的实用飞行手册(1981)中找到。

需要注意的是,正确的转弯方式一旦开始,操纵杆或把手将返回到接近空挡或中间位置,飞机会继续转弯,操纵杆偏移过久则会使飞机继续滚转。这与驾驶汽车完全不同,汽车的方向盘总是始终保持在转动位置。

一个需要保持水平转弯的特殊情况是图 10.13 所示的人力飞机游丝信天翁

图 10.13 Paul MacCready 的跨海峡人力飞机游丝信天翁号。不使用垂直尾翼和方向舵,而是使用鸭式前翼的倾斜以产生一个侧力分量,采用大展弦比机翼。其取得过杰出成就,以不足半匹的马力成功实现了一次跨海峡飞行

(图片由 Paul MacCready 提供)

号（Gossamer Albatross）。由于其功率非常小，这架飞机需要大展弦比机翼，其翼展接近于大型客机，只能近地飞行，如果进行倾斜转弯，翼尖很可能会撞到地面。因此飞机是通过鸭式前翼来转弯的，鸭式前翼可以倾斜，从而产生一个侧向力分量来转动机头，另外该飞机没有垂直尾翼和方向舵。

10.11 滚转控制的相关问题

在低速飞行中，当机翼接近失速迎角时，副翼向下偏转会使阻力增大（由于弯度增大以及失速现象的发生），而副翼向上偏转则会使阻力减小。这会导致飞机会沿着下偏副翼的方向发生偏转，这与在前面所述的转弯方式相反。如图10.14 所示的阻力副翼，能够通过控制面的设计缓解该问题，或者利用齿轮传动使上偏转面比下偏转面移动得更多。

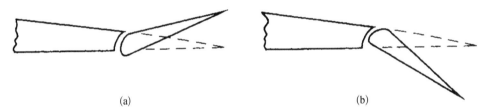

(a)   (b)

图 10.14 阻力副翼，当副翼出现如（a）所示向上偏转时，使头部向下偏转进入气流以增大阻力，有助于保持两翼阻力之间的平衡

扰流板或许启发了一个更好的解决方案。扰流板会导致升力损失，并使下降翼的阻力增大。扰流板还应用于高亚声速和超声速飞行的控制，在此类飞行中，常规副翼不是时而失效，就是变得过于敏感。

10.12 非常规控制面

同时使用多个滚转控制面具有许多优点，一方面是出于安全性考虑，另一方面是因为传统的外侧副翼可能在高速飞行时变得过于敏感，并可能导致相当危险的机翼弯曲和扭转力矩。在许多飞机上，包括大型客机，一组高速副翼可安装在低速副翼的内侧，如图 10.10 所示。然而，这就减少了用于襟翼的安装空间，解决该问题的方法是将这些控制面中的至少一个设计成为所谓的襟副翼，其差动时具有与副翼相同的效果,同向偏转时则产生襟翼的效果。在 F - 16 上就使用了襟副翼。

对于三角翼构型,协和式飞机安装有后缘升降副翼(图 10.15)。升降副翼是一种后缘控制面,在差动操作时充当副翼,在同向偏转时充当升降舵。

**图 10.15　三角翼协和式飞机的后缘升降副翼,
图中处在断电时的下偏状态**

三角翼飞机的问题在于后缘控制面不能用作襟翼,无法直接按升降舵的方式工作,产生的俯仰力矩必须通过某种方式消除。这是三角翼飞机需要鸭式前翼的一个原因,也可以组合使用前缘襟翼和升降副翼。

最后一种类型是图 3.14 所示狂风战斗机使用的尾部升降副翼。尾部平面可以作为副翼进行差动控制,也可以作为升降舵进行同向操作。尾部升降副翼具有诸多潜在优势,与内侧高速副翼一样,它们产生的滚转力矩比外侧机翼副翼更小。它们减少了机翼上的弯曲应力,并在机翼上为襟翼留出了更多的空间。注意图 3.14 中狂风战斗机的全翼展襟翼。

当飞机上安装有多种类型的滚转控制面时,由于飞行员无法完全应对每种情况下该使用何种机构,具体选择通常会自动完成,在大多数情况下,飞行员会具有更高的控制权。Davies(1971)对典型客机的滚转操纵面控制进行了详细的描述。

10.13　直接的升力控制

传统的控制面只能直接产生转动力矩。因此,常规升降舵控制产生俯仰力矩,改变俯仰姿势,从而改变攻角,这种操作只能预期间接地增大升力。然而,通过偏转某些形式的襟翼或襟副翼,同时向下偏转升降舵,可以直接增加总升力而不改变飞机的俯仰姿态。如果重心位于机翼升力中心的后侧,如图 10.16 所示,那么机翼和尾翼都可在保持力矩平衡的同时增大升力。然而除非采用鸭式布局,否则将重心放在后侧会产生较差的自然稳定性,为了保持稳定性和实现同步控制,引入自动系统是必不可少的。

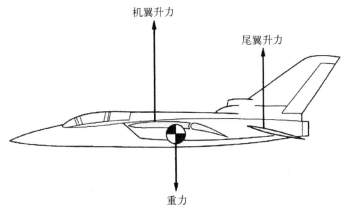

图 10.16　直接升力控制

通过偏转襟翼或相似翼的表面,同时通过改变尾翼迎角或弧度来调整尾翼升力,可以直接增加总升力而不改变俯仰角。如果重心位于机翼升力中心的后侧,则两个表面将会产生正升力,但这往往会降低飞机的自然稳定性

这种直接升力控制在军事作战中是极其有效的,英国发展的鹞式战斗机证明过这一点(图 7.12)。然而鹞式战斗机使用的是发动机的矢量推进能力,而非控制面。直接升力控制使飞机实现快速向上或向下"跳跃",这种非常规机动在躲避导弹和空中狗斗时特别有效。鹞式战斗机也是除直升机外,第一架能够向前后左右飞行的量产飞机。

采用单独可调控制面的主动控制也可减少结构荷载,这将在第 14 章进行讨论。

10.14　机械控制系统

早期飞机和现代的小型飞机在飞行员的操纵杆和控制面之间采用直接机械连接,连动装置通常由多股金属丝和滑轮组成。图 10.22 显示了一架公务机所使用的复杂系统,在图 10.5 所示的"奥斯特"飞机尾翼下方布置有方向舵操纵线。此外,使用推拉杆和扭矩管有时是更好的选择,因为它们构成更加刚性的系统,不易出现振动问题。

随着飞机速度和尺寸的增加,所需要的控制力也随之增大,领域内的先驱们开始设计减少相关载荷的方法。可以调整铰链轴线的位置令合力作用在其后侧不远处,从而使得产生的力矩较小。图 10.5 展示了许多飞机直到 20 世纪 50 年代仍在使用的典型布局。方向舵的顶部向前侧延伸,位于铰链轴线前侧,从而使方向舵的压力中心前移,更加靠近铰链轴线。

然而合力的位置会随着攻角、速度和偏转角的改变而变化,因此很难设计出在任何条件下都能稳定控制受力的布局。合力位置不能位于铰链轴线的前侧是极其重要的,否则这将导致控制面的不稳定,并会朝着继续不断增大受力的方向发展。

除了气动平衡外,还应配平控制面的质量,确保在水平飞行中重力不会将其向下拽,以及惯性不会使其在操纵过程中引发相对于飞机的移动。图 10.17 展示了简单的外部质量平衡形式。在后文中将会提到,也可在控制面上增加质量以改变振动的固有频率。

图 10.17 在 Venom 飞机尾部使用了外部平衡配重

10.15 伺服调整片和配平调整片

另一种减少所需负载的方法是使用伺服调整片,如图 10.18 所示。调整片向下偏转使后缘控制面抬起,在主控制面产生较大的转动力矩。历史上诞生了多种连接调整片和主控制面的方法,但这些设计现在基本都已过时。Kermode(2006)阐述了调整片的发展历史。

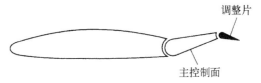

图 10.18　伺服调整片

调整片向下偏转增加主控制面上的升力,使其向上偏转,操作调整片所需的力远小于直接操作主控制面所需的力

近年来,调整片通常主要用于控制面配平,也就是布置它们使控制面产生大小适合的力,能够在不干预的情形下保持飞机的稳定飞行。这些配平调整片由驾驶舱或飞行甲板上的配平手轮控制,独立于主控制面动力系统进行操纵,配平调整片允许飞机在大部分时间内不需要人工干预。调整片如图 10.19 所示。有时可以使用固定调整片,以小型金属片的形式附在后缘上,其目的是修正控制面以获得良好平衡。

图 10.19　老式 PBY 水上飞机(Catalina flying boat)升降舵上安装的调整片

在主控制面系统发生故障时,配平调整片可以提供一定的紧急控制能力,但这并不是一项适航要求。

10.16　动力伺服控制

动力控制有两种形式,包括继动操纵和全助力操纵。对于前一种类型,液压通过管道传输到伺服执行机构,该伺服执行机构能够帮助机械连杆驱动控制面。尽管操纵面质量较大,即便是在失去动力的情况下,机械连杆仍可以操纵控制面。该系统类似于汽车中的继动转向和制动系统。

10.17 动力控制(电传和光传)

纯粹的动力操控不包括机械超控。控制信号能以液压方式直接通过与控制柱连接的阀门传递,也可以通过电动方式传递到驱动控制面的执行机构,该方式被称为电传系统。执行机构是电动或液压控制的撞锤或马达。

调制光信号可以沿光纤传输,可替代电信号传输。这种方案被称为光传系统,能够克服电磁干扰带来的问题,例如核武器爆炸会产生非常强的电磁信号,会扰乱传统电路,还可能存在利用高能电磁束故意干扰电子线路的情况,因为一些军用飞机在此方面非常脆弱。

采用电信号控制便于将复杂的电子处理集成到电路中,更何况现在越来越强调数字系统。这种处理可用于调整对控制输入的响应,从而允许在失速或不稳定状态下飞行,或在接近失速状态完成着陆。

因此电传系统可以极大地提高飞机的性能、效率甚至安全性。它还能充分协调控制面的运动,这对于飞行员来说太过复杂,无法单独操纵。这种系统已表现出非常高的可靠性,并且正在得到越来越多的应用。在军用飞机上,飞行控制、自动稳定、导航、雷达和武器控制系统都有不同程度的集成。

10.18 反馈或感知

动力操纵控制的一个问题是飞行员不能直接感知到控制面产生的力。因此,必须引入某种飞行员能够感知到的方式。

一般来说,机械控制装置被拉得越远,应该感觉就越重,因此在控制柱上安装弹簧以形成一种简单感知。然而,这样的系统是远远不够的,因为控制负荷还应该随着飞行速度的加快而增大。

在控制面上实际需要力的大小取决于动压 $\left(\dfrac{1}{2}\rho v^2\right)$,而不仅仅是速度。例如,在恒定高度下,控制装置在 800 km/h 的速度下相比在 200 km/h 的速度下运行所需的力要大 16 倍。为了克服这个问题,可以添加一个称为 q-feel 的装置。(q 是习惯上用于表示动压的符号) q-feel 单元是一种连接到机械控制连杆上的装置,其刚度随动压的增大而增加。如今,人们普遍使用更为复杂的反馈系统,通过该系统能够感受到驱动控制面所需的力,同时适当地增大了驾驶员移动操纵杆所需的力。

通过对反馈信号进行电子处理,可以使操纵小型飞机感觉起来像是在操纵大型飞机一样。但是反过来这样做是不明智的,因为要让波音 747 像小型特技飞机那样飞行并不现实。对未经测试的新型飞机操纵模拟,通常是通过人工调试现有飞机的不同类型控制来实现的。

10.19 动力控制装置的安全性

为确保在动力故障情况下的安全,在装有动力控制装置的飞机上提供了两套、三套甚至是四套系统。Davies(1971)给出了一个非常好的图表进行说明,展示了波音 747 飞机上所使用的复杂布局。

在非常大的飞机上,可能有多达四套独立的系统,每套系统由单独的发动机驱动,各自都有一个备用的空气涡轮驱动动力供给。大多数控制面由多个系统提供动力,每个功能都存在可替代的控制面。但不幸的是,没有一个系统能够做到保证安全,比方说失去垂直尾翼会引发致命事故,因为所有的四个系统都作用于方向舵的控制面。虽然飞机能够在没有垂直尾翼的情况飞行一段时间,但完全失去了液压油最终结局只可能是灾难。液压油的泄漏可以通过限流阀来防止,当液体流量过大时,限流阀会对其进行密封。

然而机械设备未必就更加安全,许多事故都是由控制电缆断裂或堵塞引起的。使用液压油管和电线还有一个额外优势,铺设它们会更加便捷并且可以承受弯折。

10.20 控制协调

为使飞机令人感到舒适且易于飞行,所有的主要控制动作都被设计成需要大致相同的操作力。使用人工控制通常很难实现正确的控制协调,但是动力系统可以对其进行精确调节。

10.21 发动机控制

航空活塞式发动机的动力输出与汽车发动机的控制方式基本相同,都是通过节流阀来控制的,节流阀可以改变进入发动机的空气/燃料混合气体的流量。混合控制杆用于提供充足的空气/燃料混合气,以获得额外的、但效率稍低的起飞动力,并根据空气密度变化进行调整。

此外,大多数螺旋桨飞机都装有一个转速控制杆,用以设置螺旋桨和发动机转速。

涡轮增压发动机提供了一种改变增压的方法,尽管在某些情况下,该过程是自动控制的。

各种控制装置的合理设置取决于所制定的飞行计划,一位合格的飞行员在起飞前会为各个阶段制定出最佳设置。

值得注意的是,在活塞式发动机上,燃油消耗率主要取决于动力输出。而油门杆是飞行员对动力的主要控制方式。

在燃气涡轮系统中,由飞行员操纵的主发动机控制是燃料流量控制。这与活塞式发动机上的节流阀作用类似,只是在燃气涡轮中控制的是产生的推力。燃气涡轮系统的推力和发动机转速不能明显地独立变化,任何可动的叶片、喷管或控制面主要用于微调各个部件的运行。

在更复杂的燃气涡轮系统中,配备了可调喷管和多个转子,要对许多变量进行控制和监控,因而需要一种发动机自动管理控制系统。飞行员的主要输入方式仍然是通过一个操纵杆(在多发动机装置中则是一组操纵杆),此外还需要控制反向推力和补燃(如果有安装的话)。还存在一些其他的小型控件,其具体将取决于特定的飞机类型。在涡轮螺旋桨飞机上,还配备有用于选择螺旋桨转速的控制装置。

对于飞行员来说,涡轮喷气式发动机相比于活塞式发动机,最明显的区别在于其缺少反作用转矩,涡轮的油门反应相对较慢。对于涡轮喷气式发动机,必须更加仔细地提前预估推力和速度的变化。缺乏螺旋桨阻力制动效果也会使涡轮喷气式飞机更加不易于操纵。

10.22　低速时的飞机控制

低速时的控制问题源于以下三个主要因素：气动控制力弱、失速风险以及控制面周围是在缓慢移动的分离流或尾流，它们可能处于高度湍流状态。

气动控制力较弱是限制 STOL 飞机最低速度的关键因素之一。必须安装非常大的控制面，注意图 10.20 所示照片中 C - 17 飞机具有非常大的垂直尾翼。然而如此大的控制面会带来更大的阻力和重量，降低了巡航性能。对于滑翔机而言，巡航性能至关重要，因而尾翼面通常会设计得非常小。

图 10.20　C - 17 飞机具有短距起降能力

必须安装大垂直尾翼控制面，以提供在低速时的稳定和控制。水平较高的
尾翼控制面安装位置有助于在大攻角时使其远离尾迹

在低速情况下，机翼的状态会相当接近失速攻角。副翼向下偏转将可能导致翼尖失速，并且会下降而非上升，从而引发操纵反效以及可能产生旋转（见第 12 章）。通过操纵副翼向下控制面的偏转小于向上控制面的偏转将有助于克服这一问题，但配合使用扰流板进行低速滚转控制通常是更好的解决方案。

对于超低速飞行和 VTOL 而言，气动力太小将无法达成控制目的。必须使用某种形式的反作用控制，例如在鹞式战斗机上，如图 10.21 所示喷气机位于翼尖、机头和机尾上，喷气机由发动机的压缩空气进行供给。反作用控制装置还应用于飞行器控制和航天器稳定上。

当飞机在反作用控制下飞行时，其安全性完全取决于压缩空气的不间断供应，这使得民用适航机构不太愿意发展民用垂直起降飞机（直升机除外）。然而

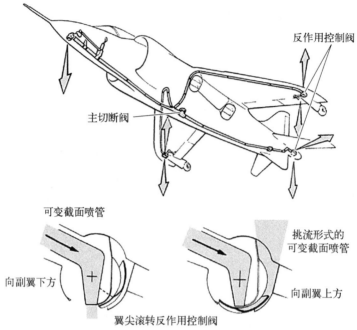

图 10.21 垂直起降鹞式战斗机所配置的反作用控制

(图片由罗尔斯-罗伊斯公司提供)

鹞式战斗机的飞行经验表明,由于涉及的速度非常小,在着陆和起飞时发生的严重事故会比传统飞机要更少。

10.23 在大攻角下的控制

在低速飞行时,如果机翼的攻角很大,并且飞机以机头朝上的姿势飞行,尾翼控制面可能部分浸没在机翼的尾迹中,为了防止这种情况,水平尾翼控制面可以安装在较低的位置上,使其脱离尾迹,如狂风战斗机那样(图 3.14),或是如 C-17 飞机那样(图 10.20)可以安装在较高的位置。如果决定使用较高位置,尾部的安装位置可能需要非常高,如 C-17 飞机那样,否则它可能会在失速前受到机翼下洗的影响。这就造成一种非常危险的情况,即所谓的超失速,这不仅仅是飞机失速,而且会因为缺乏控制而导致飞行员对此无能为力。失速可能只会加剧,在低空复原是不可能的,这种情况已经造成了若干致命的事故。

特别是在低空中飞行,由于失速危险,可能会安装一些自动装置来警告或帮助飞行员避免失速。如果检测到攻角过大,则会触发该警报(包括闪光灯和声音警报)。

对于小型飞机,发生失速通常通过控制杆的晃动就能感知,这种晃动是由湍流分离流动引起的控制面抖振引起的。在具有动力控制装置的飞机上,可能不会发生这种抖振,可以安装一个摇杆机构使得摇杆摇动,从而引起飞行员必要的条件反射。

在某些情况下,特别是在大型客机上,可能会安装有推杆器。这是一种在攻角过大时,自动向前推动控制杆以减小攻角的装置。Davies(1971)对这种装置同样进行了细致的描述。

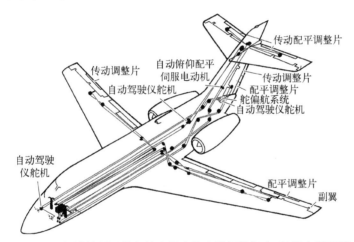

图 10.22　机械控制系统仍被应用在较小的运输机上,尽管它需要铺设复杂的电缆和滑轮

　　使用可靠的电传系统可以使飞机具备更加接近失速的飞行能力,一些控制系统甚至允许飞机在局部失速的状态下飞行

10.24　跨声速飞行控制

当飞机接近声速飞行时,控制面的操作可能使得局部气流从亚声速转变为超声速,反之亦有可能。这意味着操纵特性会发生显著变化,在极端情况下,控制装置甚至可能会发生反转,使飞机无法正常飞行。例如,使用右方向舵将导致左翼比右翼尖快一些,如果飞机恰好在接近发生压缩效应的状态下飞行,将引发升力损失和阻力增加,那么速度更快的机翼可能会下降,从而使飞机偏离转弯开

始滚转。这是一个潜在的危险特性,在使用方向舵时或是在接近马赫1进行任何控制运动时,都必须非常小心。

在第二次世界大战中有时发生速度较快的飞机遭遇操纵反效状况,因为它偏离跨声速区域太远。但在大多数情况下,这种反转是由于结构刚度欠缺导致的气动弹性效应,将在第14章进行阐述。

10.25   自动控制系统和自动驾驶系统

最早的自动控制和自动驾驶集成在同一个装置上,使飞机在恒定高度以稳定的航向飞行。通常使用一些机械陀螺仪用于感知飞机的运动,并使用适当的校正控制输入。这些称作"惯性"的系统已经发展得具备高精度和高度成熟的水平,特别是应用在军用飞机和导弹上,能够提供高度精确的制导和控制。目前,基于激光的电子惯性和GPS传感器已基本取代了机械陀螺仪。

在第二次世界大战期间,主要是为了轰炸任务而发展了地面无线电传输技术,随后此类无线电传输被改造应用于民用领域。现在,自动驾驶系统可以连接到一组复杂的导航系统和仪器上,并且可以通过程序使飞机遵循预定的飞行模式,包括速度、高度和方向的变化。卫星导航系统现在能够提供精确的位置指示,并最终可能完全取代已有的地面系统。

我们将在后面的章节中进行描述,自动控制系统可以用来增强稳定性,提高性能和机动性,并有助于实现安全着陆,尤其是在能见度较低的情况下。D. H. Middleton的著作对航空电子系统进行了详细介绍。

10.26   直升机的控制

在直觉上,直升机的操纵装置似乎与固定翼飞机相似。操纵杆或者是把手通过第1章中提到的周期变距控制机构提供滚转和俯仰控制,踏板通常通过调节尾旋翼推力来控制偏航。其主要区别在于增加了一个集中俯仰控制杆,可使直升机上下飞行。该操纵杆通常位于驾驶员座椅旁边,在外观和位置上都类似于汽车手制动杆,向上拉操纵杆使直升机上升。

控制直升机最初比驾驶固定翼飞机要困难得多,因为直升机的响应方式非常不同,而且看起来相当不稳定。很少有飞行学员在第一次尝试时就能把一架简单的小型直升机控制盘旋几秒钟以上。但是就像骑自行车一样,一旦掌握了窍门,这就变得相对容易很多。

10.27 推荐阅读

Davies, D. P., *Handling the big jets*, 3rd edn, CAA, London, 1971.

Middleton, D. H., *Avionic systems*, Longman, Harlow, 1989.

Wilkinson, R., *Aircraft structures and systems*, 2nd edn, Mechaero Publishing, St. Albans, UK, 2001, ISBN 095407341X. A good easily read introductory text with a non-mathematical approach.

第 11 章

静 稳 定 性

11.1　需要解决的问题

要对飞机稳定性进行精确分析是一个极其复杂的过程。对于在喷气式飞机以前的传统直翼飞机,通过一些假设,可以将问题简化为能够以传统分析和手动计算来解决的形式。该方法仍存在于介绍性的教科书和课程中,因为此类简化有助于学生理解。然而,飞机气动复杂性的增加使得许多假设不再成立,为了工业目的,通常会尝试更完整地求解稳定性方程。随着数字计算机的出现,这种直接的计算方法逐渐变得切实可行,尽管理论方法取得了显著的进步,但飞机稳定性的分析仍是一个相当大的挑战,特别是对于非常规构型,比如图 9.20 所示的X - 29 前掠翼飞机。

虽然我们不描述稳定性分析的过程,但我们至少可以解释设计稳定可控飞机所涉及的部分原理和特点。

11.2　配平和稳定性要求

稳定飞行时,作用在飞机上的力必须是平衡的,并且在任何轴上都不能产生转动力矩。当满足这一条件时,飞机被称作实现了配平,在图 11.1 中,对一架绕俯仰轴实现配平的飞机进行了展示。

如果飞机遇到强风或来自控制装置的小脉冲输入干扰之后,能够自动返回其初始飞行状态、姿态、速度等,则称其为静稳定。正常情况下,为了实现平稳飞行,飞机既要配平又要稳定。

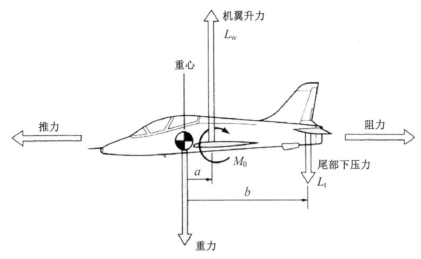

飞机配平：$L_w \times a - M_0 = L_t \times b$

图 11.1 对飞机上的力进行了配平从而实现稳定水平飞行

作为机翼升力、尾翼下压力和俯仰力矩而使重心运动平衡的简单示例,我们选择了推力和阻力共线的情况,这通常是不成立的,推力和阻力也会影响配平,此外机身效应也被忽略了

关于平衡或配平与稳定之间的区别,经常有相当大的混淆。如果你在手指末端试图平衡一个小球,它或许能够暂时平衡,但它所处在的位置肯定不是稳定的。

一般来说,我们制造的飞机越稳定,机动性就会越差。一架非常稳定的飞机总是倾向于在既定的航线上持续飞行,因此必须避免过度的稳定性。

我们可以通过忽略惯性或与时间相关的影响,仅仅观察作用在飞机上的力和力矩的平衡,快速掌握飞机的稳定性,换句话说,把稳定问题当作一个静力学问题来处理。一旦确定飞机是静稳定的,就有必要继续研究惯性和时间相关的效应,动稳定将在下一章中进行描述。该方法是解决飞机稳定性这一复杂问题的传统方法之一,尽管计算技术的快速发展使得该传统方法不再必要,但仅对于是在介绍这一主题时,它仍然有效。

11.3 纵向和横向稳定性

在前一章的图 10.1 中,我们定义了三种转向运动:俯仰、偏航和滚转。俯仰稳定性(机头向上/机头向下的运动)称为纵向稳定性。

横向稳定性是一个较为宽泛的术语,指的是滚转和偏航。正如我们在描述控制面时所指出的,这两个运动是紧密相关的。

但好在纵向和横向静稳定性之间的耦合通常较弱,为了便于我们进行简单的介绍,将它们分开独立处理是合理的,这同时也是传统方法的观点之一。然而应该注意的是,在高机动性飞机中,交叉耦合可能会变得非常重要。

11.4 纵向静稳定性

翼型的压力中心和气动中心

对于翼型而言,在其弦线上升力合力等效作用的点,称为升力中心或压力中心。在弯曲翼型上,如图 11.2(a)所示,压力中心随着攻角的增加而前移。

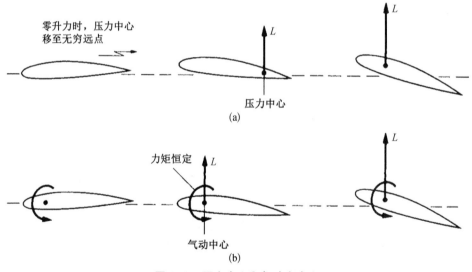

图 11.2 压力中心和气动力中心

(a) 升力中心或压力中心随着机翼攻角的增加而前移;(b) 对机翼而言,上图(a)所示的情况可以用一个恒定的力矩或力偶和一个通过气动中心的升力来表示。

注意按惯例,头部向上仰是正向的,因此如上图所示的弯曲机翼受到了绕气动中心的负力矩

当弯曲翼型处在升力为零的攻角时,我们发现它仍然在提供一个俯仰力矩。既然升力为零,那么该力矩至少由两个力构成。图 11.3 在物理上展示了该情况是如何形成的,机翼前部的下压力由后部向上的力平衡,因此尽管合力为零,但是存在一对力偶。

翼型还有一个特点是在其弦线上,存在一个俯仰力矩大小不会随攻角改变

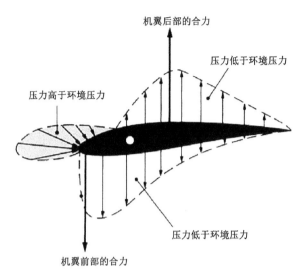

图 11.3　弯曲翼型在零升力迎角时的压力分布

前四分之一截面的向下合力与后四分之一的合力大小相等方
向相反。虽然在该攻角下没有净升力，但是存在俯仰力矩

而显著变化的位置。因此，如图 11.2（b）所示，我们可以将机翼上的受力情况表
示为一对力偶和通过该位置的升力（L）的组合，该位置被称为气动中心。存在
这样的固定参考点是相当有用的，因为当攻角减小到零时，压力中心会逐渐后
移，最终消失到无穷远处。

11.5　常规飞机的纵向静稳定性

　　弯曲机翼升力中心的移动会产生一系列不稳定影响，图 11.4 展示了一个弯
曲的机翼剖面，其采取调整升力作用线以通过重心的方式来实现在某一攻角下
的平衡或配平。如图所示，如果攻角因扰动而增大，则升力将向前移动超过重
心，这样会使机翼前部向上倾斜，越是如此，上仰力矩就越大，因而这样的机翼本
身是不稳定的。

　　纵向静稳定的必要条件是攻角的正向（机头向上）变化应该产生俯仰力矩
的负向（机头向下）变化。

　　即在数学上，$\dfrac{\mathrm{d}M}{\mathrm{d}\alpha}$ 应为负值，此处 M 是俯仰力矩，α 是俯仰角。

　　使飞机纵向稳定的传统方法是再加入一个辅助控制面，在英国惯例称为水

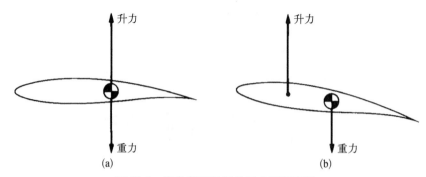

(a)　　　　　　　　　　　　　　　(b)

图11.4　弯曲截面机翼的固有不稳定性

（a）弯曲机翼截面在某一攻角下实现配平；（b）随着攻角的增大，升力中心前移，产生一个机头向上的俯仰力矩，这将进一步增大攻角

平尾翼(tailplane)，在美国的术语中称为水平稳定面(horizontal stabilizer)。

为了理解尾翼是如何工作的，我们将考虑两个简单的情况，一个是稳定情形，另一个是非常不稳定的情形。图11.5（a）展示了为稳定水平飞行实现了配

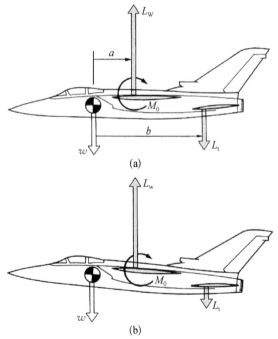

**图11.5　纵向静态稳定性——在这个简化的例子中，
推力和阻力通过重心，并且忽略机身的影响**

（a）飞机俯仰配平：$L_w \times a - M_0 = L_t \times b$；（b）当攻角扰动增大时，尾翼下压力减小，机翼升力增大，将产生机头向下的俯仰力矩，倾向于使飞机恢复到原来的姿态。注意，M_0在此用数学上的正号表示

平的飞机。为了简单起见,我们以下情形:推力和阻力都通过重心,因此它们不产生力矩;忽略机身上的力和力矩;尾部最初受到一个向下的力,因此具有绕重心的机头向上俯仰力矩,而机翼的升力产生一个机头向下的力矩。按数学习惯得到的力偶 M_0 如图 11.5 所示。

如图 11.5(b) 所示,如果飞机因干扰而机头向上倾斜,那么尾翼下压力和力矩将减小,机翼升力和力矩将增大。因此,力矩将不再保持平衡,形成一个俯冲力矩,它将试图使飞机恢复到原来的姿态。因此,这种飞机在纵向上是静稳定的。

需要注意的是,在以上的简化描述中,我们忽略了飞机的惯性,还忽略了飞机及其控制装置的材料弹性。最重要的是,我们忽略了机身的作用,而机身通常会产生显著的不稳定影响。不仅如此,在简单示例中还未考虑由于机翼后掠角而产生的影响。我们还应该考虑这样一个事实:随着机翼攻角和升力的增加,尾部的下洗也会增大,尾部下洗增大意味着尾部下压力不会像预期的那样随着攻角的变化而急剧下降,因而恢复力会较弱。尾翼的下洗通常会产生不稳定效应,通过将尾部安装在相对于机翼较高的位置,可以减小这种影响。

图 11.6 展示了飞机在纵向不稳定状态下配平的情况。机翼最初为 2° 攻角,尾翼为 4° 攻角,由于干扰,当攻角增加 2° 时,机翼的攻角加倍,而由于其升力与攻角成正比,因此机翼升力将加倍。相比之下,尾翼攻角会从 4° 增加到 6°,但攻角的增量在数值上仅增加了 50%,尾翼升力相应地增加了 50%(由于下洗的影响,升力进一步减少)。因此,由此产生的力将形成一个机头向上的俯仰力矩,飞机将更进一步远离其初始姿态。

11.6 纵向静稳定条件

在图 11.5 的稳定情况下,重心比在图 11.6 的不稳定情况下更靠前。另外,在稳定情况下,机翼的迎角比尾部更大,机翼和尾翼的入射角之差称为纵向上反角,通过比较图 11.5 和图 11.6 可以发现,纵向上反角将有利于恢复力矩的产生。在图 11.5 的稳定情况下,纵向二面角为正,在图 11.6 的不稳定情况下,该角度为负。图 11.7 所示的 A-10 攻击机具有明显的正纵向上反角。

实际上,关键的并不是纵向上反角(机翼和尾翼攻角之间的差值),而是初始配平条件下机翼和尾翼升力系数之间的差异。通过数学分析我们发现,对于

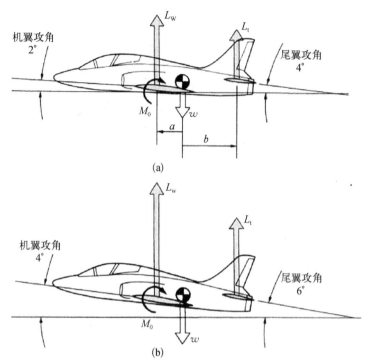

图 11.6　纵向不稳定布局——由于重心过于靠后而需要负的纵向上反角。虽然飞机起始是配平的,但任何的攻角增加都会引起不稳定的机头向上的俯仰力矩

（a）飞机配平时机翼攻角为 2°、尾翼攻角为 4°;（b）飞机的纵向姿态增加了 2°,此时机翼攻角 4°、尾翼攻角 6°,机翼的升力增加了一倍,但尾翼升力只增加了 50%,飞机处于不平衡状态,具有一个机头向上的俯仰力矩,飞机将偏离其初始姿态。需要注意的是,仅仅是将重心放在机翼气动中心之后并不会使飞机不稳定,还取决于重心的距离

稳定性,配平条件下的尾翼升力系数应小于机翼的升力系数,并留有足够的裕度,以克服弯曲等不稳定因素的影响。纵向上反角效应虽然重要,但只是在整体分析中需考虑的众多影响稳定性的因素之一。

如果飞机重心前移,必须增加尾部下压力以保持平衡,这就要求尾翼攻角应该更"负",或者是使升降舵抬起,这两种效应中的任何一种都将增大有效的纵向上反角,并增强静稳定性。因此,重心位置越靠前,纵向静稳定性就越好。

需要注意,要保持稳定性,重心不是必须在机翼气动中心的前侧,尽管这是常规飞机通常所采用的。

飞机恰好处于不稳定或中性稳定的重心位置称为中性点。

对于常规飞机的稳定水平飞行,尾翼通常只需产生较小的升力,甚至可以是

图 11.7 Fairchild – Republic 公司的 A – 10 攻击机，
具有较高的推力线和明显的纵向上反角

下压力。因此,尾翼通常采用对称翼型。

在尾翼产生下压力的情况下,机翼和尾翼相互抵消,因此总升力会减小。然而,尾翼还会产生阻力,因此尾翼的下压力除了作为控制和稳定飞机的方式外,并没有其他的用途。以此种方式产生的额外阻力称为配平阻力。

11.7 松杆稳定性

在上面的讨论中,我们假设操纵杆固定,因此控制面没有偏转。然而实际上飞机的姿态变化会改变控制面上的载荷,控制面会倾向于偏转。

一些动力控制是无法恢复的,也就是说气动载荷无法改变它们。然而对于大多数飞机以及所有具备伺服辅助和手动控制的飞机而言,如果操纵杆不固定,升降舵将随着俯仰变化而移动,允许操纵杆的自由移动对稳定性的影响会受制于控制面和控制机构的设计。气动平衡程度、系统部件刚度和惯性都是重要的影响因素。一般情况下,放任操纵杆自由活动的效果是削弱静稳定性。

11.8 鸭式飞机的稳定性

鸭式飞机(图 11.8)的稳定性准则基本上与常规飞机相同。当飞机配平时,鸭翼的布置应产生比机翼更大的升力系数,因此,鸭翼通常设置成具有比机翼更大的迎角。对于鸭式飞机,较大的后翼面产生了大部分的升力,因此为保持其稳

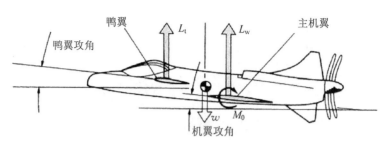

图 11.8 稳定的鸭式布局

飞机必须采用比主机翼升力系数更高的鸭翼来配平,因此鸭翼通常设置成较大的迎角

定,两个翼面都必须产生升力以达成力矩平衡。

由于鸭式飞机上的两个翼面都产生正升力,因此能够比常规布局具有更小的总机翼面积、总重量和阻力。此外,正如前文所言,这种俯仰控制是通过增加飞机前部的升力来提升机头,而非下压机尾来实现的,这缩短了起飞时间,并且改善了俯仰控制性能。它的高机动性是鸭式布局被众多截击机所采纳的原因之一(见图 10.1 和图 10.8)。

据悉还有另一个优势,由于鸭翼的攻角比主机翼更大,鸭翼将在主机翼之前失速。但不幸的是,在高强度的机动或高度湍流的情形下,这种优势几乎是不能实现的,一旦两个翼面都失速了,恢复原状是不可能的,因为两个翼面都无法产生任何控制效果。

鸭式布局的主要问题来自鸭翼尾迹与主机翼之间的干扰效应,特别是来自鸭翼的下洗使主机翼的合力矢量向后侧倾斜,从而增加了阻力。然而,通过详尽的设计,可以使优势大于劣势,Burt Rutan 进行了非常成功的鸭式设计(如图 4.20 所示的 Vari-Eze)激起了人们对这一概念的全新兴趣。

如图 9.20 所示的 X - 29 飞机,对于前掠翼而言,鸭翼干扰或许能带来积极效应,因为下洗能抑制内侧机翼在大攻角下的失速趋势。

对于加压客机,鸭翼布局的另一个优点是其主翼梁可穿过压力舱后侧,如图 4.10 所示的 Beech Starship 飞机,但问题在于除非机身向后延伸,否则垂直尾翼(垂直稳定面)需要非常大,以解决其离重心过近的问题。

11.9 串列翼布局

串列翼指的是稳定面和升力面都对整体升力占有较大比例的构型,因此这一术语还包含了鸭式布局。许多试验飞机的两个翼面面积几乎相等,但它们的操纵性和稳定性往往会出现问题,例如在第二次世界大战之前流行的 Flying Flea,这样的设计特别容易引起俯仰振荡,因为两个机翼不能完全确定哪一个应该占主导地位。然而,图 11.9 所示流行且成功的 Quickie 自制飞机已经证明串列翼构型是可行的。关于串列翼和鸭式飞机的更多信息可以在 Bottomley (1977)中进行查阅。

图 11.9 串列翼布局

Quickie Q2 飞机有两组翼展相同的机翼,Burt Rutan 在该设计中使用复合材料,该飞机是为房屋开发商所设计的。前翼兼用作起落架支柱,这虽然巧妙,但在地面操纵质量和着陆时机翼结构的冲击载荷方面有缺点,可以提供装配有常规三轮底盘系统的版本

11.10 无尾飞机的稳定性

弯曲翼型固有的不稳定性来自升力中心会随着攻角的增大而前移,对于无尾飞机而言,如图 11.10 所示,可以通过负弯度翼型或反射翼型来克服该问题。然而,这类翼型的升力和阻力特性相当差,通常在无尾飞机上采用后掠翼,由此翼尖会位于内侧截面的后方,其同时会被弯曲以形成一个较小的攻角,并取代尾

图 11.10 反射翼型,可用于制造稳定的飞翼式飞机

部。这一原理应用于众多悬挂式滑翔机的设计中,也应用在如图 11.11 所示的微型动力飞机上。

图 11.11　后掠机翼能够为小型无尾飞机提供纵向和横向稳定性

无尾设计的主要优点是减免了各个阻力部件之间的连接,在图 4.19 所示的 Northrop 公司设计中,甚至还取消了机身。然而对于低速飞机而言,后掠无尾构型在减阻方面没有显著优势,因为后掠机翼结构的升阻比会比平直机翼更小。如第 2 章所述,对于给定的机翼面积,升力会随着后掠角的增加而减小,而阻力则基本不变,可能会有所增加。但是对于跨声速飞机而言,在需要后掠机翼来降低压缩效应影响的情况下,后掠无尾布局的优势可能会得到充分发挥。

诸如 Northrop 公司的无尾设计还存在一个额外优势,由于外形表面之间减少了连接区域,使得它们不易发生雷达反射,因此适合作为发展隐形飞行技术的基础(低可探测性)。

11.11　三角翼飞机

三角翼是一种高效的后掠形式,无尾三角翼飞机能够以其他无尾飞机相同的方式取得稳定。然而超声速无尾三角翼飞机存在一个严重问题,其升力中心的后移必须通过较剧烈的升降舵上偏来实现配平,该过程显著减小了升力,同时增大了阻力。在协和式飞机上,解决这一问题的方式是尽快地从前油箱向后油箱泵送燃油,从而在高速飞行中实现重心后移,因此在每次起飞前,必须仔细计

算飞行可能需要的燃油运动。这种稳定性控制方法虽然较复杂,但确实非常高
效并且在过程中没有产生额外的配平阻力。

此外,中弧线的形状可用于控制升力中心的移动。在第 1 章中,我们解释
了由于攻角和弯度引起的升力几乎是相互独立的,在低速时升力系数和攻角
会较大,因此升力主要受攻角控制,升力中心通常位于靠近前缘四分之一弦长
的位置。在高速飞行时,升力系数和攻角较小,升力控制以弯度为主。通过适
当的中弧线设计,高速(小攻角)时的升力中心可以布置在与低速(大攻角)时
大致相同的位置。协和式飞机机翼前缘因弯度而产生的明显下降如图 2.23
所示。

由于无尾三角翼飞机的控制和稳定性问题,不少此类飞机都装备有小型尾
翼或鸭翼。

11.12　重心位置变化

在许多类型的飞机中,飞行过程的重心位置会发生较大变化,关键的是要避
免对稳定性产生不利影响,我们显然不希望客机会因为每一次机上的厕所冲水
而产生不稳定。实际上对于大多数客机,由此类活动引起配平的微小变化的确
是会被自动配平装置感应到,并由其自动修正。

如前文所述,随着重心前移,飞机会变得更加稳定。重心的最大前移量会受
尾部的配平能力和控制力矩的限制。这一力矩取决于尾翼升力、尾翼面积以及
力臂(即从重心到尾翼升力中心的距离)的乘积,因为这个计算结果恰好是一个
体积单位,所以称为尾容量。

尽管重心位置靠前使飞机非常稳定,但尾翼和主机身会朝着相反的方向拉
动,会产生额外的尾涡阻力(配平阻力),飞机也会因此变得难以操纵。会导致
升降舵控制偏转动作更大,所需控制力更大,响应速度迟缓。最终会导致机头难
以抬起,无法继续维持飞行。

因为考虑到如图 11.6 所示的飞行不稳定情形,重心后移必须加以限制,此
处必须下推升降舵以实现配平,因为原本的纵向上反角不再有效。

重心后移时,飞机可能会恰好处于不稳定的临界状态,该状态被称为中性稳
定,发生此种情况的重心位置被称为中性点。此外随着重心向后移动,配平阻力
会减小。

11.13　重心裕度

中性稳定时的重心位置(中性点)与实际重心位置之间的距离称为重心裕度。为了使飞机保持稳定,重心裕度必须为正。重心裕度通常由距离除以平均机翼弦长,表示成一个无量纲数(或以百分比的形式)。

11.14　机动裕度

重心过于靠后引发的另一个问题是,飞机会对较小的控制动作做出剧烈的反应,这导致飞机即便是在稳定状态下也难以飞行。

出于维持必需的控制响应的需要,重心的后移限制将在一定程度上因此受到约束。如果机动控制的作用点恰好是重心位置,该情形下哪怕是极小的升降舵运动都将导致非常大的升力增量。实际的重心位置相对于该点的距离称为机动裕度。

11.15　重心限制

对于固有稳定飞机,重心前移极限的绝对值由尾翼在保持足够控制的情况下所能产生的最大平衡力矩决定,最大后移受到发生不稳定或过度控制响应的限制。实际上,除非采用自动控制系统,在重心接近以上极限的情况下飞行会非常危险,设计师和适航性要求对允许的安全重心移动范围施加了更多的限制。在装载和加油时需要非常小心,必须确保在整个飞行过程中重心维持在可接受的范围内。

11.16　压缩效应

如前几章所述,在跨声速范围内,升力中心往往会随着马赫数的增加而后移,会产生相似于重心前移的效应,这必须通过上偏升降舵进行校正,增大有效纵向上反角,从而提高静稳定性。然而在该过程中,配平阻力会随之增大,升降舵控制力也会增大。

在可变后掠机翼飞机上,在高速飞行时后掠角的增大,升力中心的后移问题会逐渐恶化。因此,这种飞机总是需要有非常大的尾翼面,如图 11.12 的狂风战斗机所示。

**图 11.12　为了可变后掠机翼飞机的配平和稳定,
狂风战斗机配置了非常大的尾翼面**

对于鸭式布局,超声速下的升力中心后移可通过增大鸭翼的升力来修正。鸭翼升力的增大意味着主机翼升力减小,所以尾涡(诱导)阻力几乎或完全没有增大,因而超声速鸭式飞机受到了更少的配平阻力惩罚。

11.17　发动机推力线

有许多老式飞机的推力线都靠近重心位置,因此几乎对配平或稳定性没有造成影响,但对于装有挂架式发动机的喷气式客机而言,推力线会远低于重心和阻力作用线,因此这种飞机的配平对推力的变化相当敏感。在全推力情况下,必须通过升降舵来抵消机头向上的趋势,从而减小有效的纵向上反角,这反过来意味着静稳定性的降低。然而,以这种方式安装发动机所具有的显著优势超过了稳定性缺陷所带来的劣势。将发动机安装在重心以上并不常见,但有一个著名的例子是图 11.7 所示的 A - 10 攻击机。

在多发动机飞机发生发动机故障的情况下,产生的偏航力矩会引发强烈的横向不稳定效应,这也是更倾向于将发动机安装在尾部或机身而非机翼的原因之一。SR - 71 黑鸟侦察机(图 6.40)在超声速飞行中,由于进气道激波的不稳定性,发动机可能会发生间歇性故障,显而易见,由此产生的偏航力矩非常剧烈,以至于能够让机组人员撞上座舱罩,造成头盔面罩的损坏。

11.18　影响纵向静稳定性的其他因素

在图 11.5 和图 11.6 的简单示意图中,阻力的作用线是通过重心的。但在实际中,尾翼阻力的作用线一定会随着飞机姿态的变化而移动。对此进行简单分析,对于传统飞机而言,该效应会益于飞机的稳定,然而对于鸭式飞机来说,这种效应会产生不稳定作用。

除上述因素外,我们还必须考虑机身、襟翼、起落架、外挂物(武器)和任何其他会产生气动力、力矩或重心位置变化因素的影响,考虑飞机和控制系统部件的材料柔性也非常重要。

11.19　不稳定设计飞机

在中性稳定或少许不稳定的状态下驾驶飞机并不一定就非常困难或是危险,但对飞行员来说会非常辛苦,他们没有空闲把手从控制装置上拿开,必须不断地进行控制调整。莱特兄弟最初的飞机就是不稳定的,这使得它比许多同时代的竞争对手们更具灵敏性和可控性,此外,重心后移还意味着其他更重要的优点。将重心移动到中立点,即飞机处于中立稳定的位置,尾部不必提供配平力,因此也不会产生配平阻力。通过将其进一步向后移动到不稳定位置时(重心裕度为负),可以实现机翼和尾翼都以有效正攻角的状态产生升力,这大大提高了飞机的升阻比,并显著改善性能。不稳定设计的飞机也会对控制输入做出更快的反应,从而具备高度的机动性。

传统的航空安全法规对不稳定飞行持有悲观态度,但对于军事应用来说,性能优势是更加重要的。随着电子控制系统越来越可靠,制造在自然不稳定条件下飞行的飞机成为现实,可完全依靠自动系统来维持人工稳定。大多数高性能的军用飞机在发生重大电气故障时是绝对不可飞的,因此进一步依赖电气系统不会显著降低其安全性。X-29飞机(图9.20)和台风战斗机(图10.8)在亚声速条件下都是固有不稳定的。对于民用飞机,如果能证明整个系统能够安全地应对各个元件的故障,我们便能够放宽稳定性的标准,这通常就涉及重复或多组件、快速的自动故障诊断。

11.20　横向稳定性

偏航稳定性

　　垂直尾翼的主要目的是提供偏航稳定性。如图11.13所示,通过将尾翼布置在重心的后部,它倾向于将飞机转向来流方向,出于显而易见的原因,称为风标稳定性。许多人误以为尾翼是将飞机转向相对于地面的实际风向,但事实上尾翼是试图将飞机转向自身的相对风向。这意味着它可能会将飞机转向强风的方向,因此过度的偏航稳定性会使飞机产生明显抖动。需要注意,由于飞机倾向于持续转向强风方向,它将不会保持恒定的航向。

　　偏航稳定性的主要困难来自在前一章中提到的偏航滚转之间的交叉耦合,在下一章的动稳定性讨论中将进一步描述。

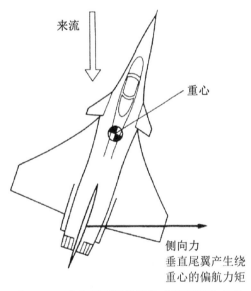

图 11.13　垂直尾翼提供偏航或"风标"稳定性
同样的原理已经在风向标上应用了数个世纪

滚转稳定性

　　如果飞机从水平位置发生微小滚转,那么升力将会产生一个侧向分量(如图10.11所示)并会导致侧滑,我们可以通过多种方法利用侧滑来产生恢复滚转力矩。传统的方法是向上转动机翼,使其产生如图11.14所示的横向上反角。图 11.15 显示了从来流的方向观察具有机翼上反角的飞机，当飞机发生侧滑时,气流从前侧接近,现有的角度观察,可以看到较近的机翼比远翼具有更大的攻角,因此较近的机翼将产生更大的升力,使飞机滚转恢复至水平。

图 11.14　横向上反角

上反角指的是机翼和水平面之间的夹角

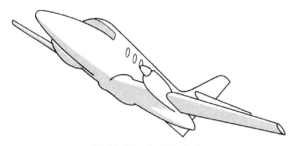

图 11.15　上反角效应

飞机向读者方向侧滑,较近的机翼将具有更大的有效攻角,因此,飞机将倾向于摆脱侧滑状态并滚转恢复原状

11.21　上单翼布局

将机翼安装在重心上方有助于保持滚转稳定性,但其中的原因常常被误解了。图 11.16(a)显示了处于滚转但尚未出现侧滑的上单翼飞机,可以看出,升力和重力都是通过重心的,因此没有恢复力矩。机身并不像通常误认为的那样,在机翼下方像钟摆一样摆动。一旦发生了侧滑,如图 11.6(b)所示,机翼向来流方向偏航,并且由于翼尖出现了涡升力,位置较低的机翼升力增大。另外,由于侧滑作用,机身周围的侧向流动对较低的机翼产生上洗,对位置较高的机翼产生下洗,飞机可能会受到轻微的侧向阻力。如图所示,受力不再通过重心,进而产

生恢复力矩。重心越低,力臂就越大,因此上单翼飞机不需像下单翼飞机那样具有较大的上反角,甚至可以根本不需要上反角。

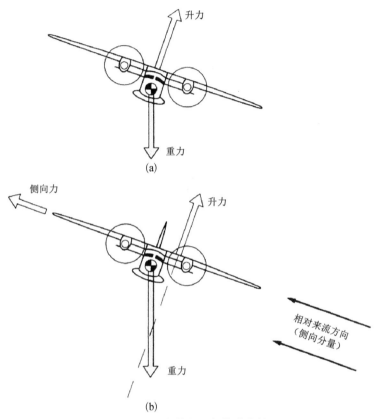

图 11.16　上单翼飞机的稳定性

在发生侧滑前,升力作用线穿过重心,此时没有恢复力矩。一旦开始侧滑,低侧的机翼产生更大的升力,升力也不再通过重心,从而具有恢复力矩。如果侧向力合力作用线高过重心,这也有益于产生恢复力矩

(a) 在侧滑开始前;(b) 发生侧滑时

采用后掠机翼增强了滚转稳定性,如图 11.17 所示。当发生侧滑时,从来流方向看,下侧机翼具有更大的翼展,与上反角的效果一样,使飞机滚转恢复至水平状态。

由于滚转和偏航之间的交叉耦合,过度的滚转稳定性会产生不利的动不稳定性,如第 12 章所述的"荷兰滚",因此,后掠翼飞机通常具有负的上反角,即下反角。下反角常出现在同样是上单翼布局的后掠翼飞机上,如图 12.13 所示。

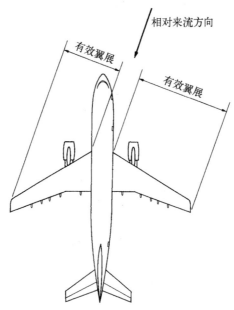

图 11.17　机翼后掠的稳定效果

当后掠翼飞机侧滑时,位于前侧的机翼的有效翼展将会较另一侧的更大,由此会产生一个恢复力矩

11.22　速度稳定性

正如我们在第 4 章中所解释的,在水平飞行中,表面摩擦力和法向压力对阻力的贡献约与速度的平方成正比,然而尾涡阻力会随速度增大而减小,因为环量和所需的升力系数减小。图 4.21 展示了阻力随速度的占比变化情况,结果表明,总阻力存在一个最小值,总阻力的曲线在图 11.18 中再次进行展示。如果试图以低于最小阻力速度飞行,但同时保持稳定的飞行航道,那么速度的降低将会导致阻力的增大。涡轮喷气发动机的推力对速度变化不是很敏感,因此在喷气式飞机上,阻力的增大会使飞机进一步减速。同样,速度的小幅提高也会减少阻力,因此飞行速度会变得更快。因此,当速度小于最小阻力速度时,涡轮喷气式飞机的速度处于不稳定状态。

在活塞发动机飞机上,发动机功率将不会显著地受到速度影响,速度的降低通常导致推力的增大,因为功率等于推力乘以速度。因此可以说,推力的增

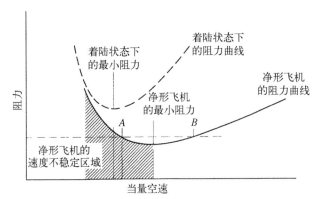

图 11.18　速度不稳定性和空气制动等效应

　　如在 A 点当飞机的飞行速度低于最小阻力速度时,如果飞行员保持稳定的飞行航道,速度增加会导致阻力的减小,因此飞机将持续加速,直到抵达 B 点实现推力和阻力的再次平衡。反过来说,如果速度下降,阻力就会上升,飞机就会持续减速并产生更多的阻力,如此恶性循环一直持续到飞机失速。在着陆状态中,由于襟翼、起落架的展开以及必要时使用的空气制动增加了边界层阻力,这些操作会降低最小阻力速度,从而有助于避免飞行的不稳定情形

大往往是对阻力增大的补偿,因而活塞发动机飞机不容易出现速度不稳定的情况。

　　涡轮喷气式飞机容易出现速度不稳定状况还源于其他原因。当我们观察飞机的性能时,会发现最经济的飞行速度是在最小阻力速度之上,对于活塞发动机飞机,巡航状态下当量空速(equivalent air speed,EAS)只有着陆速度的两到三倍左右,着陆速度通常接近于最小阻力速度,因此,会出现的速度不稳定状况都较为轻微,飞行员能够很容易地控制。但是对于高速涡轮喷气式飞机,巡航当量空速可能比着陆速度大许多倍,因此,如果要提高巡航效率,着陆速度将远远低于最小阻力速度,速度不稳定将成为更严重的问题。

　　由于对油门变化的响应比活塞式飞机慢得多,涡轮喷气式飞机的速度不稳定问题变得更为严重。如果涡轮喷气式飞机的飞行员像操纵活塞发动机那样的方式,试图将飞机拉平、下降并尝试三点着陆,那么飞机将可能无法正常落地。

　　为解决速度不稳定问题,可以安装如图 11.19 所示的空气制动装置。这些装置增加了阻力,并实现了将最小阻力点进一步拉向曲线左侧的效果,如图 11.18 所示。襟翼也有助于增大阻力,通常在着陆时比起飞时更加充分地展开。在协和式飞机上,自动油门控制系统被用于消除低速时的固有速度不稳定性。

图 11.19　空气制动器不仅可以使飞机减速,还能有助于防止出现速度不稳定

(图片由 Alistair Copeland 提供)

第 12 章

动 稳 定 性

在第 11 章中,我们简单地讨论了飞机的稳定性,即稳定飞行条件下所受的干扰是否能产生使飞机恢复到初始平衡状态的力和力矩,这就是所谓的静稳定性。然而并不是考虑静稳定性就够了,在实际中仍存在不尽如人意的静稳定飞机会在平衡位置附近振荡(图 12.1)。如果振荡的振幅随时间而增长,则称为负阻尼,此时飞机是动不稳定的。

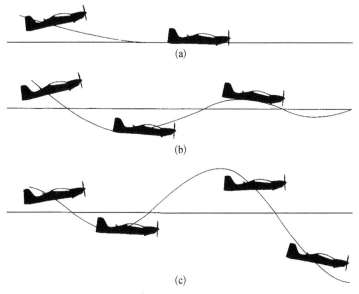

图 12.1 可能的运动类型

(a) 无超调-大阻尼;(b) 振荡衰减-普通阻尼;(c) 振荡增长-动不稳定

图 12.1 描述了机翼水平、无滚转条件下飞行的飞机静稳定性和振荡动稳定性的概念。在这种情况下,我们集中讨论飞机的纵向运动,考虑受到轻微扰动而

攻角增大的静稳定飞机,其随后的运动可能存在多种类型方式,如图 12.1(a) ~ (c)所示。

其中图 12.1(a)所展示的运动中,飞机直接返回到受到干扰之前的状态,因此,运动是稳定的,该运动没有发生实质的振荡。图 12.1(b)展示的是振荡运动,但由于该振荡会随着时间而衰减消失,因此该运动是动稳定和静稳定的。最后,图 12.1(c)显示的振荡会随时间而变大,而非逐渐消失,此运动是本节第一段中提到的动不稳定负阻尼运动。但它是静稳定的,因为当飞机改变俯仰角时,作用在飞机上的力矩倾向于将其恢复至初始状态。

12.1 纵向动稳定性——俯仰振动

首先更加细致地考虑在上述内容中考虑的运动,对飞机施加俯仰扰动,并任其飞行(图 12.2)。如果飞机是静稳定的,那么由此产生的俯仰力矩将会引发俯冲动作,倾向于使飞机返回其原始姿态。对于马赫数较小的常规飞机,这种恢复力矩几乎与扰动成正比,在第 11 章中描述了该力矩是如何由尾翼产生的。典型飞机的运动方式如图 12.2 所示,包括俯仰的人阻尼振荡,由于高度和速度几乎

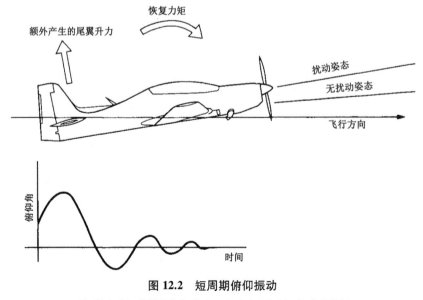

图 12.2 短周期俯仰振动

利用恢复力矩克服俯仰扰动,但飞机会产生超调和振荡的结果

没有变化,这种运动被称为"短周期俯仰振动"(short period pitching oscillation,SPPO)。

如果该运动仅仅是由于尾翼攻角增加而产生的恢复力矩,那么振荡将会以相同的振幅持续下去,可认为它是动态的中性稳定或"无阻尼"。然而在此过程中,我们只是简单地考虑了由于姿态变化而产生的"静态"力,实际上尾翼还产生了另一个并不明显的效应。

现在考虑在某一瞬间飞机处于原始姿态,试图进行俯仰时(机头朝上,图 12.3),这种俯仰运动增加了尾翼的攻角,从而产生一个与机头俯仰动作相反的力矩,请注意,该影响取决于飞机的姿态或其角速度的变化率。当飞机动作经过平衡位置时,该速度达到最大。超调逐渐减弱(图 12.3),因此会倾向于阻尼振荡运动。因为振荡最终会消失,所以该运动是动稳定且静稳定的。

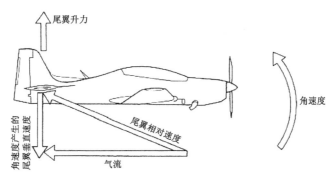

图 12.3 俯仰振荡阻尼。角速度引起尾部的升力,
该升力与俯仰转动趋势相反,抑制振荡

飞机攻角随着时间推移而增大,产生了更强的阻尼效应。由于攻角的增大,尾翼需要一些时间才能感受到尾翼涡系的增强,因此,尾翼升力在攻角保持稳定时的升力要更大一些,这又一次有利于阻尼效应的产生。

以上阻尼在结合之后效果非常明显,并且在典型的常规飞机结构中,运动常处于大阻尼状态,其通常不会持续超过一到两个运动周期。

在上述内容中,由于讨论的重点是影响运动的主要因素,因此对短周期俯仰振动进行了简化。实际上,在飞机的俯仰运动中,随着攻角的变化,升力也会以振荡的形式变化,因此俯仰运动将会与垂直方向的运动相结合。对该运动更详细的分析表明,其对频率有轻微影响但显著地增大了阻尼。

另一个不易察觉的因素是俯仰运动对机翼自身的影响。如图 12.4 所示,当机翼旋转时,通过来流在机翼前部产生下洗,在其后部产生上洗,这会改变机翼截面产生的力矩,同时又会稍微增加俯仰运动的阻尼。如果是后掠机翼,此种影响将会更加明显,因为机翼根部和翼尖之间的截面距离意味着在翼尖将产生上洗,根部将产生下洗。

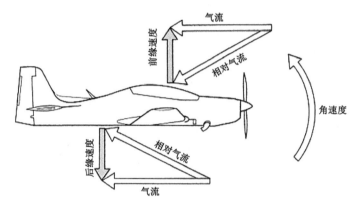

图 12.4　俯仰速度引起的机翼力矩变化

机翼后缘向下的速度和前缘向上的速度改变了相对气流的方向,产生了
与运动趋势相反的力矩

12.2　飞行高度对短周期俯仰振动的影响

短周期俯仰振动的阻尼很大程度上取决于俯仰角速度引起的尾翼面俯仰力矩,因此,在给定的运动振幅下,阻尼会受到尾翼有效性的变化而改变。如果飞机在高空飞行,密度就会降低,因而对于固定的飞机姿态、升力系数,必须提高飞

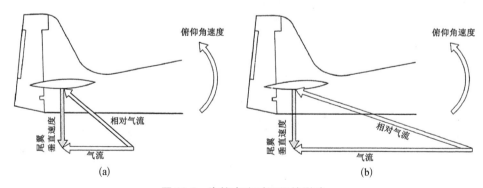

图 12.5　海拔高度对阻尼的影响

随着高度的增加,会需要更大的风速,同一角速度引起相对气流倾角的减小,尾翼升力的变化较小
(a) 低速情形;(b) 高速情形

行速度才能保持机翼所需的升力。所以就尾翼而言,给定的俯仰角速度会使攻角减小,其有效性将有所降低(图 12.5)。

　　这不是与海拔高度有关的唯一问题,许多在高空巡航的飞机会进行跨声速飞行,这种情况会恶性激励机翼上表面冲击系统对飞机姿态的微小变化做出响应,这会导致飞机稳定性进一步恶化。

12.3　纵向沉浮

　　目前我们已经讨论了飞机的短周期俯仰振动,但这并不是唯一的纵向运动,实际上会发生两种类型的振动。第二种振动的频率比短周期俯仰振动的频率要低得多,虽然这两种运动是在同时发生,但对于常规飞机而言可以独立考虑它们,不会产生太大的误差。

　　当飞机的飞行航道受到扰动,其向下飞行的斜率增加时,重力分量将会作用在飞行方向上(图 12.6),这将导致速度加快。事实上飞机是静稳定的,较慢的运动速度意味着其能够保持配平和攻角几乎不变。速度加快导致升力增大,如图 12.6 所示,向下飞行的斜率会因此减小。

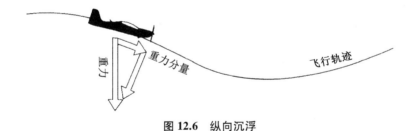

图 12.6　纵向沉浮

重力分量导致速度加快,使得升力增大,从而令飞行轨迹恢复平缓

　　升力的增大最终导致飞机又一次上升,并再次发生振荡运动。在该情形下,飞机的速度和高度都会改变,在最小高度时对应着最大速度,反之亦然。我们可以视这一运动为飞行器的动能和势能之间的振荡交换。

　　理想情况下,运动将在无阻尼状态下保持恒定的振幅。然而,随着速度的增加,飞机的阻力也会随之增加。在飞行轨迹的最高点处速度最小(图 12.7),此时阻力将减小,因此阻力的变化是在限制速度的变化,并起到抑制振荡的作用,于是其整体效果是抑制了伴随速度变化而产生的高度变化。

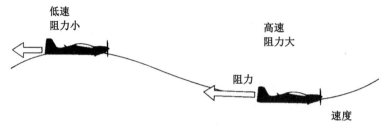

图 12.7　纵向沉浮的阻尼

阻力增大限制了轨迹较低位置的速度增加,导致运动阻尼略微增强

对于大多数飞机来说,这种阻力的变化影响非常微弱,运动将非常接近于无阻尼,振荡以几乎恒定的振幅持续。该振动的频率很低,通常需要大约一分钟来完成一个周期。由于振动周期很长,这种运动通常不会给飞行员或自动驾驶仪带来任何问题,因为有足够的时间使用控制装置抑制不必要的运动。

该振动被称为纵向沉浮(phugoid),由飞行领域的伟大先驱 F. W. Lanchester 命名。

尽管纵向沉浮相对容易控制,但如果不加以干预仍会导致严重问题,其完全能够引起超过 300 m 飞行高度的变化,其在着陆时造成的困难是显而易见的!

另一个值得注意的现象是,上述运动很大程度取决于飞机保持纵向配平的情况,因此,重心后移不仅会干扰静稳定性,而且也会对纵向沉浮产生严重的不利影响。

12.4　横向稳定性

非对称横向运动由三个基本运动组成,即侧滑、滚转和偏航(第 11 章)。与上面讨论的对称纵向运动一样,将有一系列的复杂运动同时发生。对于大多数常规飞机来说,这些运动在特征频率和阻尼上都是充分独立的,我们可以将它们单独考虑,就像我们在纵向沉浮和短周期俯仰振动所做的那样,尽管如此进行简化处理,但实际上它们是同时发生的。

12.5　滚转阻尼

首先考虑的常见横向运动在类别上不属于振荡运动,该运动发生在飞机受到滚转扰动时。

为了简化该问题,我们假设这个运动是快速且纯粹的滚转,因此没有明显的侧滑或转弯速度的变化效应。

首先要注意的是,由于飞机位置的改变,滚转本身是不会产生恢复力矩的(第 11 章)。因此就静稳定性而言,运动是中性稳定的,但是存在由滚转角速率或滚转速度引起的滚转力矩。这一力矩的产生是因为向下的机翼增大了有效攻角,而向上的机翼则相应地减小了攻角,如图 12.8 所示。这会引起两翼升力的变化,从而产生与滚转运动相反的力矩。

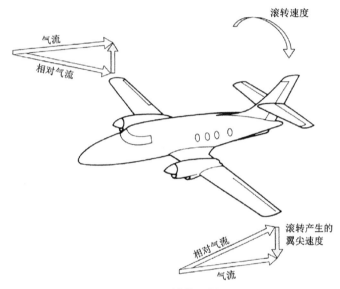

图 12.8 滚转阻尼

下侧机翼攻角增大,上侧机翼攻角减小,升力的变化与滚转趋势相反

力矩的大小取决于滚转角速度,因其与运动方向相反,故会产生阻尼效果。这种效应会引起明显的阻尼,所以大多数飞机的"滚转阻尼"都非常强。

一般来说,由于翼展按比例缩小,对于协和式飞机等这类展弦比较小的飞机,其滚转阻尼比常规飞机要小得多。

12.6 螺旋模态

考虑的第二个横向运动也是无振荡的,但对于大多数飞机来说,它要么具有很弱的阻尼,要么是随时间发散的。有些飞机非常接近稳定边界,由于配平或发动机的不对称性,运动可能在一个方向上是稳定的,但在另一个方向上是发散的。

该运动是偏航和侧滑的结合,以下讨论影响该运动的各个力和力矩是如何产生的。

由于来流在机身和机翼上的相对运动,引起侧滑的扰动将会产生侧向力。由于侧滑也会产生偏航力矩,这将会使偏航角速度的变化,该过程主要是受到垂直尾翼的影响,这些影响如图 12.9 所示。在第 11 章中,讨论了如果机翼具有上反角,飞机侧滑一侧所在的机翼将发生攻角的增大,而另一侧的机翼将相应地减小,这会产生偏离侧滑方向的滚转力矩。此处再次进行了简化,例如垂直尾翼也会引起滚转力矩的变化。

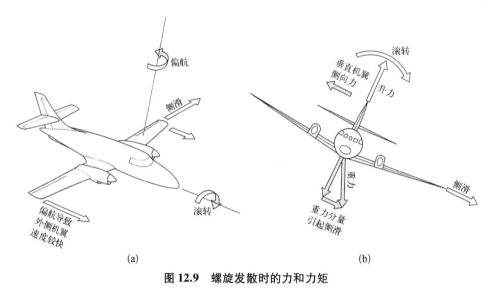

(a)   (b)

图 12.9　螺旋发散时的力和力矩

侧滑使尾翼产生侧向力,进而引起偏航外侧机翼的额外速度会导致侧滑和发散,上反角或后掠翼将产生反向的滚动力矩使运动趋于稳定

反向的滚转力矩是由上述偏航角速度引起的,因为一侧机翼的速度比另一侧的速度更快一些[图 12.9(a)],这一影响已经在第 11 章中讨论过。以更高速度进行运动的机翼将具有更大的升力和滚转力矩。

因为存在着一个混合的侧向力和在滚转、偏航方向上的力矩,这一过程导致了相当复杂的结果。由于垂直尾翼上的受力,初始时的侧滑将导致偏航运动,接下来的运动取决于侧滑和上反角引起的滚转运动是否强过偏航和尾翼速度引起的滚转运动。然而有时候,因此产生的滚转运动会导致重力分量驱动侧滑的增加[图 12.9(b)],飞机慢慢地偏离形成螺旋形的轨迹,这种运动因此被称为"螺旋发散"。

通常情况下飞机的运动是相对较慢的,能够对偏航力矩做出相对快速的反应,并且实际侧滑的程度往往很小。该现象易于控制,可以通过增加上反角来消除,但这对横向振荡运动会产生不利影响。

12.7 荷兰滚模态

目前我们讨论了两类非振荡的横向运动。第一类是严重的阻尼运动,几乎完全发生于滚转,第二类是螺旋模态,主要涉及偏航和侧滑的运动。介绍的第三类运动将以振动的形式出现。

该运动主要由滚转和偏航组合组成,可类比于一条船斜倚着波浪横渡波涛汹涌的海面那样,它得到了一个具有诽谤意味的名字——"荷兰滚",因为它被认为类似于喝醉的荷兰水手的动作。作者完全不同意荷兰水手会比其他水手更容易醉酒的看法,也不认同他们醉酒步态特别古怪的说法。

由于荷兰滚所涉及的运动对飞机上的乘客来说会非常不舒适,因此通常会想办法尽可能避免该运动,尽管可能的代价是产生一定程度的螺旋不稳定性。

运动的发展模式如下。如果飞机受到偏航扰动,尾翼将提供恢复力矩,称为"风标稳定性",这将使飞机恢复到原来的航向。然而,该过程会存在超调,飞机将围绕其平衡位置发生振荡(图 12.10)。在超调点,由于偏航角速度(图 12.10),垂直尾翼上会受到一个额外的力,这将倾向于抑制运动和阻尼振荡。

实际上这种运动还要复杂得多,因为在飞机偏航期间,上反角效应和后掠效

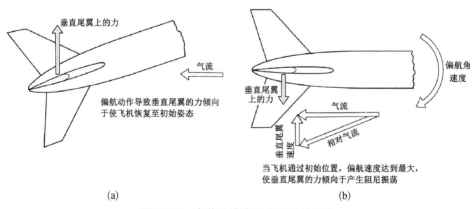

(a)   (b)

图 12.10　在荷兰滚中垂直尾翼的影响

应将产生一个滚转力矩,偏航角最大时的滚转力矩最大(图 12.11)。由于偏航角速度,一侧机翼将以比另一侧更快的速度飞行,还会产生另一个滚转力矩。不像是螺旋模态,该模态由于上反角和后掠翼而倾向于加强滚转力矩。然而,当偏航速度(而非偏航角度)达到最大时,力矩将具有最大值。因此,整个运动是滚转和偏航的复杂组合,难怪会令机上人员感到不适!

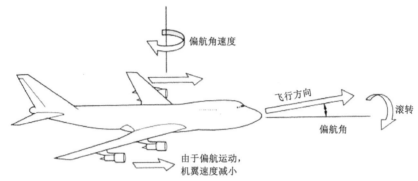

图 12.11 在荷兰滚中发生的滚转和偏航之间的相互作用

由于机翼上反角或机翼后掠,偏航角会导致在所示方向上的滚转,而偏航速度引起机翼速度的变化进一步加剧了这一特点

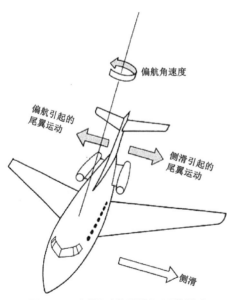

图 12.12 侧滑对荷兰滚阻尼的影响

当飞机恢复通过零偏航角时,侧滑引起的尾翼运动与偏航引起的尾翼运动相反,该过程减弱了阻尼

滚转运动也会对偏航产生反作用,当飞机滚转时,会有一个重力分量引起侧滑。当飞机通过平衡位置时,该侧滑将减小尾翼提供的阻尼力矩(图 12.12)。因此,上反角或后掠(两者都会促进滚转)的效果是减弱运动的阻尼,它们会导致振荡频率的轻微降低。

常规的运动周期大约是几秒,对于直翼飞机来说,通常具有良好的阻尼,但是对于后掠翼飞机而言,它可能会引起许多的问题,因为后掠翼会加剧滚转和侧滑。

但不巧的是当我们考虑螺旋不稳定性时,我们发现增加上反角具有提高稳定性的效果,因此,一旦减小上反角以改善荷兰滚阻尼,那么螺旋发散就会得到加剧。为了缓解令人不适的荷兰滚,通常情况下,可以适当容许轻微的螺旋不稳定。

12.8 海拔高度对荷兰滚的影响

由于荷兰滚的阻尼主要取决于飞机尾翼对偏航角速度响应所产生的力矩,因此在给定的运动振幅下,它会因尾翼有效性的变化而改变。随着高度的增加,垂直尾翼对偏航角速度的响应效率会有所降低。在前面的讨论中也有同样的情况发生,例如水平尾翼控制面的有效性会随俯仰角速度而降低。

因此随着高度的提升,对于特定的飞机姿态,荷兰滚将趋于不稳定,这种效应非常显著。D. P. Davies 在其著作 *Handling the Big Jets*(1971)中指出,对于典型客机来说,在着陆构型下,荷兰滚可以在 1 000 ft 到 8 000 ft 的高度之间从稳定状态过渡到不稳定状态。巡航构型在 18 000 ft 到 22 000 ft 之间,也会发生类似的恶化情形。

好在由于该效果提高了不同高度下的螺旋稳定性,所以算得上是有一些轻微补偿。但这远远不够,因为我们通常会更关心荷兰滚特性。

许多高空飞机,如客机,所使用的后掠设计是另一个不利因素。正如前文所述,其与上反角的作用机制相同,使荷兰滚得到恶化。有时候可采用一定程度的下反角设计来抵消这种影响(图 12.13),但多数情况下还是放弃了此类设计,最终选择了人为地增强稳定性的方式,在后文中会对这一选择进行讨论。

图 12.13 世界上最大、最重的飞机之一——AN‑124 运输机,其展示的下反角。上单翼后掠翼飞机通常需要下反角,过度的横向静稳定性会导致其动不稳定性

12.9 结构刚度效应

在上述论述中,我们将飞机视为一个刚体,但实际上无论是在机身还是在控制系统中,都存在有相当大的材料弹性,这显然会影响到飞机的稳定性。一般来说,例如方向舵的弹性会降低阻尼,使荷兰滚愈发不稳定。因此当考虑全部因素时,设计飞机便会非常的困难,特别是需要在高空巡航的后掠翼飞机,此类飞机自然地结合了令人满意的螺旋和荷兰滚特性。现在这个问题可以通过电子手段解决,我们将在下面的章节中进行描述。

12.10 人工稳定性——马赫配平系统和偏航阻尼器

原则上,飞行员可以通过直接控制操纵装置来提供适当的力和力矩以对抗不稳定。例如,在荷兰滚的情况下,方向舵在抑制偏航从而控制运动方面非常有效。然而如果运动频率过高,阻尼较差,这会使飞机疲于应对,飞行员的反应在某些频率下无法正确地"跟上"运动,在这种情况下,飞行员很难使情况得到好转。

针对该问题的一种方法是使用自动控制系统来完全解除飞行员在此方面的负担。在荷兰滚的情况下,通过使用基于陀螺的一些仪器,可以根据偏航程度和偏航速度两方面感知偏航运动,其中,位置陀螺仪可用于感测偏航的程度,速率陀螺仪可用于感测偏航速率。一旦飞机运动的相关信息可执行,方向舵将会自动驱动,以提供所需的修正。这种装置存在于所有现代大型喷气式运输机上,被称为偏航阻尼器。

有关陀螺仪或阻尼器控制系统设计的细节不在本书的讨论范围内,但是在该主题之下,提及一些必须考虑的特性是很有价值的。

有一个显著的特点,偏航阻尼器中采用的控制系统必须能够区分来自飞行员有意识的控制输入和由于不必要动作而产生的控制运动,因此,必须将总运动确定为两个输入的组合。另一个必须仔细考虑的问题是控制系统的完整性,如果发生故障,试图避免危及飞机的安全。这意味着要么必须提供适当的后备系统,要么系统在出现故障时必须恢复完全手动控制。在后一种情况下,哪怕不能做到操作舒适,但飞机特性必须允许接受合理可行的人工操作。

　　还可使用类似的系统来提供更进一步的阻尼,通过控制副翼,使其与运动的滚转部分相反。该系统被称为"滚转阻尼器"。

　　如上所述,在跨声速飞行中飞机运行条件的微小变化可能会导致压力中心剧烈移动,其会引起飞机纵向特性的恶化。这也可以通过使用合适的自动控制系统来"修复",该系统利用升降舵运动来补偿压力中心的变化,被称为"马赫配平系统"。

12.11　旋转

　　之前提到过控制问题,它可能是由翼根前侧的翼尖失速引起的。如果飞机在失速发生时没有完全对称地飞行,某一翼尖将会在另一个翼尖之前失速,由于失速的翼尖处升力减小从而产生滚转力矩,由于局部阻力增大,该过程也会伴随偏航力矩(图 12.14)。其结果是飞机将进入螺旋路径,然后开始旋转。图 12.15 显示了飞机是如何在旋转中被"锁死",尽管上升翼的攻角较低,但其升力系数可能与失速的下落翼相同,因为后者在升力曲线的"峰值"右侧工作,两侧升力相同在总体上看就不会有滚转力矩,滚转角速度为恒定值。

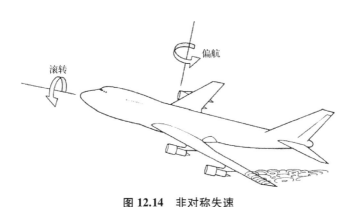

图 12.14　非对称失速

单翼失速导致滚转和偏航

　　整体运动是滚转、侧滑和偏航的组合(图 12.16)。如果旋转面较为倾斜,则滚转比偏航更占主导,如果旋转面较平,则反之,如图 12.17 所示。

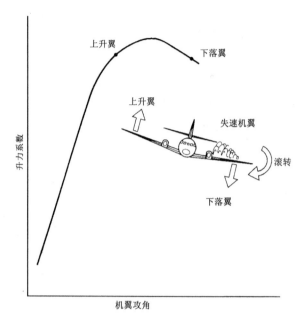

图 12.15　旋转时的机翼升力

下落翼的攻角较大,但由于失速而导致升力减小

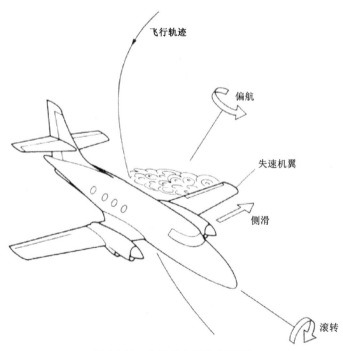

图 12.16　在旋转中涉及的运动

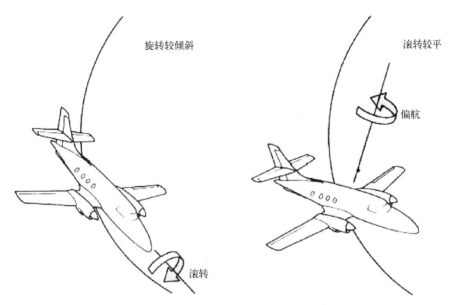

图 12.17 旋转在较倾斜和较平的不同情形

在倾斜旋转时,主要发生滚转;旋转较平时,主要发生偏航

　　滚转部件的存在导致失速机翼攻角增大、未失速机翼攻角减小,从而加强了导致"锁死"的非对称气流条件。类似地,偏航运动将使垂直尾翼产生偏航力

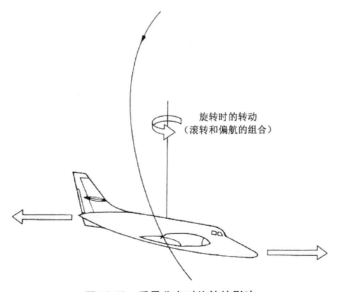

图 12.18 质量分布对旋转的影响

头部和尾部的质量在旋转时倾向于离心运动,从而使旋转变平

矩,以平衡由于失速引起的偏航力矩,随后偏航便能稳定下来。

旋转一旦开始,将会长期持续并且在许多情况下难以修正,例如许多后掠翼战斗机的反向旋转是不可能恢复的。

飞机的惯性特性对其旋转特性有重要影响。图 12.18 显示,由于存在朝向机头和机尾的质量集中分布,自旋将会趋于平缓。

旋转恢复,就像从简单的失速恢复一样,需要重新连接上失速机翼上的分离流。在旋转过程中,首先用与旋转方向相反的方向舵消除偏航,然后当飞机稳定俯冲时,用升降舵拉起。在特别困难的情况下可以采用其他技术,例如尾部降落伞设计。

12.12　推荐阅读

Abzug, M. J. E. and Larrabee, E., *Airplane stability and control: a history of the technologies that made aviation*, Cambridge University Press, Cambridge, 1997, ISBN 0521809924.

Cook, M. V., *Flight dynamics principles*, Arnold, London, 1997, ISBN 0340632003. A good standard undergraduate text.

Nelson, R. C., *Flight stability and automatic control*, 2nd edn, McGraw Hill, Boston, Mass., 1998, ISBN 0070462739. An integrated treatment of aircraft stability, flight control, and autopilot design, presented at an accessible mathematical level, using standard terminology and nomenclature.

Nickel, M. W., *Tailless aircraft in theory and practice*, (Eric M. Brown translator), Edward Arnold, London, 1994, ISBN 1563470942. A well known standard work which originally appeared in German.

第 13 章

起 飞 与 降 落

起飞和降落是飞行中较为危险的环节。在起飞过程中,飞机将满载飞行所需的燃油,发动机将以大功率工作,以便以尽可能短的距离起飞。由于需要执行适当的消声流程,商业客机的起飞将更加复杂,其通常包括以大角度进行起始爬升,目的是使飞机与机场地面边界之间保持尽可能远的距离,随后还可能需要在人口稠密区域减小油门。

着陆时也存在困难,飞行员必须操纵飞机完成在三维运动中的精确着陆。此外,当在实现着陆时,飞机还必须以正确的方向飞行,对准跑道,并且必须低速飞行,以便能够在恰当的距离内使飞机停下的同时保持对于失速速度的安全裕度。

起飞和着陆也存在共同点,例如,训练时的目的是以尽可能短的距离将飞机重量从机轮转移到机翼上(反之亦然)。但由于通常在着陆前使用了大量燃料,所以其重量条件有很大的差异,此外,在以上两种情况下,所使用的发动机功率输出也会有很大差异。基于这些原因,我们将它们视为不同的环节来分别进行考虑。

13.1 起飞

起飞通常分成若干阶段(图 13.1)。首先是起步的地面飞行,其唯一目的是使飞机尽快加速至机翼产生足够升力以能够起飞的速度。为了使加速度最大化,飞行必须在飞机阻力尽可能小的情况下进行,所以会保持较小的攻角。对于这些年普遍安装的尾轮底盘系统,只要气流速度允许进行适当的升降舵控制,就必须升起尾轮,这会将攻角减小到所需值。当达到足够的速度时,飞机将开始

"抬头",直到获得足够的起飞攻角,然后以最大爬升角开始爬升,进而获得最佳越障高度。

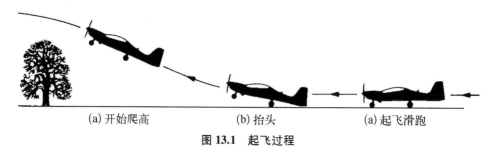

(a) 开始爬高　　　　　　(b) 抬头　　　　　　(a) 起飞滑跑

图 13.1　起飞过程

起飞可分为三个阶段:(a) 低攻角地面滑跑,阻力小;(b) 抬高机头以增加攻角;(c) 开始爬高

13.2　起飞构型

飞机能够在长度更短的跑道上启动会是一个明显优势,因此设计师面临着尽可能低的失速速度需求,这一需求与巡航时的低阻要求并不兼容,其通过前缘缝翼、后缘襟翼和其他所提到的装置进行了起飞修型。对于小型飞机来说,跑道要求一般不太高,通过简单的后缘襟翼偏转,或者甚至是不做任何修型就已经足够了。然而对于高性能飞机或跨声速运输机而言,需要更复杂的大升力装置(第 3 章),尤其是一些前缘的缝翼和倾斜通常会被采用,图 13.2 展示了典型的起飞构型。

图 13.2　起飞

F-18 战斗机的起飞构型,襟翼和前缘装置部分地展开

13.3 起飞安全——决定速度

如上所述,起飞是一项潜在的危险活动,因此必须采取相关措施,尽可能降低事故的风险。在此方面首先要注意的是,所有机械装置都存在出现故障的风险,即便航空发动机也不例外。在起飞过程中,发动机承担较沉重的运行压力,因而有必要分析起飞程序中各阶段可能出现故障的影响,并确保有足够的跑道以防万一在紧急情况下中止起飞。

多发动机飞机有一个明显的优势,该设计能够承担一定程度的发动机故障风险,并且可以在剩余的一个或数个发动机的基础上完成起飞。然而这一优势的代价是更大的复杂性,如果外侧发动机发生故障,那么其他发动机就必须在全推力附近工作运行,将会产生很大的偏航力矩,必须由飞机的垂直尾翼和方向舵进行抵消(图13.3),低速条件下的方向舵就相应地需要较大的垂直尾翼和方向舵装配(图13.4)。

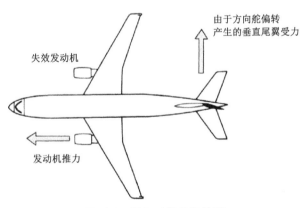

图13.3　起飞时发动机故障

垂直尾翼和方向舵必须抵消由于发动机推力不对称而产生的偏航力矩

通常,上述的偏航力矩是决定飞机垂直尾翼和方向舵尺寸的因素之一。另一个可能的问题是,方向舵的效果实际上取决于空气速度,除非速度足够快,否则方向舵的作用效果将不足以应付"发动机熄火"的情形,飞机在获得足够控制能力之前将不允许"抬头"起飞。在某些情况下,这可能是限制起飞速度的因素,而非飞机失速速度。

图 13.4　设计用于低速着陆的双发动机飞机将需要非常大的尾翼,以处理单个发动机故障时产生的偏航力矩,例如此处的冲-8 系列客机

在起飞过程中,飞行员必须意识到上述所有因素,因为它们可能会对安全产生影响。需要确切地知道在跑道上何处的剩余距离将不足以中止起飞,同时还要知道何处将有足够的方向舵控制能力来处置最糟糕的发动机故障情况。

以上两种情况不仅仅取决于飞机的类型和飞机运行的跑道长度,还有更复杂的因素:飞机起飞重量可能会在很大范围内变化,当地天气情况也会影响计算。一般来说,如果机场海拔较高,空气密度会降低,这将减少飞机在特定速度下的气动力。环境高温也会降低发动机性能,并再次影响计算结果。顺风逆风情况也会影响飞行员的计算结果。

因此在每次飞行前,必须细致评估起飞期间的临界条件,同时还考虑到当地环境因素。所以飞行员在起飞前要做大量的"功课"!

飞行员在起飞过程中的工作量显然是非常大的,必须采用相对简单的方法来确保安全。对于多发动机飞机,计算出了在特定起飞条件下的"决定"速度 v_1。一旦发动机或是其他部件发生了故障,如果此时尚未达到该速度,那么飞行员会决定使飞机在剩余的跑道长度内安全停稳。如果故障发生时速度高于 v_1,那么最好是先坚持起飞,之后再找机会降落。

典型喷气式飞机起飞的关键点如图 13.5 所示,在达到决定速度 v_1 之后,飞机将继续加速,直到达到"抬头"速度 v_R,此时机头抬起,飞机起飞并以安全速度 v_2 开始起始爬升。正如前文所述,这个速度由许多因素决定,决定抬头速度的具体因素取决于飞机的设计和运行环境。首先,它由高于失速速度的充分安全裕度来确定。其次,速度可能还必须再次提高,例如在地面时,迎角可能会因为尾部与地表间隙较小导致其值远小于失速角。最后,速度还可能由发动机故障时方向舵的控制需求决定。

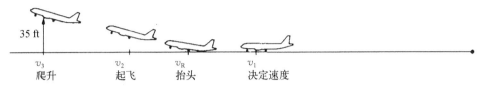

图 13.5 起飞速度

起飞各阶段的临界点由速度确定,而飞行员能够非常容易地对其进行监控

当飞机通过 35 ft 的"屏障"高度开始喷气飞行时,才能认为是完成了整个起飞过程,此时的速度称为 v_3。达到屏障高度后,飞行员必须在随后的爬升中遵守减噪要求。飞机还必须设计能够在发动机故障后安全爬升并返回着陆。

喷气式飞机因其相对较高的起飞速度看起来似乎比活塞式发动机更加危险,但喷气式飞机发动机的故障概率相比于活塞式发动机在其最大额定值工作时的故障概率要低得多。

13.4 进场与着陆

着陆是飞行员必须承担的最困难任务,其需要精准正确地定位飞机相对于跑道的位置,同时在着陆期间进行精确控制,该过程可能会因为强风扰动飞行路径而变得复杂。

图 13.6 展示了从初始进场到着陆的各个阶段。在接近跑道前,飞机速度降低,高升力装置展开以降低最低飞行速度。典型的着陆构型如图 13.7 所示,将其与对应的起飞构型进行比较,可以看出其更多地使用了后缘襟翼,因为额外的

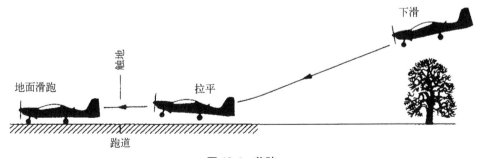

图 13.6 着陆

沿"下滑道"(可能带有动力)进场后,在地面滑跑时通过拉平和制动降低垂直速度

图 13.7 着陆构型

完成部署的 BAe 146 运输机,双襟翼完全展开,在机翼上方部署的
卸升板可增阻减升,此时的后部减速板处于完全打开状态

阻力在着陆时具有更大的优势,无论是从飞机最终减速的角度考虑,还是因为大
阻力构型会使速度控制更加容易。

在开始着陆操纵时,将飞机与跑道对准,并沿"下滑道"平稳下降。当进入
跑道时,攻角增大,下降速度降低,飞机"拉平",使其刚好在跑道上方飞行并几
乎与跑道平行,直到到达着陆点,接下来的目标是尽快安全地停下。为了提供气
动制动并使飞机牢固地贴在跑道上,可使用卸升板或扰流板,如图 13.7 所示。
喷气式飞机经常使用反推装置(图 6.32)以提供进一步的减速并减轻制动负担。
一些军用飞机甚至采用减速伞来缩短降落时间。

13.5 下滑道飞行

以上描述给出了一个看似简单的着陆程序。实现精确飞行需要非常苛刻的
练习,可行的着陆方式不止一种,具体的选择取决于飞机类型和飞行员的偏好。
此处着陆的"下滑道"一词有些误导,因为飞机很可能在发动机空转的情况下进
行该阶段的飞行,这是一种几年前流行的方式。

特别是对于燃气涡轮发动机飞机,更安全的方法是使用大量动力沿着下滑
道飞行,同时借助飞机襟翼提供大阻力配置,该方法提供了更好的控制能力。油
门设置可以是减少也可以是增加,但在真正的滑行中只能选择后者。如果油门

突然启动,更重要的是燃气涡轮发动机从怠速转速中恢复是非常缓慢的,因此在
有动力的情况下飞行进场是一种更安全的程序,有助于从中止的着陆中恢复。
不仅如此,其提供的控制改进方法,使得它甚至在小型活塞发动机飞机上也被广
泛采用。

　　假设飞行员已大致将飞机调整为正确的攻角和油门设置,以进入所需
的下滑道,但还是不可避免地需要不时进行小的修正。对此,飞行员又有了
一些选择,如果飞机没有危险地接近失速,可以通过升降舵运动控制飞机
的攻角来进行修正,这将导致速度和滑翔角发生一些变化。另一种方法
是改变油门设置,对于活塞发动机飞机,由于速度变化较小,通常首选该
方法。而对于喷气式飞机,特别是大型飞机,通常采用前一种方法,这是
因为发动机的响应速度较慢,精确校正变得较为困难。此外,如果飞机很
重,需要很长时间来完成速度变化,这将最大限度地抵消了该方法的主要
缺点。

　　当沿着下滑道飞行时,飞行员必须想办法检查是否飞到正确的轨道。目
前有多种确认方法,下面将对其中进行讨论。在不具有精密辅助设备的情况
下,飞行员需要一些参考标记,这些标记可能是距离跑道入口已知距离的简单
无线电信标,它可以在通过这些标记时检查高度表上的高度,并根据飞机的速
度估计所需的下降速度。为了修正下降速度,飞机装有一个垂直速度指示器
(vertical speed indicator, VSI),它通过检测飞机下降时大气压力的变化率以实
现功能。

13.6　拉平和触地

　　着陆的最后阶段也为飞行员提供了技术选择,图 13.8 展示了两种备选方
案。在第一种情况下,攻角在相对较短的时间内增大,以抑制下降,这种动作称

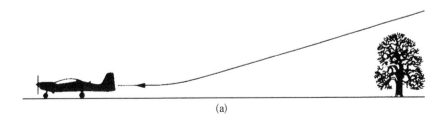

(a)

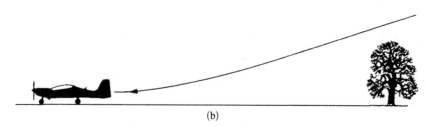

(b)

图 13.8　可选的着陆方式

(a) 直线"滑翔"后快速"拉平";(b) 逐渐"拉平"

其中(b)比(a)容易,但其越障能力较差

为拉平。飞机与跑道平行飞行,速度进一步下降,最后起落架触地。在现在较少见的尾轮起落架中,最后的触地可以只发生在主轮上,或者飞行员的技术足够精湛,调整飞机攻角使得所有轮子同时触地,即所谓的三点着陆。

另一种方法是逐步减小滑翔角,使飞机沿接近圆形的轨道飞行到跑道上。这种方法对飞行员的要求较低,但会导致越障能力稍差。

13.7　风对着陆的影响

上述流程看起来似乎简单,这是因为我们忽略了所有横向控制的需要。理想情况下,飞机应该直接迎风降落,但不幸的是,尽管机场的建造使跑道尽可能与当地盛行风保持一致,但天气不会完全符合设想! 因此,在进场过程中必须考虑侧风,确保飞行轨迹与跑道保持一致。

这可通过两种方式实现。在第一种方法中,飞机在飞行时一侧机翼较低,方向舵用来防止转弯,这样操作,利用稳定的侧滑来抵消侧风,同时保持飞机与跑道对齐。第二种方法,飞机触地之前,在一个被称为"启动漂移"的过程中,直接改变飞机航向以补偿侧风,由此纠正与跑道的偏差,该方法的实现主要是通过方向舵控制。以上两种方法如图 13.9 和 13.10 所示。

侧向漂移并不是在着陆时风造成的唯一问题,由于地球存在有相当厚的边界层,风速会随着飞机高度的降低而显著减慢,这就是所谓的"风切变"现象(图13.11),不仅如此,可能还伴随有强风,这显然会使在滑翔中精确下降的过程更加复杂。此外,如果允许气流速度过于接近失速,则会存在触发失速的真正危险。

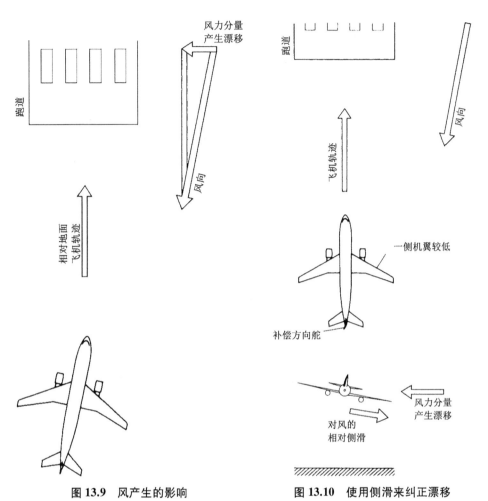

图 13.9　风产生的影响

飞机必须迎风飞行,以补偿所引起的漂移分量。方向舵用于在触地前将飞机轴线与跑道对齐

图 13.10　使用侧滑来纠正漂移

飞机轻微地滚转以进入侧滑,飞机轴线通过方向舵与跑道保持一致

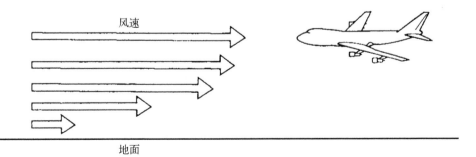

图 13.11　风切变

风速随地面高度变化而改变,方向可能会变。强风可能是垂直的,也可能是水平的

13.8　助降和自动着陆

由于着陆过程中存在实际困难而且飞行员的工作量较重,为了更好地协助飞行员完成任务,这一飞行阶段是系统快速发展的关键所在。除了提高安全性,系统还有助于更好地完成飞机操控,因为在纯粹的"视觉飞行"下进行操纵的一个明显缺陷是,低高度云层甚至会使飞机无法尝试进场动作。

在此只能简要地描述其中一些辅助手段,因为对这些辅助手段的研究本身就是一门独立的复杂学科。

从上面的讨论中可以看出,着陆的主要问题之一是要遵循精准的下滑道进入跑道。显然其在能见度较低的情况下会尤其困难,特别是对于需要在离着陆点几英里外就要建立下滑道的大型飞机而言。因此,任何着陆辅助设备的主要目的都是在这一阶段帮助完成精确飞行。对于现代飞机,有许多完成相关功能的辅助设备,其中包括可用于导航的无线电信标以及着陆辅助设备,还有在地面为飞机提供"坐标"的非定向信标(non-directional beacon,NDB)、同时提供定向和距离信息的甚高频全向信标(very high frequency omni-directional beacon,VOR)以及最常见的专门用于着陆的辅助设备——仪表着陆系统(instrument landing system,ILS)。因此在下滑道上会有许多无线电波相互交错。一旦出现下滑道偏离,马上会被驾驶舱仪表、仪表着陆系统(图 10.2)所反馈报告。此外,飞机还采用了基于卫星的 GPS 系统。

通过增加自动油门和飞行控制系统,可以实现沿下滑道的自动飞行,并从无线电高度表获取准确的高度信息,提供自动拉平,最终使飞机进入跑道。这种全自动着陆系统大大增强了飞机安全运行的条件范围。

对仪表着陆系统的一种新型替代方案是采用更精确的微波着陆系统(microwave landing system,MLS),但同时全球导航卫星系统(global navigation satellite system,GNSS)也正在挑战这一系统。后者的优势在于它依赖卫星信号,不需要高成本的机场地面设施。经过长期试验,卫星着陆系统已获准在少数机场开展使用。

13.9　特殊着陆需求

到目前为止,我们已经讨论了飞机在常规跑道上的着陆操作。鉴于所采用的技术基本相似,还存在有特殊的 STOL 飞机,如 C – 17 飞机(图 10.20)。

　　有时飞机需要比常规方法更短的着陆航程(例如在航母甲板上着陆),尽管航母可以通过尽可能快的迎风航行来提供便利,但毕竟甲板非常短,必须通过横跨甲板的拦阻钩来提供额外的减速支持。当然,VTOL 飞机——鹞式战斗机(图7.12)或 Osprey 飞机(图 1.30)能发挥极致的着陆能力。

图 13.12　A380 客机正在着陆

由于重量过大,需要非常多的机轮(图片由 R.Wilkinson 提供)

　　还有另一个极端,航天飞机(图 8.19)在没有动力的情况下,以高超声速开始进场。我们在第 8 章中研究了着陆动作的高速部分,然而最终采用的方法与已经讨论过的方法非常相似,只是在动力作用下不再存在沿额外的下滑道飞行的选择,缺乏这种能力意味着无法非常精确地达到某个特定的着陆点,结果是需要一条较长的跑道。由于整个再入和着陆操作都是无动力的,因此,先不用说抵达正确的机场,即便是航天飞机要最终抵达正确的大陆板块,这也必须需要从再入点就开始进行精确的计算机控制。

第 14 章

结 构 影 响

虽然本书主要关注于空气动力学和飞行力学,我们还必须考虑一些结构学科和空气动力学特性之间的重要耦合。

飞机的最终形状通常是由气动和结构之间的妥协形成的,对此我们已经引用过椭圆平面的例子。另一个例子是在翼型截面的设计中,必须考虑到轮廓外形之内还要完成各个结构的安装。近期的许多研究工作都集中在设计相对较厚的低阻力机翼截面上。

材料和制造方法也会影响可合理实现的气动优化水平。

14.1 气动弹性特性

除了结构强度对可承受的气动载荷限制这一显而易见的情况外,飞机的弹性也会对其气动性能产生深远的影响。由结构弹性引起的气动效应被归为气动弹性特性的范畴,气动弹性问题可分为静态情况(结构的惯性影响很小)和动态情况(惯性影响很大)。

14.2 静态情况

发散

如果向上的载荷作用在靠近翼尖的前缘位置,那么它将试图对机翼进行扭转(前缘向上)和弯曲(图 14.1)。类似地,如果在后缘附近施加载荷,它会向另一个方向扭转。但同时,存在一个中间位置,在该位置上施加载荷将产生弯曲而

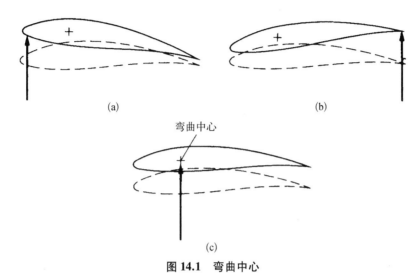

图 14.1 弯曲中心

（a）施加在前缘的载荷使截面前端向上扭转；（b）施加在后缘的载荷使截面前端向下扭转；（c）弯曲中心，施加的载荷将导致机翼弯曲而不扭转

不产生扭转,称为弯曲中心。

如果气动升力合力的作用线在弯曲中心的前侧,则机翼将发生扭转,攻角沿着翼尖增大,如图 14.1(a)所示。随着攻角的增大,升力会增大,导致机翼扭转加重。如果机翼扭转刚度太小,扭转可以继续扩大或是"发散",直到发生失速或机翼断裂。

扭转发散问题的解决方案包括使机翼具有足够的扭转刚度,并试图确保弯曲中心适度靠前。稍后将描述提高扭转刚度的方法。

在前掠翼上,除了上述扭转发散外,还可能遇到如图 14.2 所示的弯曲引起的发散。当翼尖向上弯曲时,攻角增加,产生更大的升力,弯曲也增大。如果弯

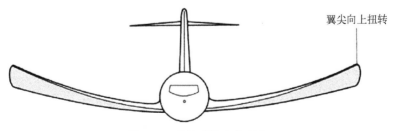

图 14.2 前掠翼的弯曲现象

在前掠翼上,当机翼向上弯曲时,攻角会向翼尖方向增加,升力随之增大,将可能发生弯曲发散

曲刚度不足,机翼弯曲可能会发散,并一直持续到发生故障。在剧烈侧滑时,无掠机翼也可能发生弯曲发散。

根据前掠翼增加发散可能性的相关分析,后掠翼将减少发散的可能性,在大后掠的机翼上发散将不太可能发生。前掠翼的发散问题和其他气动弹性效应,是它们最初被拒绝采用转而支持后掠翼方案的原因之一。

因为气动载荷随着速度的加快而增加,飞行速度越快,发散的风险就越大。飞机上发生发散的最小速度称为临界发散速度,最大运行速度必须小于该临界速度。

操纵反效

当控制面(如副翼)向下偏转时,升力中心向后移动。如果正常情况下升力中心靠近弯曲中心,则其向后移动将产生一个机头向下扭转力矩,如图 14.3 所示,扭转的效果是减小机翼攻角。如果机翼弹性较强,攻角的减小会比弯度增加产生更大的影响,从而使升力减小而非像预期的那样增大,其结果是控制作用被完全反效,飞机几乎不可能飞行。

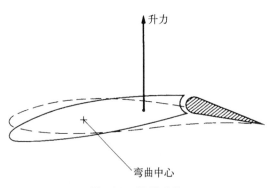

图 14.3　操纵反效

控制面偏转会在截面后部产生较大攻角,导致升力合力向后移动,从而倾向于将截面前端向下扭转。如果结构的扭转刚度不足,则攻角的减小会导致升力损失:这与预期效果完全相反

在第二次世界大战期间,快速活塞发动机飞机在俯冲骤降时经常会遇到这种操纵反效。如我们所见,当飞机接近声速时,升力中心向后移动,增加了操纵反效的可能性。当飞机接近声速时,操纵反效常常发生,这一现象甚至使飞行员产生了操纵反效是超声速飞行固有特征的错觉。但这实际上只是简单地因为气动载荷和力矩的增加,使得扭转刚度不足引发了这个严重问题。

在高速飞行中,升力中心的移动产生了一个重要的设计问题,因为在高速和低速飞行情况下,显然无法布置升力合力在弯曲中心附近通过。解决的方法是使机翼在扭转时具有足够刚度,尽管这通常只能在承受较大重量惩罚的情况下实现。

操纵反效主要发生在外侧副翼上,一种解决办法是在内侧副翼上设置一个辅助装置,用于高速飞行;另一种解决方案是使用扰流板代替副翼。使用平板或全动式控制面进行控制也有助于减少此类问题。

其他静态问题

除了上述的奇怪现象,飞机的弹性还可能产生其他情况,其中有些甚至是致命的,例如控制钢索失灵、液压管断裂和油箱破裂。

14.3 动态情况

结构颤振

颤振是结构振动的一种形式,包含了一系列运动的组合:通常是弯曲和扭转。其很可能发生在机翼上,但尾翼颤振也并不少见。在第一次世界大战期间,Handley Page 0/400 轰炸机产生了早期有详细记录的尾翼颤振案例。

图 14.4 展示了一种颤振模式,在本例中,机翼在扭转和弯曲中振动。当它向上弯曲至如图 14.4 中所示的位置 1 时,它是沿着头部向下的角度扭转的,当它超过向上移动的限制并开始向下反弹时,呈现出位置 4 所示的负攻角(机头向下)。由于此时升力是向下的,所以其激励了上述的运动。

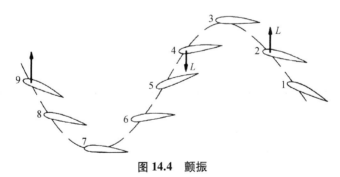

图 14.4　颤振

机翼上下摆动时会扭转,攻角的变化意味着气动力总是在激励该运动,因此运动不会减弱

接近飞行低点时,机翼开始向上扭转,因此当它向上弹起时(位置 9),攻角变为正值,升力再次开始激励运动,所以该运动不像正常的振动那样会衰减,它会不断持续,有时振幅还会增大,直到发生故障。

可以看出,在上述情况下,扭转和弯曲振动是 90° 异相的,也就是说,当扭转运动接近中间位置时,弯曲挠度达到最大值。

通常的应对方法是增大机翼的扭转刚度,但机翼弯曲与整个飞机的俯仰振动之间的耦合也会发生颤振。这一问题常在一些无尾飞机上出现,因为其俯仰惯性较小。在这种情况下,光是增加扭转刚度是没有用的,还必须增加弯曲刚度。

质量分布对机翼的颤振特性也有重要影响,安装在机翼上的发动机位置是一个重要因素。

与发散一样,颤振的发生条件取决于飞机的速度。颤振发生的最低速度称为临界颤振速度,必须同样确保飞机速度永远不会达到该临界值。

控制颤振

除了机翼或尾部的颤振外,控制面也可能发生颤振,这是由于钢索或连杆的弹性导致的机械操纵系统问题。副翼常出现的状况是其重心位于支点线之后,在这种情况下,当机翼向上方加速时,控制面的惯性使其相对于机翼向下摆动,这增大了升力以激励运动,因此该运动没有阻尼。

传统的解决方案是质量平衡,如第11章所述,调节重量,改变其固有频率,改变控制面重心的位置。其他形式的控制面振荡与振动共振有关,它们需要对系统进行适当的深入分析。

带有动力操纵控制装置的飞机不太容易控制颤振,这是因为液压泵提供的连杆几乎是没有弹性的。

抖振

在关于跨声速飞机的章节中(第9章),我们讨论了在跨声速条件下发生的抖振。这种不稳定现象主要是由于超声速流末端激波位置的不稳定造成的。当失速开始,出现流动分离时,飞机的抖振和控制装置的抖动也会在低速情况发生。这在一定程度上被认为是一项优势,因为它可以给飞行员提供一个接近失速的警告。

当襟翼放下时,通常会感觉到轻微的抖振,但这通常不是问题,因为它既不严重也不会持续很长时间。当机翼尾迹与尾翼面相互作用时,则可能会出现更严重的抖振形式。

共振

飞机结构设计中的一个主要问题就是共振,当一个振动源的频率与结构的固有频率相一致时,就会发生共振。许多振动源都是纯机械的,发动机振动就是一个典型例子。然而,激励频率也可能来自螺旋桨下洗这样的气动振动源。

流动分离可以产生足够规则和周期性的湍流以建立共振。特别是在机身安装的俯冲减速器等钝形(非流线型)部件可以产生周期性的漩涡脱落,称为卡门涡街,漩涡交替地从某个部件(如俯冲减速器)的两侧脱落,从而在制动器及其尾迹上产生交变力。例如在电话线中的"鸣声"就是由该效应引起的。

消除共振的首选方法是增加刚度,使其振动的固有频率远高于激励频率。或是有时可以改变质量分布,使固有频率远低于激励频率。将发动机移到机翼外侧也会降低弯曲振动的固有频率。但必须注意确保激励频率与结构固有频率的谐波任一成分不一致。

发动机和螺旋桨产生的噪声,无论是以压力波的形式传播还是直接传播,都可能由于其产生的波动载荷而导致结构疲劳,在直升机和无导管风扇推进的情况下,特别容易发生噪声引起的疲劳。

14.4　主动载荷控制

减少部分气动弹性问题的方法是在扭转和弯曲运动达到严重水平之前,利用控制面提供气动力来抵消它们,特别是可通过控制面来对抗突然强风的影响。因此,如果向上的强风导致一个机翼向上弯曲,可以通过使用在该机翼上的副翼来对抗该运动,以减少气动升力。这种主动减载技术需要使用一种特殊的自动驾驶系统,通过传感器检测局部加速度。

使用这种技术有很多好处,降低结构载荷、提高疲劳寿命,避免可能出现的危险气动弹性问题,甚至提高了乘坐的舒适性。

通过使用主动减载技术,使得采用前掠翼构型变得可行。主要问题在于设计该系统的难度,要使这个系统发挥预期设想的效用,需要在避免被错误的或是不适当的控制输入误导的同时,还要清晰地辨识出飞行员所意图的运动。

14.5　操纵载荷控制

主动载荷控制也可用于在操纵期间减少结构载荷,操纵载荷控制(manoeuvre

load control,MLC)的一种方式是在需要大升力的操纵时,使用内侧襟翼增加机翼内侧的载荷,将升力集中在内侧,机翼根部的弯曲应力减小。

或是通过使用大量单独可调的后缘襟翼或襟副翼,即使在高载荷的实战操纵中,也可以调整翼展载荷,以获得低阻力的椭圆形分布。这些技术同样要求使用可靠的自动控制系统。

在这方面鸟类远远胜过我们,它们已经使用复杂形式的主动载荷控制超过数百万年了。

14.6 结构解决方案

正如前文所述,气动弹性效应的发生是由于结构刚度不足,而不是强度不足。气动弹性的故障问题由来已久,许多早期的飞行尝试就由于结构发散而失败了。

撑杆和钢索的双翼布置在最初提供了可接受的解决方案,通过适当的钢索交错,这种布置可以产生优异的刚性结构。相比之下,许多早期的单翼飞机由于缺乏扭转刚度而面临着气动弹性故障的风险。

早期的飞机机翼制造采用了大量能够承受大弯矩的翼梁,但能承受的扭转力矩较小[图 14.5(a)]。最初是通过在翼梁之间增添加强筋来提高扭转刚度,但后来发现,通过将两个梁紧密地结合在一起并将其闭合形成"抗扭箱"(torsion box),如图 14.5(b)所示,扭转刚度可大大提高。封闭管的抗扭刚度要比开放管好得多。如果你尝试着去扭转一个硬纸板管,例如一个空的厕纸卷管,会发现这是非常困难的,但是一旦把管子两端切开一个口子,厕纸卷管会变得很容易扭转。

随着机翼采用金属蒙皮代替帆布,扭转刚度大大提高。在图 14.5(b)中,可以看到除了中间的抗扭盒外,前缘和后缘部分本身形成了封闭管,因此图 14.5(b)展示的是具有两个额外封闭单元的抗扭盒结构。

对于跨声速和超声速飞机,使用较薄机翼截面是有优势的。但这反过来需要使用较厚的蒙皮,以提供必要的刚度。目前,用机器将金属固体的蒙皮加工出来已成为现实,加固的元件和细节可与蒙皮整体加工,无需铆钉。通过这种方法,可以得到小阻力翼型所需的光滑表面和精确轮廓。

当使用具有较厚蒙皮的薄机翼截面时,使用蒙皮形成多个闭合单元的顶部和底部是非常常见的,如图 14.5(c)所示。不再需要单独的抗扭箱。

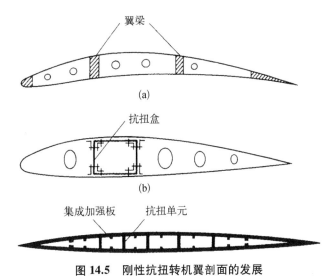

图 14.5 刚性抗扭转机翼剖面的发展

（a）早期的织物覆盖飞机使用的是具有一定弯曲刚度但扭转刚度较小的翼梁；（b）随后引进了抗扭箱；（c）超声速和跨声速飞机通常具有非常薄的机翼，蒙皮较厚，通常结合了整体加工的加强板，翼梁和蒙皮形成许多抗扭晶格

14.7 结构材料的影响

引入新材料为设计更高效的飞机，甚至是新型飞机，开辟了一系列全新的可能性，使用传统材料完成人力飞行是不可能的。

自第一次世界大战以来，铝合金被普遍用作结构材料，甚至是用于马赫数高达 2.2 的超声速飞机，如协和式飞机。但是对于马赫数大于 2.5 的持续飞行，动力加热的影响使传统的铝合金变得不再合适，可采用钛和钢合金代替，但问题在于，它们的使用带来了显著的经济困难。除了这些材料的较高成本外，所需的制造技术往往也更为昂贵。正是这个经济困难，而非是某个纯粹的空气动力学问题，限制了最大马赫数为 2.5 左右（除了少数实验飞机）。罕见的例外是米格-25 战斗机，它能实现的马赫数是 3，甚至快于更专业的洛克希德 SR-71 黑鸟侦察机。

自 20 世纪 50 年代以来，纤维增强材料的使用逐渐频繁。最初，人们使用玻璃纤维，但随着碳（石墨）纤维的引入，玻璃纤维有了重大进展。碳纤维可以以多种形式进行生产制造，可以优化为高强度或高刚度（高模量）。正是碳纤维的高刚度使其成为飞机制造中格外具有竞争力的金属替代品。硼纤维表现出更好的性能,但比碳纤维的经济效益更低,而且目前仅在用于实验或高度专业化的应用。

尽管纤维增强或复合材料比金属具有更高的强度重量比或刚度重量比,但它们不能简单地直接替代。主要问题在于它们不像金属一样做到塑性变形,不能用传统的螺栓或铆钉进行连接,否则会导致局部开裂。因此,由于需要开发适当的紧固件和制造工艺,采用纤维增强材料的普及速度减慢了。目前复合材料的使用越来越多,特别是在军用战斗机和直升机上,Beech Starship 飞机(图 4.10)是最早设计用于大规模生产的民用运输机之一,其主要结构就采用了复合材料。

纤维增强材料除了具有高强度和高刚度外,还有其他重要的特殊性能。通过在结构中以特定模式对齐纤维,可以调节弯曲刚度和扭转刚度之间的关系,这项技术是缓解前掠翼结构发散趋势的方法之一,并为我们提供了材料发展影响气动设计决策的另一个经典例子。

模压复合材料结构的使用使得生产复杂气动优化的外形也趋于经济实用,即使对于小型飞机也是如此。

由于纤维增强材料是加料制造的,而非从板材中切割出来的,因此它们能以更复杂的“有机”形式进行制造,厚度、曲率和刚度能够不断变化。这种结构开始类似于在鸟类骨骼中发现的高效优化外形。

复合材料结构最初仅限于较小的部件,如控制面,但最近的飞机开始采用复合材料作为主要结构部件,如图 14.6 所示的空客 A350XWB、A400M 运输机和波

图 14.6　使用先进结构材料的新进展

空客 A350XWB 的主要结构大量使用了复合材料,这样可以减轻
相当大的重量,有助于提高燃油效率(图片由空客提供)

音 787 梦想客机。减轻重量可以显著提高油耗,并提高有效载荷能力。

对飞机结构设计的更深入讨论超出了本书的预期范围,但 Megson(2007)对此给出了细致的介绍。

14.8 推荐阅读

Megson, T. H. G., Aircraft structures for engineering students, 4th edn, ButterworthHeinemann, 2007, ISBN 9780750667395. A well-respected standard undergraduate textbook. Includes examples. Solutions manual available.

Stinton, Darrol, The anatomy of the aeroplane, 2nd edn, Blackwell Science, Oxford, 1998, ISBN 0632040297. A classic introduction to aircraft design.

Wilkinson, R., Aircraft structures and systems, 2nd edn, Mechaero Publishing, St Albans, UK, 2001, ISBN 095407341X. A good easily read introductory text with a non-mathematical approach.

14.9 结论

对飞机飞行原理的介绍到此就结束了,我们尝试把所有重要的基本原则和个别有趣的话题都包括了进来。但不可避免地,我们省略了相当一部分重要的内容,但是本书中的参考阅读书目会让你找到大部分所需的详细信息。

附　　录

部分机翼特性

第 4 章介绍了 NACA 系列翼型。在附录中,我们将详细地讨论其中三种翼型,并研究横截面形状的变化,特别是弯度和厚度分布对其性能的影响。对每个例子,都展示了机翼截面、升力截面周围的典型压力分布、升力随攻角的变化以及截面阻力随升力的变化。升力和阻力以系数形式进行绘制(第 1 章和第 3 章)。对于压力分布,也采用系数形式进行展示。压力系数定义为机翼表面的局部压力减去环境压力除以动态压力。压力系数的负值绘制在上方,所以机翼上表面的分布情况展示在图像的上半部分。

第一个翼型 NACA 0012(图 A.1),是厚度为 12% 的对称"4 位"系列翼型,它通常用于尾翼和风洞试验模型,它也被用作包括塞斯纳 152 型飞机在内的许多飞机机翼截面,该飞机一种较流行的小型通用航空飞机,NACA 0012 用于外侧机翼的截面。从升力系数与攻角的关系图中可以看出,在 15° 左右的攻角处突然出现了失速。压力分布在上表面也表现出很强的吸力峰值。

第二个翼型 NACA 2214(图 A.2),用于塞斯纳 152 飞机的中部机翼截面。厚度-弦长比为 14%,比 NACA 0012 稍厚,并具有一定的弯度。弯度的作用效果非常明显,翼型在零攻角处出现了正升力系数。最小阻力出现在升力系数约为 0.2 处而非 NACA 0012 的 0.0 处,但是其具有较厚的弧形截面,阻力更大,失速情况也更平缓。

最后一个翼型 NACA 6618(图 A.3),是"低阻力"的 6 系列翼型之一,在 Phantom 超声速战斗机的设计中被采用,在此只给出低速特性。这种翼型是用"逆向方法"设计的,在事先设定的"设计"升力系数下,布置上表面的压力分布尽可能平坦,然后再确定所得的横截面。较平的上表面压力分布允许在大部分

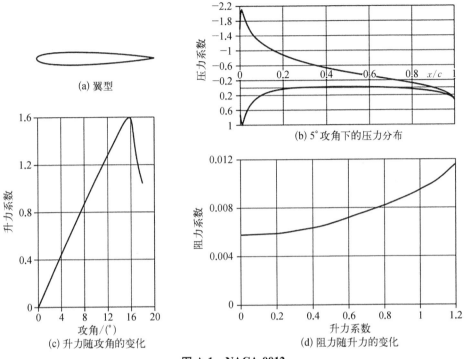

(a) 翼型

(b) 5°攻角下的压力分布

(c) 升力随攻角的变化

(d) 阻力随升力的变化

图 A.1　NACA 0012

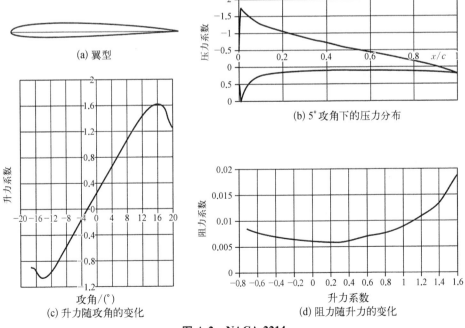

(a) 翼型

(b) 5°攻角下的压力分布

(c) 升力随攻角的变化

(d) 阻力随升力的变化

图 A.2　NACA 2214

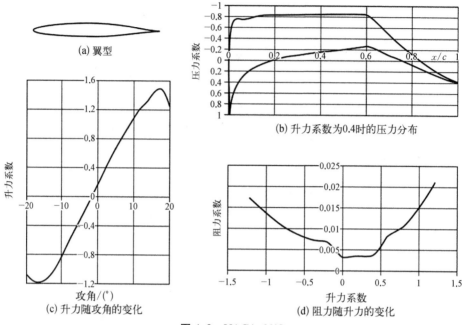

(a) 翼型

(b) 升力系数为0.4时的压力分布

(c) 升力随攻角的变化

(d) 阻力随升力的变化

图 A.3　NACA 6618

表面上保持层流边界层,从而减少阻力。正如阻力系数与升力系数的关系图所示,在设计攻角附近,层流层在一定的小范围攻角内能够维持住,从而产生典型的"层流桶状"阻力变化情形。机翼上最大厚度的位置比 NACA 0012 和 NACA 2214 上的位置更加靠后。这导致机翼前部区域的空气加速更为平缓,并且没有相应的吸力峰值来向湍流边界层过渡。数据中的雷诺数为 $6×10^6$。

参 考 文 献

Abbott, I. A., and von Doenhoff, A. E., Theory of wing sections, Dover Publications, New York, 1949.

Abzug, M. J. E., and Larrabee, E., Airplane stability and control: a history of the technologies that made aviation possible, Cambridge University Press, Cambridge, 1997, ISBN 0521809924.

ARC CP 369, Aeronautical Research Council.

Birch, N. H., and Bramson, A. E., Flight briefing for pilots, Vols 1, 2 & 3, Longman, Harlow, 1981.

Bottomley, J., 'Tandem wing aircraft', Aerospace, Vol. 4, No. 8, October 1977.

Cook, M. V., Flight dynamics principles, Arnold, London, 1997, ISBN 0340632003.

Cox, R. N., and Crabtree, L. F., Elements of hypersonic aerodynamics, EUP, 1965.

Davies, D. P., Handling the big jets, 3rd edn, CAA, London, 1971.

Fay, John, The helicopter: history, piloting and how it flies, 4th edn. David and Charles, Newton Abbot, UK, 1987, ISBN 0715389408.

Garrison, P., Aircraft turbocharging, TAB Books Inc., Blue Ridge Summit, 1981.

Golley, J., Whittle: the true story, Airlife Publishing Ltd, Shrewsbury, 1987.

Harris, K. D., 'The Hunting H126 jet flap research aircraft', AGARD LS − 43, 1971.

Hoerner, S. F., Fluid dynamic drag, Hoerner, New Jersey, 1965.

Houghton, E. L., and Carpenter, P. W., Aerodynamics for engineering students, 5th edn, Butterworth Heinemann, 2003, ISBN 0750651113.

Jones, G., The jet pioneers, Methuen, London, 1989.

Kermode, A. C., Mechanics of Flight, Revised by R. H. Barnard and D. R. Philpott, 11th edn, Pearson, Harlow, UK, 2006, ISBN 9781405823593.

Küchemann, D., The aerodynamic design of aircraft, Pergamon Press, 1978. Lachmann, G. V., (editor), Boundary layer and flow control, Vols I & II, Pergamon Press, 1961.

Mair, W. A., and Birdsall, D. L., Aircraft performance, Cambridge University Press, Cambridge, 1996, ISBN 0521568366.

McGhee, R. J., and Beasley, W. D., 'Low speed aerodynamic characteristics of a 17percent thick section designed for general aviation applications', NASA TN D − 7428, 1973.

Megson, T. H. G., Aircraft structures for engineering students, 4th edn, ButterworthHeinemann, 2007, ISBN 9780750667395.

Middleton, D. H., Avionic systems, Longman, Harlow, 1989.

Nelson, R. C., Flight stability and automatic control, 2nd edn, McGraw Hill, Boston, Mass., 1998, ISBN 0070462739.

Nickel, M. W., Tailless aircraft in theory and practice, (Eric M. Brown translator), Edward Arnold, London, 1994, ISBN 1563470942.

Rolls-Royce, The jet engine, 4th edn, Rolls-Royce plc, Derby, 1986.

Seddon, J., and Newman, S., Basic helicopter aerodynamics, 2nd edn, Blackwell, London, 2002, ISBN 9780632052837.

Seddon, J., and Goldsmith, E. L., Intake aerodynamics, Collins, London, 1985.

Simons, M., Model aircraft aerodynamics, 4th edn, Nexus Special Interests, UK, 1999, ISBN 1854861905.

Spillman, J. J., 'Wing tip sails: progress to date', The Aeronautical Journal, February, 1988.

Stinton, Darrol, The anatomy of the aeroplane, 2nd edn, Blackwell Science, Oxford, 1998, ISBN 0632040297.

Tavella, D., et al., 'Measurements on wing-tip blowing', NASA CR－176930, 1985.

'Wing-tip turbines reduce induced drag', Aviation Week and Space Technology, September 1st, 1986. Whittle, F., Jet: the story of a pioneer, Muller, 1953.

Wilkinson, R., Aircraft structures and systems, 2nd edn, Mechaero Publishing, St. Albans, UK, 2001, ISBN 095407341X.

Yates, J. E., et al., 'Fundamental study of drag and an assessment of conventional dragdue-to-lift reduction devices', NASA CR－4004, 1986.